面向新工科普通高等教育系列教材

组态软件基础及应用
（组态王 KingView）

第 2 版

主　编　殷　群　王伟平
参　编　黄晶霞　张建波

U0331455

机械工业出版社

本书以通用组态软件 KingView 7.5 为例，介绍了工控组态软件的基础知识和应用实践。主要内容包括组态软件基础知识和基本使用、命令语言程序设计、趋势曲线和其他曲线、报警和事件系统、报表系统及日历控件、组态王数据库访问、基于单片机的控制应用、基于 PLC 的控制应用，最后给出一个组态软件工程应用的综合实例。本书内容涵盖工业 4.0 背景下的工业自动化、数据交换、物联网等多个领域的应用场景，内容编排时，将组态知识融入工程案例的设计与制作过程中，体现了做中学、学中做的教学特点。

本书可作为高等院校自动化电气工程及其自动化、测控技术与仪器、机电一体化及相关专业的教材，也可作为化工、电工、能源和冶金等专业的自动检测与控制课程的教材，还可供计算机控制系统研发人员参考。

本书配有电子课件、实例程序和微课视频等教学资源，供选用本书作为教材的教师免费使用，需要的教师可登录 www.cmpedu.com 免费注册，审核通过后下载，或联系编辑索取（微信：18515977506；电话：010-88379753）。

图书在版编目（CIP）数据

组态软件基础及应用：组态王 KingView／殷群，王伟平主编 . -- 2 版 . -- 北京：机械工业出版社，2025.1. --（面向新工科普通高等教育系列教材）. --ISBN 978-7-111-77211-8

Ⅰ . TP273

中国国家版本馆 CIP 数据核字第 20252YV011 号

机械工业出版社（北京市百万庄大街 22 号　邮政编码 100037）

策划编辑：李馨馨	责任编辑：李馨馨　赵晓峰
责任校对：郑　婕　宋　安	责任印制：邓　博

北京盛通数码印刷有限公司印刷

2025 年 3 月第 2 版第 1 次印刷

184mm×260mm · 16.75 印张 · 413 千字

标准书号：ISBN 978-7-111-77211-8

定价：69.00 元

电话服务	网络服务
客服电话：010-88361066	机 工 官 网：www.cmpbook.com
010-88379833	机 工 官 博：weibo.com/cmp1952
010-68326294	金 书 网：www.golden-book.com
封底无防伪标均为盗版	机工教育服务网：www.cmpedu.com

前　言

　　随着工业自动化水平的迅速提高，组态仿真技术已在工业控制领域得到了广泛的应用。尤其是在"两化融合"的时代背景下，工业现场生产中对设备管理与控制的要求大幅提高。同时，利用嵌入式设备的强大功能，新一代物联网技术和大数据技术的融合应用促进了新工厂生产模式的蓬勃发展。因此，工业监控组态软件的研究与开发受到了广泛的重视。

　　当前互联网的高速发展和移动操作系统的普及，催生了物联网行业的飞速发展。新型传感器、控制器、智能终端等设备的不断涌现，使得组态软件变得越来越重要。物联网上部署了海量传感器，每个传感器都是一个信息源，由于其数量极其庞大，形成了海量信息。面对海量信息，如何快速侦测到传感器状态，以便及时获取系统当前运行状态，已成为物联网系统稳定监测的重要环节。组态技术已在工业控制领域得到了广泛应用，整体稳定性、可靠性都是很高的，而且技术也相对成熟。物联网虽然将大量传感器和智能处理相结合，利用云计算、模式识别等智能技术，实现了对物体的智能控制，但一个完善的解决方案仍需要一个可操作、易读懂的平台来进行信息的展示和管理，组态软件恰好可以在物联网组建中起到这样一个重要作用。

　　本书根据教育部关于普通高校应用型人才培养目标的要求，结合我国普通高校的教育特点及软硬件条件编写而成，是一本既符合教学要求又适应实际情况的，专为工控组态软件教学量身定制的教材，尤其符合应用型本科院校的教学要求。

　　本书第1版出版于2017年7月，经过多年的教育教学实践，本书在国内应用型本科高校被广泛使用，具有较高的影响力和好评度。本次修订注重以下几点。本书以通用组态软件组态王KingView 7.5为例，在内容编排上以大量工程实例为典型例子，从设计、制作过程进行讲解，力求使读者掌握组态软件的方法与技巧，尽快上手。

　　读者通过扫描书中的二维码，可以看到视频教程，实现线上线下无缝衔接。该线上课程的内容可作为本书的配套学习资源。

　　本书由殷群、王伟平主编，黄晶霞、张建波参编。本书在编写过程中得到了许多同行的帮助和支持，提出了许多宝贵意见和建议，在此一并致以诚挚的感谢。

　　由于当前物联网技术和组态软件的发展较快，且涉及的知识面较广，系统性、实践性强，虽然我们在编写中致力于追求严谨、求实、高质量，但是错误和不足在所难免，敬请同行和读者批评指正。

编　者

二维码清单

扫码观看视频

目　录

1.1　本章导学

本章将讲解组态王软件的基础知识，这是一款专为工业自动控制系统设计的监控软件。组态王不仅具备丰富的控制功能库和仿真能力，还能够快速生成多周期报表，并扩展至软 PLC 和嵌入式控制设备。

通过本章的学习，读者将掌握组态王软件的安装及基本配置，了解其监控组态与工程管理功能的实际应用，从而为后续章节的深入探索打下坚实的基础。

1.2　组态软件概述

组态（Configure）软件全称为数据采集与监视控制（Supervisory Control and Data Acquisition，SCADA）系统。它是数据采集与过程控制的专用软件，处于自动控制系统监控层一级的软件平台和开发环境，使用组态方式，快速构建工业自动控制系统监控功能，是通用层次的软件工具。组态软件的应用广泛，可以应用于电力系统、给水系统、石油和化工等领域的数据采集、监视控制及过程控制等诸多领域。

"组态"的含义是"配置""设定""设置"等，是指用户通过"搭积木"的简单方式来完成所需要的软件功能，而不需要编写计算机程序。它有时也称为"二次开发"，相应的组态软件就称为"二次开发平台"。"监控"（Supervisory Control）即"监视和控制"，是指通过计算机信号对自动化设备或过程进行监视、控制和管理。

1. 国外组态软件

1）InTouch：Wonderware（万伟）公司的 InTouch 软件是在 20 世纪 80 年代末、90 年代初进入中国的组态软件。InTouch 提供了丰富的图库。早期的 InTouch 采用 DDE（动态数据交换）方式与驱动程序通信，性能较差，InTouch 7.0 已经完全基于 32 位的 Windows 平台，并且提供了 OPC（开放平台通信）支持。

2）iFIX：Intellution 公司以 FIX 组态软件起家，1995 年被艾默生电气集团收购，现在是艾默生电气集团的全资子公司，FIX 6.x 软件提供工控人员熟悉的概念和操作界面，并提供完备的驱动程序（需单独购买）。20 世纪 90 年代末，Intellution 公司重新开发内核，并将重新开发的新产品系列命名为 iFIX。在 iFIX 中，Intellution 提供了强大的组态功能，将 FIX 原有的 Script（脚本）语言改为 VBA（Visual Basic for Applications），并且在内部集成了 Microsoft（微软）的 VBA 开发环境。为了解决兼容问题，iFIX 里面提供了 FIX Desktop 程序，可以直接在 FIX Desktop 中运行 FIX 程序。Intellution 的产品与微软的操作系统、网络进行了紧密的集成。Intellution 也是 OPC 组织的发起成员之一。

3）Citech：悉雅特（Citect）公司是世界领先的提供工业自动化系统、设施自动化系统、实时智能信息和新一代 MES（制造执行系统）的独立供应商。悉雅特公司的 Citech 也是较早进入中国市场的产品。Citech 具有简洁的操作方式，但其操作方式更多的是面向程序员，而不是工控用户。Citech 提供了类似 C 语言的脚本语言进行二次开发，但与 iFIX 不同的是，Citech 的脚本语言并非面向对象，而是类似于 C 语言，这无疑给用户进行二次开发增加了难度。

4）WinCC：西门子的 WinCC 也是一套完备的组态开发环境，提供类似于 C 语言的脚本，包括一个调试环境。WinCC 内嵌 OPC 支持，并可对分布式系统进行组态。但 WinCC 的结构较复杂，用户最好经过西门子的培训以掌握 WinCC 的应用。

5）ASPENTech：AspenTech（艾斯本技术有限公司）是一个为过程工业（包括化工、石化、炼油、造纸、电力、制药、半导体、日用化工和食品饮料等工业）提供企业优化软件及服务的领先供应商。艾斯本公司自主开发的组态软件 ASPENTech，因其应用简单，使用灵活在组态软件的应用上占有一席之地。

2. 国内组态软件

1）RealInfo：由大庆紫金桥软件技术有限公司开发，该公司由中国石油天然气集团有限公司大庆石化公司出资成立。

2）Hmibuilder：由北京昆仑纵横科技发展有限公司开发，实用性强，性价比高，市场主要搭配纵横科技硬件使用。

3）世纪星：由北京世纪长秋科技有限公司开发，自 1999 年开始销售。

4）力控科技：由北京三维力控科技有限公司开发，核心软件产品初创于 1992 年。

5）组态王 KingView：由北京亚控科技发展有限公司开发，亚控科技是国内 20 世纪 90 年代成立的自动化软件企业之一，从事自主研发、市场营销和服务。1995 年推出组态软件 KingView 系列产品，创立组态王品牌，经过多年的快速发展，亚控科技的产品涵盖设备和工段级监控平台、厂级和集团级监控平台、生产实时智能平台，产品和方案广泛应用于市政、油气、电力、矿山、物流、汽车和大型设备等行业，并在市场上广泛推广 KingView 6.55、KingView 7.5，每年销量 10000 套以上，在国产软件市场中市场占有率第一。

6）MCGS（监视与控制通用系统）：由北京昆仑通态自动化软件科技有限公司开发，分为通用版、嵌入版和网络版，其中嵌入版和网络版是在通用版的基础开发而成的，在市场上主要是搭配硬件销售。

7）态神：态神由南京新迪生软件技术有限公司开发，核心软件产品初创于 2005 年，是首款 3D（三维）组态软件。

组态软件已经成为工业自动化系统的必要组成部分，因此吸引了大型自动化公司纷纷投资开发自有知识产权的组态软件。目前在国内外市场占有率较高的组态软件分别是 iFIX、InTouch、WinCC 和 Citech 等。

国内厂商以力控科技、亚控等为主，国内产品已经开始抢占一些高端市场，并且所占比例也在逐渐增长。

1.2.1　组态软件的产生背景

组态的概念伴随着分散控制系统（Distributed Control System，DCS）的出现才开始被广大生产过程自动化技术人员所熟知。在工业控制技术不断发展和应用的过程中，计算机（包括工控机）相比以前的专用系统具有的优势日趋明显。这些优势主要体现在：计算机技术保持了较快的发展速度，各种相关技术已经成熟；由计算机构建的工业控制系统具有相对较低的拥有成本；计算机的软件资源和硬件资源丰富，软件之间的互操作性强；基于计算机的控制系统易于学习和使用，容易得到技术方面的支持。在计算机技术向工业控制领域渗透的过程中，组态软件占据着非常特殊而且重要的地位。

1.2.2　组态软件的设计思想

随着工业自动化水平的迅速提高和计算机在工业领域的广泛应用，人们对工业自动化的要求越来越高，种类繁多的控制设备和过程监控装置在工业领域的应用，使得传统的工业控制软件已无法满足用户的各种需求。开发传统的工业控制软件时，一旦工业被控对象有变动，就必须修改其控制系统的源程序，导致开发周期过长；已开发成功的工业控制软件又由于每个控制项目的不同而使其重复使用率很低，导致它的价格非常昂贵；修改工业控制软件的源程序时，若原来的编程人员因工作变动而离开，则必须由其他人员或新手进行源程序的修改，使得工作相当困难。通用工业自动化组态软件的出现为解决上述工程问题提供了一种新的方法，使用户能根据自己的控制对象和控制目的组态，完成最终的自动化控制工程。

组态的概念最早出现在工业计算机控制中，如 DCS 组态、PLC（可编程逻辑控制器）梯形图组态，人机界面生成软件就称为工控组态软件。在其他行业中，也存在组态的概念，相关软件如 AutoCAD、PhotoShop 等。不同之处在于，工业控制中形成的组态结果用于实时监控。工控组态软件也提供编程手段以增强其功能，一般都是内置编译系统，提供类 BASIC 语言，有的支持 VB（Visual Basic），现在有的组态软件甚至支持 C#高级语言。

组态软件大都支持各种主流工控设备和标准通信协议，并且通常提供分布式数据管理和网络功能。对应于传统的 HMI（Human Machine Interface，人机接口）概念，组态软件还是一种使用户能快速建立自己的 HMI 的软件工具或开发环境。在组态软件出现之前，工控领域的用户只能通过手工编程或委托第三方编写 HMI 应用，这种方式开发时间长，效率低，可靠性差；或者购买专用的工控系统，通常是封闭的系统，很难与外界进行数据交互，且升级和增加功能都受到限制。组态软件的出现使用户可以构建一套适合自己的应用系统。随着技术的发展，其对实时数据库、实时控制、SCADA 系统、通信及联网、开放数据接口，以及 I/O 设备的支持会更加广泛，组态软件将会不断发展。

1. 通用组态软件的主要特点

1）延续性和可扩充性。用通用组态软件开发的应用程序，当现场（如硬件设备或系统结构）或用户需求发生改变时，无须做很多修改而方便地完成软件的更新和升级。

2）封装性（易学易用）。通用组态软件所能完成的功能都用一种方便用户使用的方法包装起来，用户不需要掌握太多的编程语言（甚至不需要编程技术），就能很好地完成一个复杂工程所要求的所有功能。

3）通用性。每个用户根据工程实际情况，利用通用组态软件提供的底层设备（如 PLC、智能仪表、智能模块、板卡和变频器等）的 I/O 驱动、开放式的数据库和画面制作工具，就能完成一个具有动画效果、实时数据处理、历史数据和曲线并存、具有多媒体功能和网络功能的工程，不受行业限制。

组态软件能同时支持各种硬件厂家的计算机和 I/O 产品，与高可靠的工控计算机和网络系统结合，可向控制层和管理层提供软硬件的全部接口，进行系统集成。

2. 组态软件的功能

1）界面显示组态功能。目前，工控组态软件大都运行于 Windows 环境下，充分利用 Windows 的图形功能完善界面，具有可视化的风格界面、丰富的工具栏，操作人员可以直接进入开发状态，节省时间。丰富的图形控件和工况图库，既提供所需的组件，又是界面制作向导。为用户提供丰富的作图工具，用户可随心所欲地绘制出各种工业界面，并可任意编辑，从而将开发人员从繁重的界面设计中解放出来。丰富的动画连接方式如隐含、闪烁和移动等，使界面生动、直观。

2）对下位机的开放性支持。社会化的大生产，使得构成系统的全部软硬件不可能是出自一家公司的产品，异构是当今控制系统的主要特点之一。开放性是指组态软件能与多种通信协议互联，支持多种硬件设备。开放性是衡量一个组态软件好坏的重要指标。

3）组态软件向下应能与低层的数据采集设备通信，向上能与管理层通信，实现与上位机和下位机的双向通信。

4）丰富的功能模块。组态软件提供丰富的控制功能库，满足用户的测控要求和现场要求。利用各种功能模块，完成实时监控、产生功能报表、显示历史曲线和实时曲线、提醒报警等功能，使系统具有良好的人机界面，易于操作。系统既可适用于单机集中式控制、DCS 分布式控制，也可以作为带远程通信能力的远程测控系统。

5）强大的数据库。组态软件配有实时数据库，可存储各种数据，如模拟量、离散量和字符型数据等，实现与外部设备的数据交换。

6）可编程的命令语言。组态软件有可编程的命令语言，使用户可以根据自己的需要编写程序，增强图形界面。

7）周密的系统安全防范。组态软件可为不同的操作者赋予不同的操作权眼，保证整个系统的安全可靠运行。

8）仿真功能。组态软件提供强大的仿真功能，使系统并行设计，从而缩短开发周期。

3. 组态王软件的特点

组态王 KingView 软件是北京亚控科技发展有限公司（以下简称亚控科技）开发的产品。亚控科技的总部位于北京，在美国、德国、日本、韩国、新加坡等多个国家和地区设有分支机构，在北京、天津、西安设有研发中心。

组态王 KingView 7.5 是集成了亚控科技自主研发的工业实时数据库 KingHistorian，可以为企业提供一个对整个生产流程进行数据汇总、分析和管理的有效平台，使企业能够及时有效地获取信息，及时地做出反应，以获得最优化的结果。软件提供了丰富、简捷易用的配置界面，提供了大量的图形元素和图库精灵，同时也为用户创建图库精灵提供了简单易用的接口；历史曲线、报表及 Web 发布功能进行了提升与改进，软件的功能性和可用性有了提高。

软件以组态王的历史库或 KingHistorian 为数据源，快速建立所需的班报表、日报表、周报表、月报表、季报表和年报表。

组态王的 Web 发布可以实现画面发布、数据发布和 OCX（对象类别扩充组件）控件发布，IE 客户端可以获得与组态王运行系统相同的监控画面，IE 客户端与 Web 服务器保持高效的数据同步，通过网络可以在任何地方获得与 Web 服务器上相同的画面和数据显示、报表显示、报警显示等，同时可以方便快捷地向工业现场发布控制命令，实现实时控制的功能。

KingHistorian 是亚控科技独立开发的工业数据库，具有单个服务器支持高达 100 万点、256 个并发客户同时存储和检索数据、每秒检索单个变量超过 20000 条记录，满足对存储速度和存储容量的要求，具有实时查看和检索历史运行数据的功能。组态王支持数据同时存储到组态王历史库和工业库，提高了组态王的数据存储能力，满足用户对存储容量和存储速度的要求。

基于组态王软件在国内外工业控制领域中的广泛使用，及其通用性强，对下位各种类型不同厂家硬件系统的广泛支持，本教材采用组态王软件作为上位监控系统平台软件。

1.2.3 组态软件的发展趋势

自 2000 年以来，国内组态软件产品、技术和市场都飞速发展，应用领域日益拓展，用户和应用工程师数量不断增多，充分体现了"工业技术民用化"的发展趋势。

组态软件是工业应用软件的重要组成部分，其发展受到很多因素的制约，归根结底，应用对其发展起着最为关键的推动作用。用户要求的多样化，决定了不可能有哪一种产品能够囊括全部用户的所有画面要求，最终用户对监控系统人机界面的需求不可能固定为单一的模式，因此最终用户的监控系统是始终需要"组态"和"定制"的。

组态软件是在信息化社会的大背景下，随着工业 IT（信息技术）的不断发展而诞生、发展起来的。在整个工业自动化软件大家庭中，组态软件属于基础型工具平台。组态软件给工业自动化、信息化及社会信息化带来的影响是深远的，它带动着整个社会生产、生活方式的变化，这种变化仍在继续发展。因此组态软件作为新生事物尚处于高速发展时期，目前还没有专门的研究机构就它的理论与实践进行研究、总结和探讨，更没有形成独立、专门的理论研究机构。

近年来，一些与组态软件密切相关的技术，如 OPC、OPC-XML（XML 为可扩展标记语言）、现场总线等，也取得了飞速发展，是组态软件发展的有力支撑。

组态软件的发展趋势如下。

（1）组态软件日益成为自动化硬件厂商开发的重点 整个自动化系统中，软件所占比重逐渐提高，虽然组态软件只是其中一部分，但因其渗透能力强、扩展性强，近年来蚕食了很多专用软件的市场。因此，组态软件具有很高的产业关联度，是自动化系统进入高端应用、扩大市场占有率的重要桥梁。在这种思路的驱使下，西门子的 WinCC 在市场上取得巨大成功。目前，国际知名的工业自动化厂商，如 Rockwell（罗克韦尔）、GE Fanuc（通用电气发那科）、Honeywell（霍尼韦尔）、西门子、ABB、施耐德和英维思等，均开发了自己的组态软件。

（2）集成化、定制化 从软件规模来看，大多数组态软件的代码规模超过 100 万行，已经不属于小型软件的范畴了。从其功能来看，数据的加工与处理、数据管理、统计分析等功能越来越强。

组态软件作为通用软件平台，具有很大的使用灵活性。但实际上很多用户需要"傻瓜"式的应用软件，即需要很少的定制工作量即可完成工程应用。为了既照顾"通用"又兼顾"专用"，组态软件拓展了大量的组件，用于完成特定的功能，如批次管理、事故追忆、温控曲线、油井示功图组件、协议转发组件、ODBCRouter、ADO（ActiveX 数据对象）曲线、专家报表、万能报表组件、事件管理和 GPRS（通用分组无线服务）透明传输组件等。

（3）纵向发展，功能向上、向下延伸 组态软件处于监控系统的中间位置，向上、向下均具有比较完整的接口，因此对上、下应用系统的渗透也是组态软件的一种本能，具体表现如下。

1）向上，组态软件管理功能日渐强大，在实时数据库及其管理系统的配合下，具有部分 MIS（管理信息系统）、MES 或调度功能，尤以报警管理与检索、历史数据检索、操作日志管理、复杂报表等功能较为常见。

2）向下，组态软件日益具备网络管理（或节点管理）功能，在安装有同一种组态软件的不同节点上，在设定完地址或计算机名称后，相互间能够自动访问对方的数据库。组态软件的这一功能，与 OPC 规范及 IEC 61850 标准、BACnet（楼宇自动控制网络）等现场总线的功能类似，反映出其网络管理能力日趋完善的发展趋势。

3）软 PLC、嵌入式控制等功能：除组态软件直接配备软 PLC 组件外，软 PLC 组件还作为单独产品与硬件一起配套销售，构成 PAC（可编程自动化控制器）。这类软 PLC 组件一般都可运行于嵌入式 Linux 操作系统。

4）OPC 服务软件：OPC 标准简化了不同工业自动化设备之间的互联通信，无论在国内还是国外，都已成为广泛认可的互联标准。而组态软件同时具备 OPC 服务器（Server）和 OPC 客户端（Client）功能，若将组态软件丰富的设备驱动程序根据用户需要打包为 OPC 服务器单独销售，则既丰富了软件产品种类又满足了用户的这方面需求，加拿大的 Matrikon 公司就以开发、销售各种 OPC 服务器软件为主要业务，已经成为该领域的领导者。组态软件厂商拥有大量的设备驱动程序，因此开展 OPC 服务器软件的定制开发具有得天独厚的优势。

5）工业通信协议网关：它是一种特殊的网关，属于工业自动化领域的数据链产品。OPC 标准适合计算机与工业 I/O 设备或桌面软件之间的数据通信，而工业通信协议网关适用于不同的工业 I/O 设备之间、计算机与 I/O 设备之间需要进行网段隔离、无人值守和数据保密性强的应用场合的协议转换。市场上有专门从事工业通信协议网关产品开发、销售的厂商，如 Woodhead、Prolinx（欧通）等，但是组态软件厂商通过在其丰富的 I/O 驱动程序中扩展一个协议转发模块即可轻松转化成通信网关，开发工作的风险和成本极小。Multi_OPC-Server 和通信网关 pFieldComm 便是力控科技 ForceControl 组态软件的衍生产品。

（4）横向发展，监控、管理范围及应用领域扩大 只要同时涉及实时数据通信（无论是双向还是单向）、实时动态图形界面显示、必要的数据处理、历史数据存储及显示，就存在对组态软件的潜在需求。

除了大家熟知的工业自动化领域，近几年以下领域已经成为组态软件的新增长点。

1）设备资产管理（Plant Asset Management，PAM）。此类软件的代表是艾默生公司的设备管理软件（AMS）。PAM 所包含的范围很广，其共同点是实时采集设备的运行状态，累积设备的各种参数（如运行时间、检修次数和负荷曲线等），及时发现设备隐患，预测设备寿命，提供设备检修建议，以及对设备进行实时综合诊断。

2）先进控制或优化控制系统。在工业自动化系统获得普及以后，为提高控制质量和控制精度，很多用户开始引进先进控制或优化控制系统。这些系统包括自适应控制、（多变量）预估控制、无模型控制器、鲁棒控制、智能控制（专家系统、模糊控制和神经网络等）及其他依据新控制理论编写的控制软件。这些控制软件的长项是控制算法，使用组态软件主要解决控制软件的人机界面、与控制设备实时数据通信等问题。

3）工业仿真系统。仿真软件为用户操作模拟对象提供了与实物几乎相同的环境，不但节省了巨大的培训成本，还提供了实物系统所不具备的智能特性。工业仿真系统的开发商专长于仿真模块的算法，在实时动态图形显示、实时数据通信方面不一定有优势，组态软件与仿真软件间通过高速数据接口连为一体，在教学、科研仿真应用中的应用越来越广泛。

4）电网系统信息化建设。电力自动化是组态软件的一个重要应用领域，电力是国家的基础行业，其信息化建设是多层次的，由此决定了对组态软件的多层次需求。

5）智能建筑。物业管理的主要需求是能源管理（节能）和安全管理，这一管理模式要求建筑物智能设备必须联网，首先有效地解决信息孤岛问题，减少人力消耗，提高应急反应速度和设备预期寿命，智能建筑行业在能源计量、变配电、安防、门禁和消防系统联入IBMS（智能楼宇管理系统）服务器方面需求旺盛。

6）公共安全监控与管理。公共安全的隐患可能造成突发事件应急失当，容易造成城市公共设施瘫痪、人员群死群伤等恶性事故。公共安全监控包括：

① 人防（车站、广场）等市政工程中，对有毒气体浓度监控及火灾报警。

② 水文监测，包括水位、雨量、闸位和大坝的实时监控。

③ 重大建筑物（如桥梁等）健康状态监控。

7）机房动力环境监控。在电信、铁路、银行、证券和海关等行业及国家重要的机关部门，计算机服务器的正常工作是业务和行政正常进行的必要条件，因此存放计算机服务器的机房已经成为监控的重点，监控的内容包括 UPS（不间断电源）工作参数及状态、电池组的工作参数及状态、空调机组的运行状态及参数、漏水监测、发电机组监测、环境温湿度监测、环境可燃气体浓度监测、门禁系统监测等。

8）城市危险源实时监测。包括对存放危险源的场所及危险源行踪的监测。

9）国土资源立体污染监控。对土壤、大气中与农业生产有关的污染物含量进行实时监测，建立立体式实时监测网络。

10）城市管网系统实时监控及调度。包括供水管网、燃气管网、供热管网等的监控。

1.3　组态王软件的安装

1.3.1　组态王软件对系统的要求

1）CPU（中央处理器）：P4 处理器，1 GHz 以上或相当型号。

2）内存：最少 128 MB，推荐 256 MB，使用 Web 功能或 2000 点以上时推荐 512 MB。

3）硬盘空间：至少 1 GB 剩余空间。

4）显示器：VGA（视频图形阵列）、SVGA（超级视频图形阵列）或支持桌面操作系统的任何图形适配器，最少显示 256 色。

5）鼠标：任何 PC（个人计算机）兼容的鼠标。

6）通信：RS-232C。

7）并行口或 USB（通用串行总线）口：用于接入组态王加密锁。

8）操作系统：Windows XP、Windows 7、Windows 10、Windows Server 2008 或 Windows Server 2012。

1.3.2 安装组态王程序

组态王软件存于一张光盘上。光盘上的安装程序 Install. exe 会自动运行，启动组态王安装程序。

组态王软件在 Windows 10 系统中的安装步骤如下。

1）启动计算机系统。

2）在光盘驱动器中插入组态王软件的安装盘，系统自动启动 Install. exe 安装程序，如图 1-1 所示。用户也可通过光盘中的 Install. exe 启动安装程序。

图 1-1　启动组态王安装程序

该安装界面右侧有一列按钮，各个按钮的作用如下。

①"安装阅读"按钮：安装前阅读，用户可以获取安装注意事项、版本更新信息、授权信息、服务和支持信息等。

②"安装组态王程序"按钮：安装组态王程序。

③"安装组态王驱动程序"按钮：安装组态王 I/O 设备驱动程序。

④"安装硬件加密锁驱动"按钮：安装硬件加密锁驱动程序。

⑤"安装软授权驱动"按钮：安装软授权驱动程序。

⑥"安装移动端程序"按钮：安装组态王移动端程序。

⑦"安装深思精锐 5 驱动"按钮：安装深思精锐 5 驱动程序。

⑧ "退出" 按钮: 退出安装程序。

3) 开始安装。单击 "安装组态王程序" 按钮,将自动安装组态王软件到用户的硬盘目录,并建立应用程序组。单击按钮后,首先弹出对话框,开始安装组态王,如图 1-2 所示。

图 1-2　开始安装组态王

单击 "下一步" 按钮继续安装,弹出 "许可证协议" 对话框,如图 1-3 所示。该对话框的内容为亚控科技与组态王软件用户之间的法律约定,请用户认真阅读。若用户同意协议中的条款,则选择 "我接受该许可证协议中的条款",并单击 "下一步" 按钮继续安装;若用户不同意,则退出安装。单击 "上一步" 按钮,可返回上一个对话框。

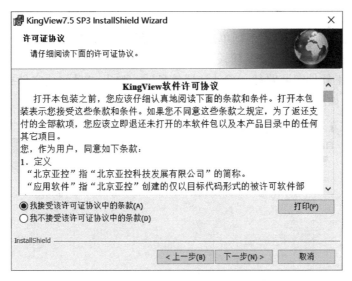

图 1-3　"许可证协议" 对话框

单击 "下一步" 按钮后,弹出 "用户信息" 对话框,如图 1-4 所示。

输入 "用户姓名" 和 "单位",单击 "下一步" 按钮弹出 "请确认注册信息" 对话框,如图 1-5 所示。单击 "上一步" 按钮可返回上一个对话框,单击 "取消" 按钮可退出安装程序。

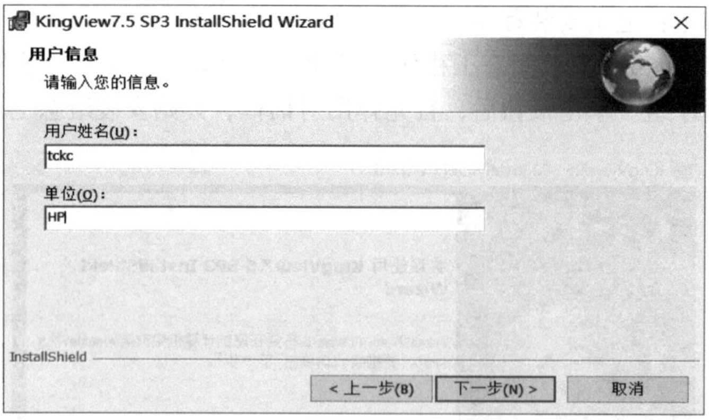

图 1-4 "用户信息"对话框

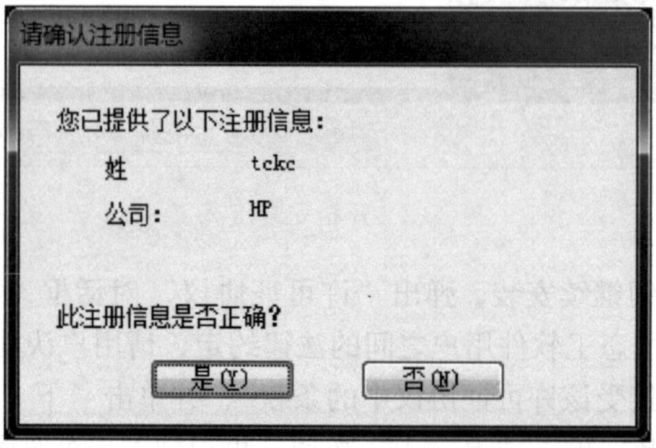

图 1-5 "请确认注册信息"对话框

若对话框中的注册信息错误，则单击"否"按钮，返回"用户信息"对话框；若正确，则单击"是"按钮，进入程序安装阶段。

4）选择组态王软件安装路径。确认注册信息后，弹出"目的地文件夹"对话框，选择程序的安装路径，如图 1-6 所示。

图 1-6 选择程序的安装路径

由对话框确认组态王软件的安装目录，单击"下一步"按钮。默认目录为 C:\Program Files(x86)\KingView\，若希望安装到其他目录，则单击"更改"按钮。

5）选择安装程序功能。单击"下一步"按钮后，出现"自定义安装"对话框，如图 1-7 所示。

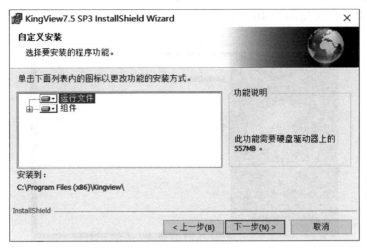

图 1-7　"自定义安装"对话框

然后单击"下一步"按钮，出现"已做好安装程序的准备"对话框，如图 1-8 所示。

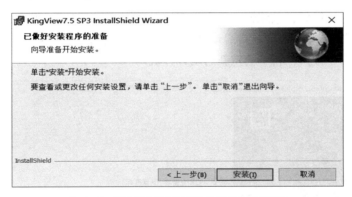

图 1-8　"已做好安装程序的准备"对话框

6）单击"安装"按钮，将出现如图 1-9 所示的安装对话框。安装程序将光盘上的压缩文件解压缩并复制到默认或指定目录下，解压缩过程中有进度显示。

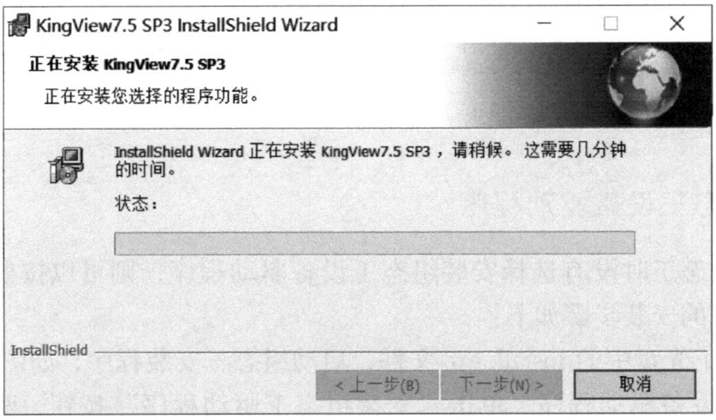

图 1-9　安装对话框

若有问题，则单击"上一步"按钮进行修改；若没有问题，则单击"下一步"按钮，开始安装；若安装过程中觉得前面有问题，可单击"取消"按钮停止安装。

7）安装结束，弹出如图 1-10 所示的安装完成对话框。

图 1-10　安装完成对话框

单击"完成"按钮后，系统弹出重启计算机对话框，如图 1-11 所示。选择"是，立即重新启动计算机。"选项，将会重新启动计算机；选择"否，稍后再重新启动计算机。"选项，再单击"完成"按钮，将不会重新启动计算机。

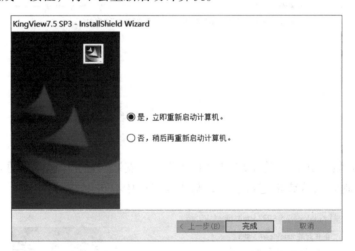

图 1-11　重启计算机对话框

1.3.3　安装组态王设备驱动程序

若用户安装组态王时没有选择安装组态王设备驱动程序，则可以按照以下步骤进行安装。设备驱动程序的安装步骤如下：

1）双击组态王光盘中的 Install.exe 文件，启动组态王安装程序，如图 1-12 所示。

2）开始安装设备驱动程序。单击"安装组态王驱动程序"按钮，驱动程序开始安装后，首先弹出对话框，如图 1-13 所示。

图 1-12　启动组态王安装程序

图 1-13　驱动程序开始安装

单击"下一步"按钮继续安装，弹出"许可证协议"对话框，如图 1-14 所示。该对话框的内容为北京亚控科技与组态王软件用户之间的法律约定，请用户认真阅读。若用户同意

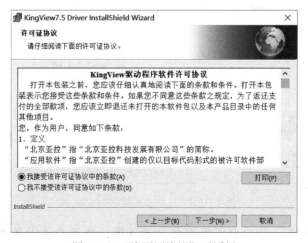

图 1-14　"许可证协议"对话框

协议中的条款，则选择"我接受该许可证协议中的条款"，并单击"下一步"按钮继续安装；若不同意，则退出安装。单击"上一步"按钮，可返回上一个对话框。

3）创建路径。单击"下一步"按钮，将出现"目的地文件夹"对话框，如图 1-15 所示。

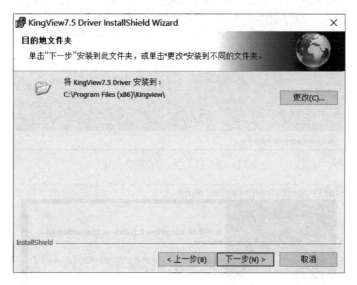

图 1-15 "目的地文件夹"对话框

由对话框确认组态王设备驱动程序的安装目录。系统会自动按照组态王软件的安装路径列出设备驱动程序需要安装的路径。一般情况下，用户无须更改此路径。若希望更改路径，则单击"更改"选择新的安装目录，如 C：\Program Files（x86）\Kingview\Driver，输入完成后，单击"下一步"按钮，弹出"自定义安装"对话框，如图 1-16 所示。

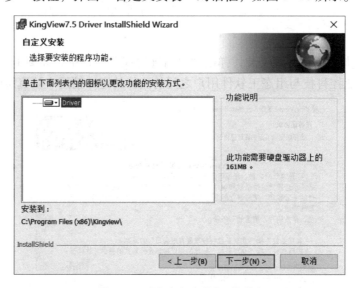

图 1-16 "自定义安装"对话框

单击"Driver"图标，用户可以根据自身的需要，选择安装设备驱动程序。默认状态下，安装全部驱动程序。

4）开始安装。若有问题，则单击"上一步"按钮后退回上一步进行修改，若没有问题，则单击"下一步"按钮，开始安装；若安装过程中觉得前面有问题，可单击"取消"按钮停止安装。安装程序将光盘上的压缩文件解压缩并复制到默认或指定目录下，解压缩过程中有进度显示。

5）安装结束，弹出安装完成对话框，如图 1-17 所示。

图 1-17　安装完成对话框

单击"完成"按钮，完成此次设备驱动程序的安装。

注意：为了使系统正常运行，建议用户重新启动计算机。

视频 1-1
组态王 7.5
安装步骤

1.4　组态王软件的组成

安装完组态王软件之后，在系统"开始"菜单的"程序"中生成"组态王"程序组，如图 1-18 所示，该程序组中为文件与工具的快捷方式，内容如下：

1）PG 数据库（PostgreSQL）安装工具：运行 PG 数据库安装文件。

2）web 发布工具：组态王 web 发布工具的快捷方式。

3）电子签名浏览工具：电子签名和审计浏览工具的快捷方式。

4）服务注册工具：组态王服务注册工具的快捷方式。

5）工程安装工具：组态王工程安装的快捷方式，用于快速安装组态王工程文件。

6）工程打包工具：组态王工程打包的快捷方式，用于快速打包组态王工程文件。

7）工程管理器（ProjManager）：组态王工程管理器程序的快捷方式，用于新建工程、工程管理等。

8）工程浏览器（TouchExplorer）：组态王单个工程管理程序的快捷方式，内嵌组态王画面开发系统，即组态王开发系统。

9）驱动安装工具：安装新驱动工具文件的快捷方式。

10）驱动帮助：组态王 IO 驱动程序帮助文件的快捷方式。

11）实时数据客户端：组态王实时数据监控的快捷方式。

12）文本库翻译工具：组态王文本库翻译的快捷方式。

13）信息窗口（KingMess）：组态王信息窗口程序的快捷方式。

14）移动客户端开发工具：组态王移动客户端开发工具的快捷方式。

15）移动客户端运行工具：组态王移动客户端运行工具的快捷方式。

16）运行系统（TouchVew）：组态王运行系统程序的快捷方式。工程浏览器和运行系统既是各自独立的 Windows 应用程序，均可单独使用；两者又相互依存，在工程浏览器的画面开发系统中设计开发的画面应用程序，必须在画面运行系统运行环境中才能运行。

17）组态王帮助：组态王用户手册电子文档的快捷方式。

除了从程序组中打开组态王程序，安装完组态王软件后，在系统桌面上也会生成组态王工程管理器的快捷方式，名称为 KingView，组态王桌面图标如图 1-19 所示。

图 1-18　组态王软件的组成

图 1-19　组态王桌面图标

1.5　本章小结

本章主要介绍了组态软件的功能，组态软件利用计算机信号对自动化设备或过程进行监视、控制和管理，在工业控制领域应用广泛；详细介绍了组态王软件的安装步骤和各组成部分，按照本章的操作步骤，用户可以在计算机上正确安装组态王软件。

1.6　课后习题

1. 请说明通用组态软件的主要特点。
2. 请详细说明组态软件的功能。
3. 请详细说明组态软件的发展趋势。

第 2 章　组态王软件的基本使用

2.1 本章导学

本章将深入探讨组态王软件的核心功能与操作方法。组态王软件支持用户创建和管理工程项目，包括添加工程、设置属性、进行备份与恢复等操作。通过工程浏览器和工具箱，用户能够轻松浏览工程并进行图形设计。此外，本章还将详细介绍组态王软件中的多种变量类型及其配置方法，包括变量属性的设置、报警功能、数据记录、安全性管理和读写权限的控制。读者将学习如何使用组态王软件创建工程、设计画面、设置变量和动画连接，最终掌握进入运行系统的基本步骤，为构建高效的自动化控制系统奠定基础。

2.2 建立工程

2.2.1　新建工程

双击图标打开组态王软件，进入“工程管理器”界面，单击“新建”按钮，出现向导，单击“下一步”按钮；单击“浏览”按钮，选择工程文件夹的位置，单击“下一步”按钮；为工程填写“工程名称”（必填）和“工程描述”（可填），单击“完成”按钮；若提示“是否将新建的工程设为当前工程？”，则单击“是”按钮。完成后可以看见新建的工程，在“工程名称”左边有个小红旗，表明该工程为当前工程。如图 2-1 所示，新建“流水灯”工程，路径为“D:\流水灯\流水灯”，该工程为当前工程。

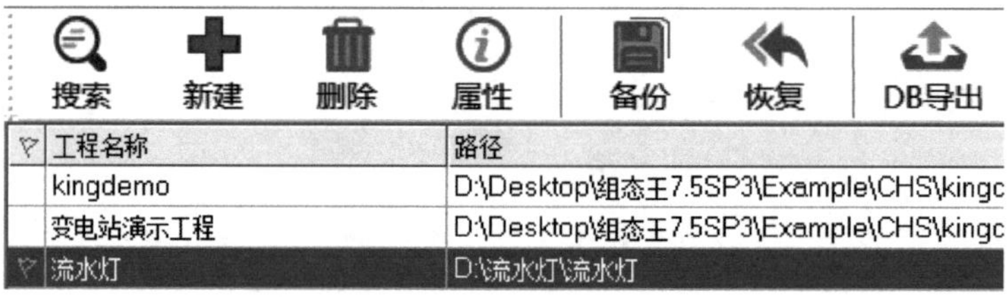
搜索
新建
删除
属性
备份
恢复
DB导出
工程名称
路径
kingdemo
D:\Desktop\组态王7.5SP3\Example\CHS\kingc
变电站演示工程
D:\Desktop\组态王7.5SP3\Example\CHS\kingc
流水灯
D:\流水灯\流水灯

图 2-1　新建“流水灯”工程

2.2.2　添加工程

对于已有的工程，在“工程管理器”界面单击“搜索”按钮，选择相应的工程文件夹

位置，单击"确定"按钮完成添加。如图 2-2 所示，添加"液位语音报警"工程，路径为
"D:\液位语音报警\液位语音报警"。

工程名称	路径
kingdemo	D:\Desktop\组态王7.5SP3\Example\CHS\kingdemo
变电站演示工程	D:\Desktop\组态王7.5SP3\Example\CHS\kingdemo1
流水灯	D:\流水灯\流水灯
液位语音报警	D:\液位语音报警\液位语音报警

图 2-2 添加"液位语音报警"工程

2.2.3 工程操作

在"工程管理器"界面，右击某一个工程，可以对该工程进一些常用的操作。例如，
"设为当前工程"命令是将该工程设置为当前工程，当前工程的左边会有一个小红旗作为标
识；"工程属性"命令是查看工程的基本信息；"清除工程信息"命令是取消该工程在"工
程管理器"界面中的显示，但不会删除该工程；"工程备份"命令是对工程以压缩形式进行
备份，文件尺寸一般为默认，单击"浏览"按钮可以选择备份的位置；"工程恢复"命令是
对备份过的工程进行恢复。

2.2.4 工程浏览器

在"工程管理器"界面中双击建好的工程，进入"工程浏览器"界面如图 2-3 所示。
"工程浏览器"界面上端是菜单栏和工具栏，左端有"系统""变量""站点""画面""模
板"五个标签，包含了工程的所有组成部分。"系统"标签包含"文件""数据库""设备"
"系统配置""SQL 访问管理器"选项；"变量"标签主要为变量管理；"站点"标签显示定
义的远程站点的详细信息；"画面"标签用于对画面进行分组管理，创建和管理画面组；
"模板"标签包含一些软件内自带的系统模板，可以提供设计参考。标签右侧显示的是其对
应的功能目录，当选中某个功能后，右侧区域会显示其内容。

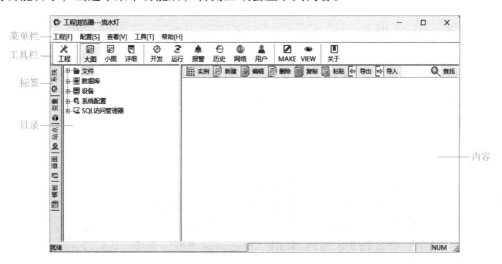

图 2-3 "工程浏览器"界面

2.3 设计画面

2.3.1 新建画面

在"工程浏览器"界面中单击"系统"→"文件"→"画面"，在右侧内容区域双击"新建"按钮，出现"画面属性"对话框，如图 2-4 所示。其中"画面名称"是新画面的名称，最长为 20 个字符；"对应文件"是该画面在磁盘上对应的文件名，由组态王软件自动生成默认文件名，也可根据自己的需要输入，最长为 8 个字符，扩展名为".pic"；"注释"是与本画面有关的注释信息，最长为 49 个字符；"左边""顶边"是画面左上角相对于边界的距离，以像素为单位；"画面宽度""画面高度"是画面的大小，以像素为单位，最大数值为 8000×8000，最小数值为 50×50；"显示宽度""显示高度"是显示画面的窗口大小，以像素为单位，若小于画面的大小，则通过拖动滚动条来查看。

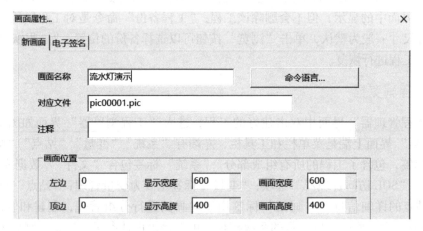

图 2-4 "画面属性"对话框

2.3.2 工具箱的使用

画面上会出现一个工具箱，如图 2-5 所示，如果没有，可以单击菜单命令"工具"→"显示工具箱"，或者按下快捷键〈F10〉，便可调出工具箱。工具箱提供了许多常用的菜单命令，也提供了一些菜单中没有的操作。通过工具箱，可以方便地在画面中添加文字、按钮及控件等，工具箱还提供了许多画图的操作。

当用工具箱画图时，利用"直线""扇形""椭圆""圆角矩形""折线""多边形"命令可以画出图形的轮廓；选中相应的图形后，利用"显示线形"命令调节线形或线宽；利用"显示调色板"命令调节图形的颜色（调色板的最上面一排是调色部位的选择，包括线、填充、背景和文本等）；利用"显示画刷类型"命令选择图形的填充效果。

利用"图素顺时针转 90°""图素逆时针转 90°""水平翻转"

图 2-5 工具箱

"垂直翻转""改变图素形状"命令调节图形的样子；利用"图素上对齐""图素下对齐""图素左对齐""图素右对齐""图素水平对齐""图素垂直对齐""图素水平等间隔""图素垂直等间隔"命令调节多个图形或文字的相对位置。

将多个小图形叠在一起时，需要安排哪个图形在前，哪个图形在后，因为在前的图形会遮住在后的图形。利用"图素后移""图素前移"命令可以进行调整。

将多个小图形拼在一起时，可能会对不准，此时可以在菜单栏"排列"命令中，取消"对齐网格"选项，然后利用键盘上的方向键进行移动，移动完成后，重新选择"对齐网格"选项，这样方便用户对其他图形进行编辑。

拼凑好大图形后，为了方便整体拖动，可以选中这个大图形，单击工具箱中的"合成组合图素"命令或"合成单元"命令使之成为一体。两者的区别是，"合成组合图素"命令的每个小图形不能含有动画连接，但合成后的大图形可以设置动画连接，且可以拉伸缩放；"合成单元"命令的每个小图形可以含有动画连接，但合成后的大图形不能设置动画连接，且不可以拉伸缩放。

2.3.3　图库管理器的使用

组态王中提供了一些已制作好的常用图素组合。单击菜单栏命令"图库"→"打开图库"，或者按下快捷键〈F2〉可打开图库管理器，如图 2-6 所示。在图库管理器左端含有"新建图库""更改图库名称""加载用户开发的精灵""删除图库精灵"的操作命令。图库中的每个成员称为图库精灵，双击需要的图库精灵即可拖放至画面中使用，从而省去自己绘制的过程。

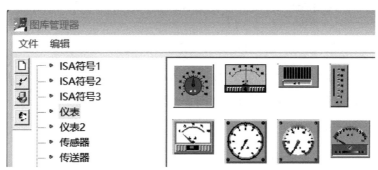

图 2-6　图库管理器

2.3.4　图库精灵的创建与使用

在不同工程的画面设计中，有些图如果要重复使用，是不能通过复制粘贴实现的，但图库可以共用。把自己设计的图形生成图库精灵并保存在图库中，就可以从图库中直接调用。下面以一个简单的例子来具体说明。

首先在数据词典中新建一个变量，变量名"开关"，变量类型为"内存离散"，如图 2-7 所示。

在画面中画出表示开关"关"和"开"两个状态的图形，如图 2-8 所示。

双击图形"关"，弹出"关"的"隐含连接"对话框，选择"隐含"选项，如图 2-9 所示。设置"关"的命令语言，如图 2-10 所示。

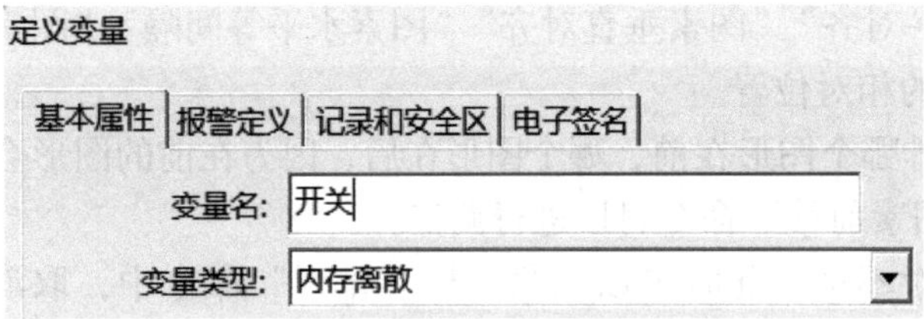

定义变量

| 基本属性 | 报警定义 | 记录和安全区 | 电子签名 |

变量名: 开关

变量类型: 内存离散　▼

图 2-7　新建变量"开关"

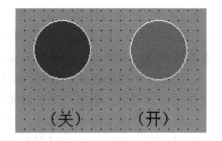

（关）　　（开）

图 2-8　"关"和"开"

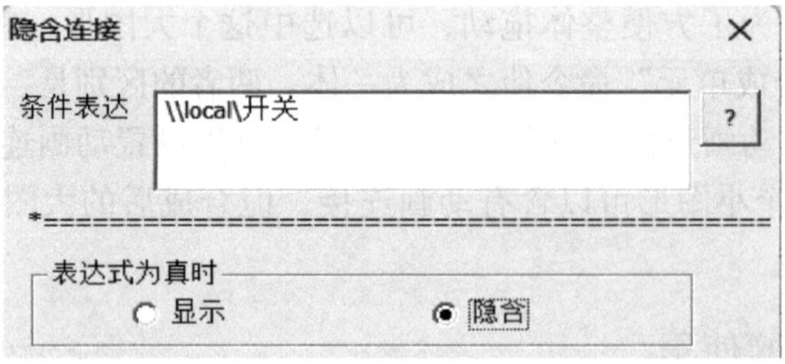

隐含连接　　　　　　　　　　　　　✕

条件表达　\\local\开关　　　　　　　　　?

*=========================

表达式为真时
○ 显示　　　　　　　　● 隐含

图 2-9　"关"的"隐含连接"对话框

■ 命令语言

文件[F]　编辑[E]

✂ 📋 📋 ✕ 选 | 🔍 📷 | 字

命令语言

□ 所有函数列表　　　\\local\开关=1;
　├ Abs

图 2-10　设置"关"的命令语言

同样双击图形"开"，弹出"开"的"隐含连接"对话框，选择"显示"选项，如图 2-11 所示。设置"开"的命令语言，如图 2-12 所示。

隐含连接　　　　　　　　　　　　　✕

条件表达　\\local\开关　　　　　　　　　?

*=========================

表达式为真时
● 显示　　　　　　　　○ 隐含

图 2-11　"开"的"隐含连接"对话框

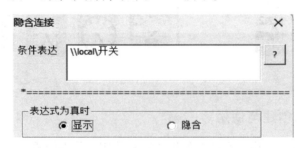

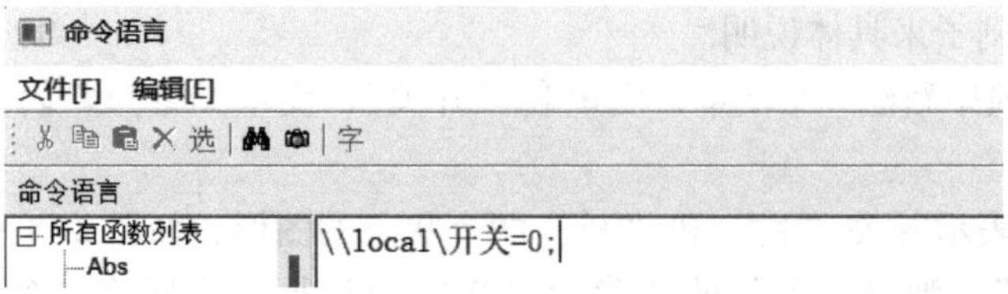

■ 命令语言

文件[F]　编辑[E]

✂ 📋 📋 ✕ 选 | 🔍 📷 | 字

命令语言

□ 所有函数列表　　　\\local\开关=0;
　├ Abs

图 2-12　设置"开"的命令语言

在画面中，将图形"关"和"开"移动重叠在一起（前后位置随意）并选中（可以用鼠标指针一起框住，只是看不出选中的效果，但用鼠标指针拖动时会一起移动）；单击菜单命令"图库"→"创建图库精灵"，设置图库精灵的名称为"开关"；单击"确定"按钮，弹出图库管理器，此时鼠标指针为直角状态；单击"编辑"→"创建新图库"命令，设置图库的名称为"个人图库"；单击"确定"按钮，将直角鼠标指针落在右侧空白处，右击一下即可完成图库精灵的创建，关闭图库管理器窗口，弹出"提示"对话框，单击"是"按钮，如图 2-13 所示。

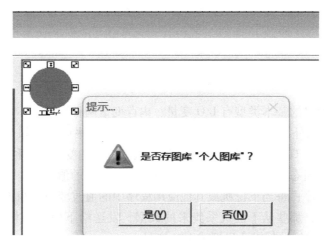

图 2-13　"提示"对话框

单击"图库"→"打开图库"命令，在"个人图库"中可以看到刚才创建的开关，双击可拖放到画面中。双击拖放出来的开关，弹出"内容替换"对话框，如图 2-14 所示。

图 2-14　"内容替换"对话框

在画图时，如果复制了多个开关，只需双击替换每个开关的变量名"\\local\开关"为别的离散变量即可。

2.4　定义变量

变量包括系统变量和用户定义的变量，变量的集合形象地称为数据词典，如图 2-15 所示。数据词典记录了所有用户可使用的数据变量的详细信息。在"工程浏览器"界面的"系统"标签下单击"数据库"→"数据词典"命令，或者直接在"变量"标签下新建变量，如图 2-16 所示。

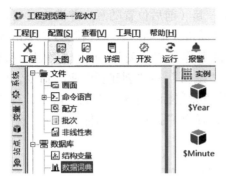

图 2-15　数据词典

图 2-16　直接在"变量"标签下新建变量

2.4.1　变量的类型

在组态王中，变量的基本类型有 I/O 变量、内存变量两种。

I/O 变量是指可与外部数据采集程序，如下位机数据采集设备（如 PLC、仪表等）或其他应用程序（如 DDE、OPC 服务器等）直接进行数据交换的变量。这种数据交换是双向的、动态的，也就是说在组态王系统运行过程中，每当 I/O 变量的值改变时，该值就会自动写入下位机或其他应用程序；每当下位机或其他应用程序中的值改变时，组态王系统中的变量值也会自动更新。所以，那些从下位机采集来的数据、发送给下位机的指令，如"反应罐液位""电源开关"等变量，都需要设置成 I/O 变量。

内存变量是指那些不需要与其他应用程序交换数据，也不需要从下位机得到数据，只在组态王内需要的变量，例如计算过程的中间变量，就可以设置成内存变量。

在变量的基本类型下，其数据类型可分为"I/O 离散""I/O 整型""I/O 实型""I/O 字符串"和"内存离散""内存整数""内存实型""内存字符串"，其区别如下。

1）离散变量：类似于一般程序设计语言中的布尔（BOOL）变量，只有 0 和 1 两种取值，用于表示一些开关量。

2）整数变量：类似于一般程序设计语言中的有符号长整数型变量，用于表示带符号的整型数据，取值范围为 -2147483648～2147483647。

3）实型变量：类似于一般程序设计语言中的浮点型（float）变量，用于表示浮点型数据，取值范围为 -3.40E+38～+3.40E+38，有效值 7 位。

4）字符串变量：类似于一般程序设计语言中的字符串变量，可用于记录一些有特定含义的字符串，如名称、密码等，该类型的变量可以进行比较运算和赋值运算。字符串长度最大值为 128 个字符。

2.4.2　变量的基本属性配置

新建变量时，弹出的"定义变量"对话框内有"基本属性""报警定义""记录和安全区"和"电子签名"4 个选项卡，图 2-17 所示为"基本属性"选项卡。

相关设置说明如下。

1）变量名：第一个字符不能是数字，最长为 31 个字符。

2）变量类型：只能定义 8 种基本类型中的 1 种。

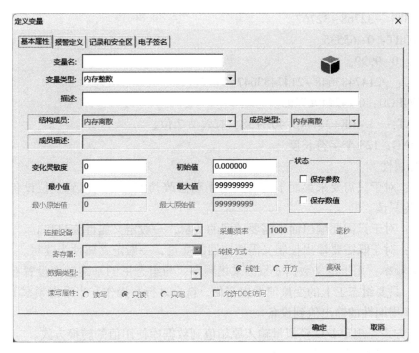

图 2-17　"基本属性"选项卡

3）描述：用于输入对变量的描述信息，最长不超过 39 个字符。

4）变化灵敏度：数据类型为模拟量或整型时此项有效，当该数据变量的值变化幅度超过变化灵敏度时，组态王才更新与之相连接的画面显示。变化灵敏度默认为 0。

5）初始值：这项内容与所定义的变量类型有关，定义模拟量时，出现文本框可输入一个数值；定义离散量时，出现开或关两种选择；定义字符串变量时，出现文本框可输入字符串。它们规定了软件开始运行时变量的初始值。

6）最小值、最大值：该变量值在数据库中的下限或上限。

7）保存参数：系统运行时，如果变量的域（可读可写型）值发生变化，当组态王运行系统退出时，系统自动保存该值；组态王运行系统再次启动后，变量的初始域值为上次运行系统退出时保存的值。

8）保存数值：系统运行时，如果变量的值发生了变化，当组态王运行系统退出时，系统自动保存该值；再次启动后，变量的初始值为上次运行系统退出时保存的值。

当变量为 I/O 变量时，可以设置以下内容。

1）最小原始值、最大原始值：驱动程序中输入原始模拟值的下限和上限。

2）连接设备：与组态王交换数据的设备或程序，可以通过设备配置向导一步步完成设备的连接。

3）寄存器：指定要与组态王定义的变量进行连接通信的寄存器变量名，与指定的连接设备有关。

4）数据类型：定义变量对应的寄存器的数据类型，各种数据类型范围如下。

① BIT：0 或 1。

② BYTE：0~255。

③ SHORT：-32768～32767。

④ USHORT：0～65535。

⑤ BCD：0～9999。

⑥ LONG：-2147483648～2147483647。

⑦ LONGBCD：0～4294967295。

⑧ FLOAT：-3.40E+38～+3.40E+38，有效值7位。

⑨ STRING：128个字符长度。

5）读写属性。

① 只读：对于只需要采集而不需要人为手动修改其值，并输出到下位设备的变量，一般定义属性为只读。

② 只写：对于只需要输出而不需要读回的变量，一般定义属性为只写。

③ 读写：对于既需要输出控制又需要读回的变量，一般定义属性为读写。

6）采集频率：用于定义数据变量的采集频率，与组态王的基准频率设置有关；当采集频率为0时，只要组态王上的变量值发生变化，就会进行写操作；当采集频率不为0时，会按照采集频率周期性的输出值到设备。

7）转换方式：规定I/O模拟量输入原始值到数据库使用值的转换方式。

① 线性：数据库的值=输入原始值 * （（最大值-最小值）/（最大原始值-最小原始值））。

② 开方：数据库的值^2=输入原始值。

8）允许DDE访问：将组态王作为DDE服务器，可与DDE客户程序进行数据交换。

2.4.3　变量的报警属性配置

图2-18所示为"报警定义"选项卡，相关设置说明如下。

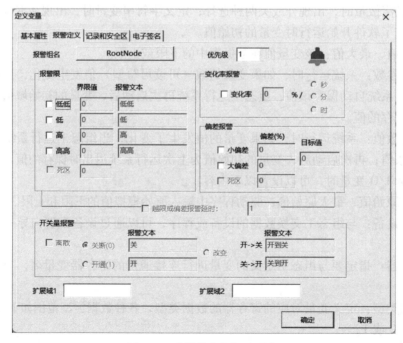

图2-18　"报警定义"选项卡

1）报警组名：将该变量的报警划分到选择报警组中。

2）优先级：范围为 1~999，1 为最高，999 为最低。优先级有利于操作人员区别报警的紧急程度。

3）报警限：当变量值发生变化时，若跨越某一个限值，则立即发生越限报警。

4）变化率报警：模拟量的值在一段时间内产生变化的速度超过了指定的数值而产生的报警，即变量变化太快时产生的报警。

5）偏差报警：模拟量的值相对目标值上下波动超过指定的变化范围时产生的报警。

6）开关量报警：离散量的值或值变化满足时产生的报警。

7）扩展域 1、扩展域 2：对报警的补充说明、解释，报警产生时在报警窗中可以看到。

2.4.4　变量的记录和安全区属性配置

图 2-19 所示为"记录和安全区"标签，相关设置说明如下。

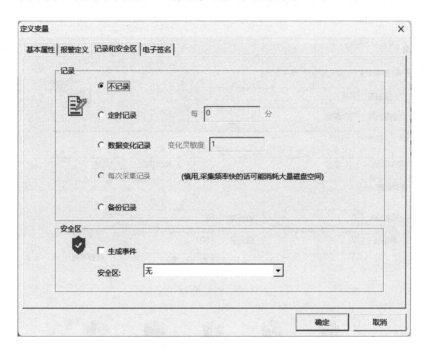

图 2-19　"记录和安全区"选项卡

1）不记录：此选项有效时，该变量值不进行历史记录。

2）定时记录：系统运行时，按定义的时间间隔将变量的值记录到历史库中，每隔设定的时间对变量的值进行一次记录。

3）数据变化记录：系统运行时，变量的值发生变化，而且当前值与上次的值之间的差值大于设置的变化灵敏度时，该变量的值才会被记录到历史记录中。

4）变化灵敏度：定义变量变化记录的阈值，当"数据变化记录"选项有效时，"变化灵敏度"才有效。

5）每次采集记录：系统运行时，按照变量的采集频率进行数据记录，每到一次采集频率，记录一次数据。

6）备份记录：系统在平常运行时，不再直接向历史库中记录该变量的数值，而是通过其他程序调用组态王历史数据库接口，向组态王的历史记录文件中插入数据。进行历史记录查询等时，可以查询到这些插入的数据。

7）安全区：给需要授权的控制过程的对象设置安全区，同时给操作这些对象的用户分别设置安全区，当工作安全区不在可操作元素的安全区内时，可操作元素不可访问或操作。

2.4.5　定义变量举例

新建工程后，在工程浏览器的左侧树形菜单栏中单击"变量"，在右侧双击"新建"，弹出定义变量对话框。

1. 整数变量定义

整数变量定义如图 2-20 所示，变量名为"温度"，变量类型选择"内存整数"，初始值设为"0"，最小值设为"0"，最大值为"100"，定义完成后的整数变量"温度"如图 2-21所示。

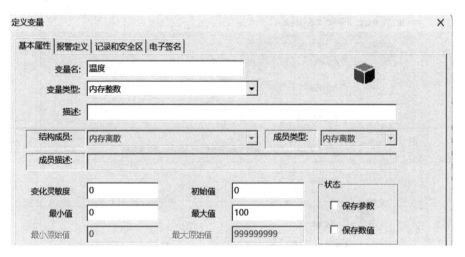

图 2-20　整数变量定义

图 2-21　整数变量"温度"

2. I/O 实数变量定义

变量名为"液位"，变量类型为"I/O 实数"。I/O 实数变量定义时需要连接下位机数据采集设备，在该例程中新建一个仿真的 PLC 以提供数据。

在"基本属性"标签下单击"连接设备"按钮，单击"新建"命令，设备选择如图 2-22所示，依次选择"PLC"→"亚控科技"→"Simulate PLC"→"COM"选项。

单击"下一页"按钮，新设备名称为"PLC"；单击"下一页"按钮，选择计算机可用的串口，串口选择如图 2-23 所示。

图 2-22　设备选择　　　　　　　　　　　图 2-23　串口选择

单击"下一页"按钮，为设备指定地址为"15"，如图 2-24 所示。

单击"下一页"按钮，设定恢复策略为默认；单击"下一页"按钮，查看设置信息总结；单击"完成"按钮，关闭"设备管理"对话框。回到"定义变量"对话框后，在"连接设备"处下拉选择"PLC"；寄存器选择"INCREA"，再在"INCREA"后面输入"100"；数据类型选择"SHORT"；读写类型选择"只读"。I/O 变量设置如图 2-25 所示。

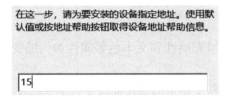

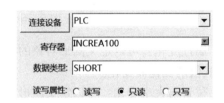

图 2-24　为设备指定地址为"15"　　　　　图 2-25　I/O 变量设置

2.5　组态画面的动画设计

2.5.1　动画连接的含义与特点

组态王在开发系统中制作的画面都是静态的，为了实现动态效果，需要使用实时数据库，因为只有数据库中的变量才是与现场状况同步变化的。动画连接就是建立画面图素与数据库变量的对应关系，当工业现场的数据（如温度、液面高度等）发生变化时，通过 I/O 接口，将引起实时数据库中变量的变化，如果定义了一个画面图素如指针与这个变量相关，就会看到指针在同步偏转。

图形对象可以按动画连接的要求改变颜色、尺寸、位置和填充百分数等，一个图形对象可以同时定义多个动画连接，不同图形对象所能设置的动画连接数量有所不同。

2.5.2　动画连接的类型

在画面中双击图形或文字，都会弹出"动画连接"对话框，如图 2-26 所示。

对话框的第一行标识出对象类型、左上角在画面中的坐标和图形对象的高度、宽度（单位为像素）。对话框的第二行提供对象名称和提示文本，对象名称是为图形对象提供的唯一的名称，供以后的程序开发使用，暂时不能使用；提示文本的含义为，图形对象定义了动画连接后，运行时将鼠标指针放在图形对象上，会出现开发中定义的提示文本。

"动画连接"对话框中的相关功能介绍如下。

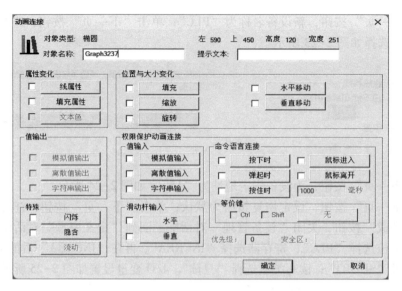

图 2-26　"动画连接"对话框

1）属性变化：可以定义图形对象的线属性、填充属性和文本色等属性如何随变量或连接表达式值的变化而变化。

2）位置与大小变化：可以定义图形对象如何随变量值的变化而改变大小或位置。

3）值输出：可以用来在画面上输出文本图形对象连接表达式的值，输出连接只能为一种。运行时文本字符串将被连接表达式的值所替换，输出字符串的大小、字体和文本对象相同。

4）特殊：可以定义"闪烁""隐含"两种连接，这是两种规定图形对象可见性的连接。

5）值输入：可以使被连接对象在运行时为触敏对象，输入连接只能为一种。系统运行时，通过鼠标或键盘选中此触敏对象并弹出输入对话框，可以从键盘键入数据以改变数据库中变量的值。

6）滑动杆输入：可以在画面中以运动的方式改变变量的值。系统运行时，单击拖动滑动杆对象，即可改变关联变量的值。

7）命令语言连接：可以为对象设置单独的执行目标。系统运行时，通过鼠标左键或键盘选中此触敏对象，就会执行定义命令语言连接时输入的命令语言程序。

8）优先级：可以用于输入被连接图形对象的访问优先级。系统运行时，只有优先级不小于此值的操作员才能访问它，这是组态王保障系统安全的一个重要功能。

9）安全区：可以用于设置被连接图形对象的操作安全区。当工程处于运行状态时，只有在操作安全区内的操作员才能访问它，安全区与优先级一样是组态王保障系统安全的重要功能。

2.5.3　动画连接举例

1. 详细示例

首先新建一个工程，在工程浏览器中的"变量"选项卡下新建一个变量"左右"，变量类型为"内存整数"，最小值为"0"，最大值为"100"，其余设置为默认值。

　　新建一个画面"1"并打开，单击工具箱中的"文本"，移动鼠标指针到画面空处并单击，输入任意字符，再移动鼠标指针到画面空处单击，完成文本的添加。添加的文本如图 2-27 所示。

　　双击文本"##"，勾选"动画连接"对话框中的**"模拟值输出"**选项，弹出模拟值输出设置对话框，如图 2-28 所示。单击"?"按钮，双击选择变量"左右"，并将整数位设置成"3"，单击"确定"按钮完成模拟值输出设置。

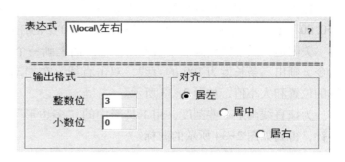

图 2-27　添加的文本　　　　　　　　　　　图 2-28　模拟值输出设置对话框

　　单击工程浏览器中"画面"标签下中"文件"→"全保存"命令，单击"文件"→"切换到 view"命令，进入运行系统，单击"画面"→"打开"命令，双击画面"1"打开，模拟值输出运行系统如图 2-29 所示，因为变量"左右"的初始值是 0，而且设置的整数位是"3"，所以文本"##"显示的是"000"。

　　关闭运行系统，回到画面编辑界面，双击文本"##"，勾选"动画连接"对话框中的**"模拟值输入"**选项，弹出模拟值输入设置对话框，如图 2-30 所示。单击"?"按钮，选择变量"左右"（一般情况下，若上一次的操作选择过某个变量，则该次类似的操作中会默认选择该变量），最大值为"100"，最小值为"0"，单击"确定"按钮，回到画面编辑界面。

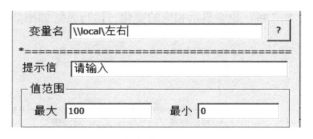

图 2-29　模拟值输出运行系统　　　　　　　图 2-30　模拟值输入设置对话框

　　保存画面后进入运行系统并打开画面"1"，单击"000"弹出输入框，输入 100 以内的数字，如"56"，单击"确定"按钮，此时文本"##"显示"056"，如图 2-31 所示。

　　关闭运行系统回到画面编辑界面，双击文本"##"，勾选"动画连接"对话框中的**"文本色"**选项，变量名选择"\\local\左右"。文本色设置如图 2-32 所示，在文本色属性中会有"0.00"红色、"100.00"蓝色两条默认选项，双击"100.00"，修改阈值为 50，单击"确定"按钮回到画面编辑界面。

图 2-31 文本"##"显示"056"

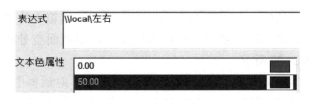

图 2-32 文本色设置

保存画面后进入运行系统并打开画面"1"，可以看到"000"为红色，因为设置中有"50.00"蓝色的属性，所以单击并输入 50~100 中的任意一个数后，文本颜色会变为蓝色。

关闭运行系统回到画面编辑界面，在画面上画一个游标。首先单击工具箱中的"直线"命令，画出一条长度为 100 的直线，双击直线，在"动画连接"对话框的右上角可以看到线的位置和大小值，如图 2-33 所示。

为该直线画上一些刻度，用工具箱中的"多边形"命令在直线下方画一个三角形表示指针，得到如图 2-34 所示的游标。

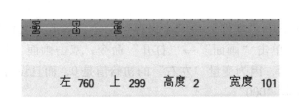

图 2-33 线的位置和大小值

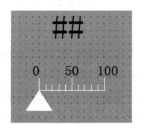

图 2-34 游标

双击指针，勾选"动画连接"对话框中的**水平**，弹出水平滑动杆输入设置对话框，如图 2-35 所示。变量名选择"\\local\左右"，向左移动距离值为"0"，向右移动距离值为"100"，单击"确定"按钮回到画面编辑界面。

保存画面后进入运行系统并打开画面"1"，用鼠标向右拖动指针，指针会移动，同时文本"##"也会显示相应的变化。运行系统如图 2-36 所示。

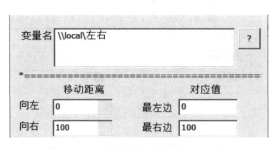

图 2-35 水平滑动杆输入设置对话框

图 2-36 运行系统

关闭运行系统回到画面编辑界面，将文本"##"调整为合适的大小后拖动到指针的下面，画面设计如图 2-37 所示。双击文本"##"，勾选"动画连接"对话框中的**水平移动**选项，弹出水平移动设置对话框，如图 2-38 所示。变量名选择"\\local\左右"，向左移动距离值为"0"，向右移动距离值为"100"。

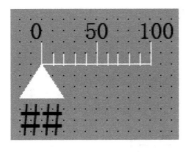

图 2-37　画面设计

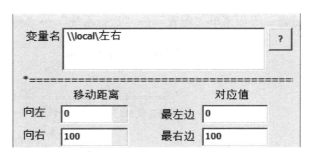

图 2-38　水平移动设置对话框

保存画面后进入运行系统并打开画面"1"，拖动指针时，文本"##"除了显示数字外，还会随着指针移动。运行系统如图 2-39 所示。

关闭运行系统回到画面编辑界面，双击指针，勾选"动画连接"对话框中的"**填充**"选项，弹出"**填充连接**"对话框，如图 2-40 所示。表达式选择"\\local\左右"，最小填充高度对应数值为"0"，占据百分比为"0"，最大填充高度对应数值为"100"，占据百分比为"100"，单击"A"按钮选择填充方向为

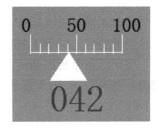

图 2-39　运行系统

上，按住缺省填充画刷，类型选择第一个（若选择第二个，则填充缺省部分为透明），颜色可默认为黑色，主要必须与画面中指针的颜色区别开，否则无法观察填充变化。

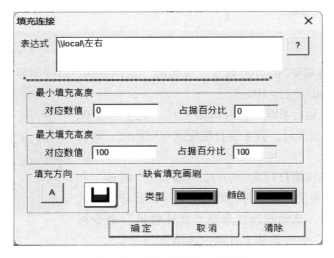

图 2-40　"填充连接"对话框

保存画面后进入运行系统并打开画面"1"，拖动指针时，指针会从下往上填充黑色，当拖动到 100 时，指针全部填充为黑色。运行系统如图 2-41 所示。

关闭运行系统回到画面编辑界面，双击文本"##"，勾选"动画连接"对话框中的"**闪烁**"选项，弹出闪烁设置对话框，如图 2-42 所示。闪烁条件为"\\local\左右>90"，闪烁速度为"500"。闪烁速度应大于或等于运行系统基准频率（运行系统基准频率是画面运行时的刷新频率），否则闪烁速度无法达到效果，运行系统基准频率设置在"工程

图 2-41　运行系统

浏览器"界面菜单"配置"→"运行系统"→"特殊"中设置。

图 2-42 闪烁设置对话框

保存画面后进入运行系统并打开画面"1"，拖动指针，当数值大于 90 时，数值就会闪烁；当数值小于或等于 90 时，数值停止闪烁。

关闭运行系统回到画面编辑界面，双击刻度"0"，勾选"动画连接"对话框中的"弹起时"选项，弹出"命令语言"对话框，如图 2-43 所示。输入命令语言"\\local\左右=0;"。

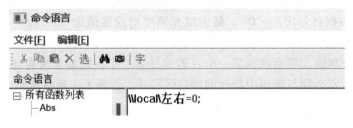

图 2-43 "命令语言"对话框

以同样的方法为刻度 50、100 设置"弹起时"动画连接，命令语言分别是"\\local\左右=50;"和"\\local\左右=100;"。

保存画面后进入运行系统并打开画面"1"，选中刻度 0、50、100 其中一个并放开后，数字会直接变成对应的值。运行系统如图 2-44 所示。

未举例的动画连接请自行参考学习。"填充""缩放"和"旋转"这三个动画连接在设置时只能选择其一；比较特殊的动画连接是"流动"，该动画连接只有"立体管道"命令可以设置，"立体管道"命令可从工具箱中选择。

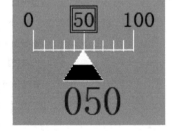

图 2-44 运行系统

视频 2-1
游标工程
实例

2. 综合实例

主要要求：设计一个简单的抽水池，水池从满水开始放水，水管有水流出，抽绳随着水面一起下降，通过定滑轮，拉绳和手把随之上升。当水面降低时，水管内水的流速会变慢；当水位低于 50 时，手把会闪烁（示意水池的水快流完了）；当水面降为 0 后，水管内就没有水了，同时手把会由绿色变为红色。当往下拉动手把时，水池内就会有水，以此往复运作。

1）首先新建一个工程，打开工程，在数据词典中新建变量"变化"，变量类型为"内存整数"，最小值为"200"，最大值为"500"，初始值为"500"。

2）在画面中新建一个"抽水池"画面并打开。"抽水池"画面设计如图 2-45 所示，绘制图 2-45b 所示的画面成品，参考操作如下：使用工具箱里的"圆角矩形"命令画出拉绳、手把和水池；使用"多边形"命令画出抽绳；使用"椭圆"命令和"直线"命令画出定滑轮，选中整个定滑轮，单击工具箱里的"合成组合图素"命令；使用"立体管道"命令画出水管；使用"直线"命令和"文本"命令画出坐标及文本"长度"。

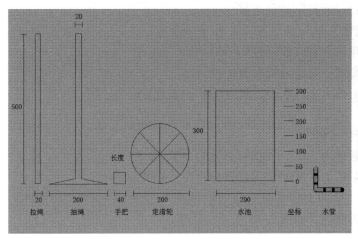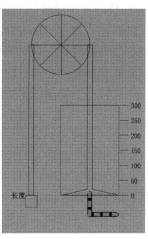

a) 绘图参考 b) 画面成品

图 2-45 "抽水池"画面设计

3）双击"拉绳"，设置"缩放"动画连接。

① 表达式为"\\local\变化"。

② 最小时：对应值为"0"，占据百分比为"0"。

③ 最大时：对应值为"500"，占据百分比为"100"。

④ 变化方向：向上。

4）双击"抽绳"，设置"缩放"动画连接。

① 表达式为"\\local\变化-200"。

② 最小时：对应值为"500"，占据百分比为"0"。

③ 最大时：对应值为"0"，占据百分比为"100"。

④ 变化方向：向上。

5）双击"手把"，设置"填充属性""垂直"和"闪烁"动画连接。

①"填充属性"设置。

a）表达式为"\\local\变化"。

b）刷属性：200—红色，201—绿色，如图 2-46 所示。

图 2-46 "手把"刷属性

②"垂直"设置。

a）表达式为"\\local\变化"。

b）移动距离：向上为"500"，向下为"0"。

c）对应值：最上边为"0"，最下边为"500"。

③"闪烁"设置。

a）闪烁条件为"200<\\local\变化 && \\local\变化<250"。

b）闪烁速度为"100"。

6）双击"定滑轮"，设置"旋转"动画连接。

① 表达式为"\\local\变化"。

② 最大逆时针方向对应角度：对应数值为 0~500。

③ 最大顺时针方向对应角度：对应数值为 360~0。

④ 旋转圆心偏离图素中心的大小：水平方向为"0"，垂直方向为"0"。

7）双击"水池"，设置"填充"动画连接。

① 表达式为"\\local\变化-200"。

② 最小填充高度：对应数值为"0"，占据百分比为"0"。

③ 最大填充高度：对应数值为"300"，占据百分比为"100"。

④ 填充方向：向上。

⑤ 缺省填充画刷：颜色为蓝色，如图 2-47 所示。

图 2-47 "水池"填充方向和缺省填充画刷

8）双击"水管"，设置"流动"动画连接。选中并右击水管，打开管道属性设置对话框，设置流线颜色为蓝色。流动条件为"(\\local\变化-171)/30"。

9）在画面灰色处右击，打开"画面属性"→"命令语言"，设置时间为"每 100 毫秒"，在"存在时"下写入"\\local\变化=\\local\变化-1;"。

10）动画连接设置完成后保存画面，回到"工程浏览器"界面，单击菜单命令"配置"→"运行系统"，在"主画面配置"中选中"抽水池"，在"特殊"中设置运行系统基准频率为 100 ms，单击"确定"按钮返回"工程浏览器"界面。单击"VIEW"按钮进入运行系统后，可以拉动手把，观察动画效果。

2.6 本章小结

视频 2-2
抽水池
工程实例

本章主要介绍了组态王软件的基本使用方法和过程。首先创建一个工程，进入工程中；其次新建画面，合理使用工具箱，设计自己需要的图素；然后新建相关变量，在画面中，给需要的图素设置动画连接；最后进入运行系统。举例中还涉及命令语言（命令语言的使用在第 3 章中进行详细讲解），是因为图素要"动"起来，需要关联的变量的值在变化，而变量的值要变化，主要通过程序来实现。通过本章学习，掌握组态王软件的基本操作，对后续的学习会有很大的帮助。

2.7　课后习题

1. 简要的说明变量的基本类型。
2. 基于变量的基本类型，数据类型可分为什么？简要说明各数据类型的区别。
3. 请写出定义变量对应的寄存器的数据类型的相应范围。
4. 请写出规定 I/O 模拟量输入原始值到数据库使用值的转换方式。
5. 动画连接的含义和特点是什么？

3.1　本章导学

命令语言起源于操作系统命令，是一种能被计算机系统和人所理解的语言。例如，DOS（磁盘操作系统）就采用命令语言进行控制。命令语言由一组命令集合组成，每条命令又由命令名和命令参数按一定的语法规则构成。对于操作计算机的用户而言，命令语言是对软件系统功能的分解，使用代表这些功能的关键字构成系统命令；对于计算机系统而言，命令语言经过解析程序处理后可执行相应的系统功能。

3.2　命令语言介绍

组态王中命令语言是一种语法上类似于 C 语言的程序语言，工程人员可以利用这些程序增强应用程序的灵活性，处理一些算法和操作等。

命令语言都是靠事件触发执行的，例如定时、数据变化、键盘的键按下、单击等。根据事件和功能的不同，命令语言分为应用程序命令语言、数据改变命令语言、事件命令语言、热键命令语言、自定义函数命令语言、画面命令语言和动画连接命令语言等，具有完备的词法语法查错功能和丰富的运算符、数学函数、字符串函数、控件函数、SQL（结构查询语言）函数和系统函数。各种命令语言通过命令语言编辑器编辑输入，在组态王运行系统中被编译执行。

3.3　后台命令语言

命令语言的种类如图 3-1 所示，应用程序命令语言、数据改变命令语言、事件命令语言、热键命令语言和自定义函数命令语言可以称为后台命令语言，它们的执行不受画面打开与否的限制，只要符合条件就可以执行。另外可以使用系统中的菜单命令"特殊"→"开始执行后台任务"和"特殊"→"停止执行后台任务"控制这些命令语言是否执行，而画面命令语言和动画连接命令语言的执行不受此影响。也可以通过修

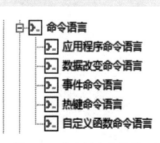

图 3-1　命令语言的种类

改系统变量"$StartSystemScripts"的值实现上述控制，该值置 0 时停止执行，置 1 时开始执行。

3.3.1 应用程序命令语言

应用程序命令语言只能定义一个。选择"应用程序命令语言"选项，右边的内容显示区出现"请双击这儿进入<应用程序命令语言>对话框"图标。双击图标，弹出"应用程序命令语言"窗口，如图 3-2 所示。

图 3-2 "应用程序命令语言"窗口

其中包含的内容块如下。

1）触发条件：触发命令语言执行的条件。选择"启动时"选项卡，在该编辑区中输入命令语言程序，该段程序只在运行系统程序启动时执行一次；选择"停止时"选项卡，在该编辑区中输入命令语言程序，该段程序只在运行系统程序退出时执行一次；选择"运行时"选项卡，会有输入执行周期的文本框，输入执行周期，组态王运行系统运行时，将按照该时间周期性地执行这段命令语言程序，无论画面打开与否。

2）执行周期：每经过一个周期，执行一次该命令语言程序。

3）命令语言编辑区：输入命令语言程序的区域。

4）变量选择：选择变量或变量的域到编辑器中。

5）函数选择：单击某一按钮，弹出相关的函数选择列表，直接选择某一函数到命令语言编辑区中。函数选择按钮含义如下："全部函数"——显示组态王提供的所有函数列表；"系统"——只显示系统函数列表；"字符串"——只显示与字符串操作相关的函数列表；"数学"——只显示数学函数列表；"SQL"——只显示 SQL 函数列表；"控件"——选择 ActiveX 控件的属性和方法；"自定义"——显示自定义函数列表。当不知道函数的用法时，可以单击"帮助"按钮进入在线帮助，查看使用方法。

6）运算符输入：单击某一个按钮，该按钮表示的运算符或语句自动被输入到编辑器中。

7）关键字选择：可以在这里直接选择现有的画面名称、报警组名称和关键字名称到命令语言编辑区。例如，选中一个画面名称并双击，该画面名称就被自动添加到编辑区中。

3.3.2　数据改变命令语言

数据改变命令语言触发的条件为连接的变量或变量的域的值发生了变化，按照需要可以定义多个。选择"数据改变命令语言"选项，右边的内容显示区出现"新建"图标。双击图标，弹出"数据改变命令语言"窗口，如图 3-3 所示。

图 3-3　"数据改变命令语言"窗口

在命令语言编辑器"变量［. 域］"文本框中输入或通过单击"？"按钮选择变量名称（如"原料罐液位"）或变量的域（如"原料罐液位 . Alarm"）。这里可以连接任何类型的变量和变量域，如离散型、整型、实型和字符串型等。当连接的变量的值发生变化时，系统会自动执行该命令语言程序。

3.3.3　事件命令语言

事件命令语言是指当规定的表达式的条件成立时执行的命令语言，按照需要可以定义多个。选择"事件命令语言"选项，右边的内容显示区出现"新建"图标。双击图标，弹出"事件命令语言"窗口，如图 3-4 所示。

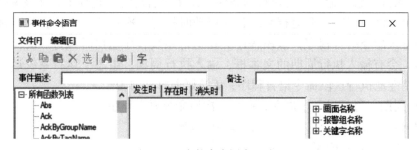

图 3-4　"事件命令语言"窗口

"事件描述"是指定事件命令语言执行的条件，"备注"是对该命令语言备注一些说明性的文字。事件命令语言有三种类型："发生时"事件命令语言在事件条件初始成立时执行一次；"存在时"事件命令语言在事件存在时定时执行，在"每……毫秒"文本框中输入执行周期，事件条件成立存在期间周期性执行该命令语言；"消失时"事件命令语言在事件条件由成立变为不成立时执行一次。

3.3.4 热键命令语言

热键命令语言链接到工程人员指定的热键上，在软件运行期间，工程人员随时按下键盘上相应的热键都可以启动这段命令语言程序。热键命令语言可以指定操作权限和安全区，按照需要可以定义多个。选择"热键命令语言"选项，右边的内容显示区出现"新建"图标。双击图标，弹出"热键命令语言"窗口，如图 3-5 所示。

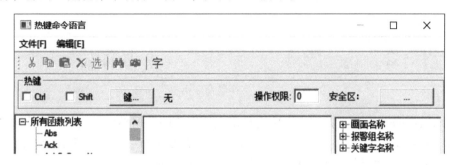

图 3-5 "热键命令语言"窗口

Ctrl 和 Shift 复选框被选中表示此键有效。右边的"键"按钮为键选择区，单击此按钮，弹出如图 3-6 所示的"选择键"对话框。在此对话框中选择一个键，则此键被定义为热键，还可以与〈Ctrl〉和〈Shift〉形成组合键。

选择键…			关闭
BackSpace	Home	Numpad1	Multiply
Tab	Left	Numpad2	Add
Clear	Up	Numpad3	Separator
Enter	Right	Numpad4	Subtract
Esc	Down	Numpad5	Decimal
Space	PrtSc	Numpad6	Divide
PageUp	Insert	Numpad7	F1
PageDown	Del	Numpad8	F2
End	Numpad0	Numpad9	F3

图 3-6 "选择键"对话框

安全管理包括操作权限和安全区，两者可单独使用，也可合并使用。例如，设置操作权限为"100"，只有操作权限大于或等于 100 的操作员登录后按下热键时，才会激发相应命令语言的执行。

3.3.5 自定义函数命令语言

如果组态王提供的各种函数不能满足工程的特殊需要，组态王还提供自定义函数功能。可以自己定义各种类型的函数，通过这些函数实现工程的特殊需要。如特殊算法、模块化的公用程序等，都可通过自定义函数实现。自定义函数是利用类似 C 语言的程序语言编写的一段程序，其自身不能直接被组态王触发调用，必须通过其他命令语言调用执行。选择"自定义函数命令语言"选项，右边的内容显示区出现"新建"图标。双击图标，弹出"自定义函数命令语言"窗口，如图 3-7 所示。

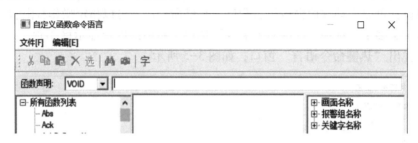

图 3-7　"自定义函数命令语言"窗口

在"函数声明"后的下拉列表框中选择函数返回值的数据类型，函数返回值包括以下 5 种：VOID、LONG、FLOAT、STRING、BOOL。按照需要选择一种，若函数没有返回值，则直接选择 VOID。在"函数声明"数据类型后的文本框中输入该函数的名称，不能为空。函数的命名应符合组态王的命名规则，不能为组态王中已有的关键字或变量名。函数名后应加小括号"( )"，若函数带有参数，则应在括号内声明参数的类型和参数名称，参数可以设置多个。

在"函数体"文本框中输入要定义的函数体的程序内容。在函数内容编辑区内，可以使用自定义变量，自定义函数中的函数名和在函数中定义的变量不能与组态王中定义的变量、组态王的关键字、函数名等相同。函数体的内容是自定义函数所要执行的功能，函数体中的最后部分是返回语句。若该函数有返回值，则使用"Return Value"（Value 为某个变量的名称）。无返回值的函数也可以使用"Return"，但只能单独使用"Return"，表示当前命令语言或函数执行结束。

3.4　画面命令语言

画面命令语言就是与画面显示与否有关系的命令语言程序。只有画面被关闭或被其他画面完全遮盖时，画面命令语言才会停止执行。只与画面相关的命令语言如画面上动画的控制等，可以写到画面命令语言里，而不必写到后台命令语言如应用程序命令语言等中，这样可以减轻后台命令语言的压力，提高系统运行的效率。画面命令语言定义在画面属性中，打开一个画面，选择菜单命令"编辑"→"画面属性"，或右击画面，在弹出的快捷菜单中选择"画面属性"命令，或按下〈Ctrl+W〉键，打开"画面属性"对话框，在对话框中单击"命令语言"按钮，弹出"画面命令语言"窗口，如图 3-8 所示。

画面命令语言的执行条件有"显示时""存在时"和"隐含时"三种。"显示时"表示打开或激活画面为当前画面，或画面由隐含变为显示时执行一次；"存在时"表示画面在当前显示，或画面由隐含变为显示时周期性执行，可以在"存在时"标签中的"每……毫秒"文本框中输入执行周期；"隐含时"表示画面由当前激活状态变为隐含或被关闭时执行一次。

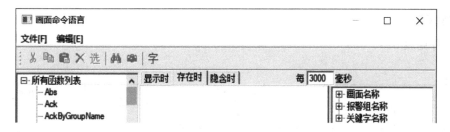

图 3-8　"画面命令语言"窗口

3.5　动画连接命令语言

对于图素，有时一般的动画连接表达式无法完成工作，而程序只需要单击一下画面上的按钮等图素才执行，例如单击一个按钮，执行一连串的动作或执行一些运算、操作等，这时可以使用动画连接命令语言。该命令语言是针对画面上图素的动画连接的，组态王中大多数图素都可以定义动画连接命令语言。例如，在画面上放置一个按钮，双击该按钮，弹出"动画连接"对话框，"命令语言连接"选项组如图 3-9 所示，勾选其中一个选项，会弹出动画连接"命令语言"窗口，如图 3-10 所示。

图 3-9　"命令语言连接"选项组　　　　　图 3-10　动画连接"命令语言"窗口

动画连接命令语言的用法与其他命令语言用法相同。"按下时"表示当鼠标在该按钮上按下，或与该连接相关联的热键按下时执行一次；"弹起时"表示当鼠标在该按钮上弹起，或与该连接相关联的热键弹起时执行一次；"按住时"表示当鼠标在该按钮上按住，或与该连接相关联的热键按住没有弹起时周期性执行该段命令语言。"按住时"命令语言可以定义执行周期，在"按住时"按钮后面的"毫秒"文本框中输入按钮被按住时命令语言的执行周期。

动画连接命令语言可以定义关联的动作热键，单击如图 3-9 所示的"等价键"选项组中的"无"按钮，可以选择关联的热键，也可以选择 Ctrl 和 Shift 与之组成组合键。运行时，按下此热键，效果与按下按钮相同。

有动画连接命令语言的图素可以定义操作权限和安全区，只有符合安全条件的用户登录后，才可以操作该按钮。

3.6　命令语言语法

命令语言程序的语法与一般 C 语言程序的语法没有大的区别，每一条程序语句的末尾应该用分号"；"结束，使用 if-else、while( ) 等语句时，其程序要用大括号"{ }"括起来。

1. 运算符

运算符见表 3-1。

表 3-1　运算符

运算符	含　义	优先级
=	赋值	最低
&&	逻辑与	
||	逻辑或	
&	整型变量按位与	
|	整型变量按位或	
^	整型变量异或	
==	等于	
!=	不等于	
>	大于	优 先 级
<	小于	
>=	大于或等于	
<=	小于或等于	
+	加法	
−	减法（双目）	
%	模运算	
*	乘法	
/	除法	
~	取补码，将整型变量变成"2"的补码	
!	逻辑非	
−	取反，将正数变为负数（单目）	最高
（）	括号，保证运算按所需次序进行	

2. 赋值语句

使用赋值运算符"="可以给一个变量赋值，也可以给可读写变量的域赋值。

3. if-else 语句

if-else 语句用于按表达式的状态有条件地执行不同的程序，可以嵌套使用。if-else 语句里，单条语句可省略大括号"{}"，多条语句必须在一对大括号"{}"中，else 分支可以省略。

4. while( ) 语句

当 while( )括号中的表达式成立时，循环执行后面"{}"内的程序。同 if-else 语句一样，while( )里的语句若是单条语句，则可省略大括号"{}"，但多条语句必须在一对大括号"{}"中。这条语句要慎用，使用不当易造成死循环。

5. 命令语言程序的注释方法

为命令语言程序添加注释，有利于程序的可读性，也方便程序的维护和修改。组态王的所有命令语言都支持注释。注释的方法分为单行注释和多行注释两种。注释可以在程序的任何地方进行。单行注释在注释语句的开头加注释符"//"即可。

3.6.1　在命令语言中使用自定义变量

自定义变量是指在组态王的命令语言里单独指定的变量，这些变量的作用域为当前命令语言。在命令语言里，自定义变量可以参加运算、赋值等。该命令语言执行完成后，自定义变量的值随之消失，相当于局部变量。自定义变量不被计算在组态王的点数之中，适用于应用程序命令语言、数据改变命令语言、事件命令语言、热键命令语言、自定义函数命令语言、画面命令语言、动画连接命令语言和控件事件函数等。自定义变量功能的提供极大地方便了用户编写程序。

自定义变量在使用之前必须先定义，自定义变量的类型有 BOOL、LONG、FLOAT、STRING 和自定义结构变量类型。自定义变量在命令语言中的使用方法与组态王变量相同。自定义变量没有域的概念，只有变量的值。

3.6.2　命令语言函数及其使用方法

组态王支持使用内建的复杂函数，包括字符串函数、数学函数、系统函数、控件函数、报表函数、SQL 函数、配方函数、报警函数及其他函数，具体见命令语言函数速查手册，如图 3-11 所示；或者打开"帮助"→"产品帮助"，从函数列表中进行查看。

图 3-11　命令语言函数速查手册

3.7　整数变量与数值显示工程实例

本工程通过简单的命令语言实现利用整数变量累加的动态显示，并在不同的数值区域控制不同指示灯的亮灭，同时调用图库中的仪表进行同步动态显示，通过整数变量的累加与数值显示工程实例将前文所学内容结合在一起。

视频 3-1
整数变量与
数值显示工
程实例

1）在组态王工程管理器中，新建"整数变量与数值显示"工程，并将此工程设为当前工程。进入组态王工程浏览器，在数据词典中新建所需变量，定义变量见表 3-2。

表 3-2　定义变量

变量名	变量类型	初始值	最小值	最大值
数值	内存整数	0	0	100
开关	内存离散	关	—	—
指示灯 1~指示灯 3	内存离散	关	—	—

2）在组态王开发系统中新建"整数变量与数值显示"画面。从工具箱中插入文本并添加文字；单击工具箱中的按钮控件，在画面中创建"清零"按钮和"关闭"按钮；打开图库，在图库列表中打开"指示灯"选项，选中一个指示灯并双击，拖动鼠标画出一个指示灯，选中指示灯，按下〈Ctrl+C〉键，再在画面空白处按下〈Ctrl+V〉键，可复制指示灯；在图库列表中打开"开关"选项，选择一个开关画在画面上；在图库列表中打开"仪表"选项，选择一个仪表画在画面上即可。画面设计如图 3-12 所示。

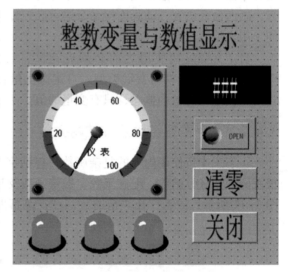

图 3-12　画面设计

3）双击文本"##"，弹出"动画连接"对话框，在"模拟值输入"和"模拟值输出"处关联变量名"\\local\数值"；双击仪表，弹出"仪表向导"对话框，关联变量名"\\local\数值"，在"仪表向导"对话框中可根据需要设置仪表表盘、仪表量程、仪表刻度和提醒标志等参数；双击指示灯，弹出"指示灯向导"对话框，分别关联三个指示灯对应的离散变量，如"\\local\指示灯 3"，并可根据需要设置指示灯的正常色和报警色，以及闪烁时的闪烁条件和闪烁速度；双击开关按钮，弹出"按钮向导"对话框，关联离散变量"\\local\开关"，可根据需要对开关按钮进行设置。

4）在画面中右击，选择"画面属性"命令，单击"命令语言"命令进入编辑程序界面，选择"存在时"标签，并将"每 3000 毫秒"改为"每 500 毫秒"，并在"存在时"选项卡的编辑区编写程序，程序脚本如下：

```
if( \\local\开关 == 1)
            \\local\数值 = \\local\数值+1;
if( \\local\数值 >= 20 &&  \\local\数值 < 50)
            \\local\指示灯 1 = 1;
else
            \\local\指示灯 1 = 0;
```

```
            if( \\local\数值>=50 && \\local\数值<80)
                            \\local\指示灯 2=1;
    else
                            \\local\指示灯 2=0;
            if( \\local\数值>=80 && \\local\数值<=100)
                            \\local\指示灯 3=1;
    else
                            \\local\指示灯 3=0;
```

5）双击"清零"按钮，在"动画连接"对话框中勾选"弹起时"选项，进入命令语言编辑器，编写命令语言如下：

```
    \\local\数值=0;
    \\local\指示灯 1=0;
    \\local\指示灯 2=0;
    \\local\指示灯 3=0;
    \\local\开关=0;
```

6）双击"关闭"按钮，在"动画连接"对话框中勾选"弹起时"选项，进入命令语言编辑器，使用 Exit( )函数，编写命令语言如下：

```
    Exit(0);
```

7）画面编辑完成后，单击"全部存"命令，然后单击"切换到 view"命令，打开运行系统，进入运行画面。单击开关按钮"OPEN"，数值从零开始累加，仪表指针随数值同步显示。当数值累加至 20~50 区间时，只有绿灯闪亮；当数值累加至 50~80 时，只有黄灯闪亮；当数值累加至 80~100 时，只有红灯闪亮。再单击开关，数值停止累加，单击"清零"按钮，仪表、指示灯和数值均复位清零，单击"关闭"按钮，画面将退出运行系统。运行效果如图 3-13 所示。

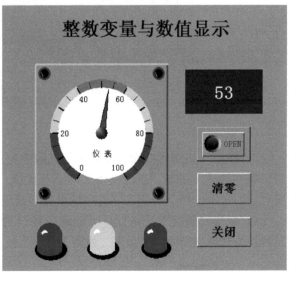

图 3-13　运行效果

3.8　数制转换工程实例

数制转换是指将一个数从一种数制转换成用另外一种数制表示，常用的数制有十进制、二进制和十六进制等。人们在实际生活中使用的是十进制，而计算机使用的是二进制，能够很快进行运算。本工程通过按钮的命令语言实现十进制与其他进制、十六进制与十进制之间的转换。

视频 3-2
数制转换工程实例

1）在组态王工程管理器中，新建"数制转换"工程，并将此工程设为当前工程。进入组态王工程浏览器，在数据词典中新建所需变量，定义变量见表 3-3。

表 3-3 定义变量

变 量 名	变 量 类 型	初 始 值
十进制	内存整数	0
二进制	内存字符串	0
八进制	内存字符串	0
十六进制	内存字符串	0
Input	内存字符串	0
Output	内存整数	0

2）在组态王开发系统中新建"数制转换"画面，在画面中写下文字并插入按钮。单击工具箱中的文本控件，在画面中写入文本内容；单击工具箱中按钮控件，右击按钮，选择"字符串替换"，将按钮名称改为"转换"。画面设计如图 3-14 所示。

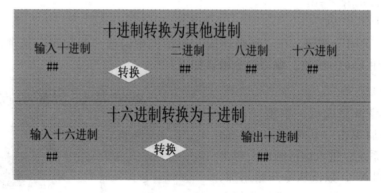

图 3-14 画面设计

3）在"十进制转换为其他进制"区域中，在模拟值输入、模拟值输出处将变量"十进制"与"输入十进制"下的文本"##"相关联，后面的"二进制""八进制""十六进制"所对应的文本"##"分别在字符串输出处与对应的变量相关联。

4）双击"转换"按钮打开"动画连接"对话框，勾选"弹起时"选项，并编辑十进制转换为其他进制的脚本程序，如图 3-15 所示。

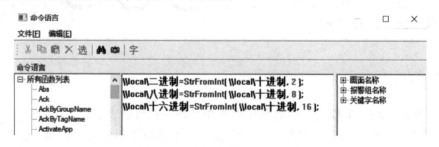

图 3-15 "转换"按钮命令语言

5）在"十六进制转换为十进制"区域中，在字符串输入、字符串输出处将变量"Input"与"输入十六进制"下的文本"##"相关联，在模拟值输出处将变量"Output"与"输出十进制"下的文本"##"相关联。由十六进制转换为十进制的"转换"按钮命令语言如下：

```
long sLength = Strlen( \\local\Input );
long Count = 1;
long Count_1;
long Get_Value;
string Get_str;
long Result;
long ASC_0 = StrASCII( "0" );
long ASC_9 = StrASCII( "9" );
long ASC_A = StrASCII( "A" );
long ASC_F = StrASCII( "F" );
long ASC_Get_str;
\\local\Output = 0;
while( Count <= sLength )
{
    Get_str = StrMid( \\local\Input, Count, 1 );
    ASC_Get_str = StrASCII( Get_str );
    if( ASC_0 <= ASC_Get_str && ASC_GET_str <= ASC_9 )
        Get_Value = StrASCII( Get_str ) - ASC_0;
    if( ASC_A <= ASC_Get_str && ASC_GET_str <= ASC_F )
        Get_Value = StrASCII( Get_str ) - ASC_A + 10;
    Result = Get_Value;
    Count_1 = Count;
    while( Count_1 < sLength )
    {
        Result = Result * 16;
        Count_1 = Count_1 + 1;
    }
    \\local\Output = \\local\Output + Result;
    Count = Count + 1;
}
```

6）画面编辑完成后，单击"全部存"命令，然后单击"切换到 view"命令，打开运行系统，运行画面。在"输入十进制"下输入一个十进制数，单击"转换"按钮，即可转换为相对应的二进制、八进制和十六进制数。在"输入十六进制"下输入一个十六进制数，单击"转换"按钮，即可转换为相应的十进制数。运行系统画面如图 3-16 所示。

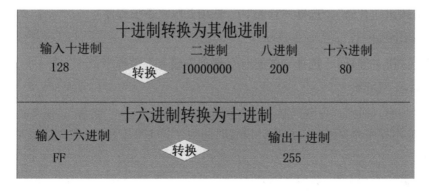

图 3-16　运行系统画面

3.9 流水灯延时工程实例

视频 3-3
流水灯
延时工程实例

设计一个开关控制、延时可调的流水灯。

1）首先新建一个工程，打开工程，在数据词典中新建 10 个变量，定义变量见表 3-4。

表 3-4 定义变量

变 量 名	变 量 类 型	初 始 值
延时	内存整数	—
开始	内存离散	关
灯 1~灯 8	内存离散	关

2）新建一个"流水灯"画面并打开。画面设计如图 3-17 所示，参考如下：单击"图库"→"打开图库"→"指示灯"命令，双击其中一个灯放到画面上，然后复制出另外七个；字样"间隔：##×0.1 s"由文本"间隔：＿＿＿×0.1 s"和"##"组成。

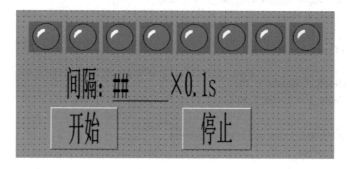

图 3-17 画面设计

3）分别双击这八个灯，依次关联变量"\\local\灯 1"~"\\local\灯 8"。

4）双击文本"##"，分别选择"模拟值输出"和"模拟值输入"动画连接，表达式为"\\local\延时"。

5）双击按钮"开始"，选择"弹起时"选项并输入下面程序：

```
\\local\开始 = 1;
```

6）双击按钮"停止"，选择"弹起时"选项并输入下面程序：

```
\\local\开始 = 0;
```

7）保存画面，回到工程浏览器，在左侧单击"系统"→"文件"→"命令语言"命令，双击"应用程序命令语言"选项，设置时间为"每 100 毫秒"，在"运行时"编辑区写入下面程序：

```
long a;
long b;
if( \\local\开始 = = 1)              //间隔时间//
```

```
        a=a+1;                              //开始流动//
if( a>\\local\延时)
{
    a=0;
    b=b+1;
}
if( b= =15)
    b=1;                                    //花
if( b= =1)
    \\local\灯 1=1;
else
    \\local\灯 1=0;                          //
if( b= =2||b= =14)
    \\local\灯 2=1;
else
    \\local\灯 2=0;                          //
if( b= =3||b= =13)
    \\local\灯 3=1;
else
    \\local\灯 3=0;                          //
if( b= =4||b= =12)
    \\local\灯 4=1;
else
    \\local\灯 4=0;                          //
if( b= =5||b= =11)
    \\local\灯 5=1;
else
    \\local\灯 5=0;                          //
if( b= =6||b= =10)
    \\local\灯 6=1;
else
    \\local\灯 6=0;                          //
if( b= =7||b= =9)
    \\local\灯 7=1;
else
    \\local\灯 7=0;                          //
if( b= =8)
    \\local\灯 8=1;
else
    \\local\灯 8=0;                          //样
```

8）回到工程浏览器，单击"配置"→"运行系统"命令，在"主画面配置"中选择"流水灯"，在"特殊"中设置运行系统基准频率为 100 ms，单击"确定"按钮返回到工程浏览器。单击"VIEW"按钮进入运行系统。单击文本"##"输入间隔时间，单击"开始"按钮，可以看到八个灯左右循环逐个点亮。设置的间隔时间越长，可以看到闪灯的速度越慢。运行系统画面如图 3-18 所示。

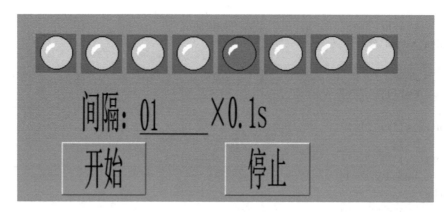

图 3-18　运行系统画面

3.10　倒计时工程实例

设计一个两位数的倒计时数码管。

1）首先新建一个工程，打开工程，在数据词典中新建四个变量，定义变量见表 3-5。

表 3-5　定义变量

变 量 名	变 量 类 型	最 小 值
个位	内存整数	-1
十位	内存整数	-1
倒计时	内存整数	—
状态	内存整数	—

2）新建一个"倒计时"画面并打开。画面设计如图 3-19 所示，绘制图 3-19c 所示的画面成品，参考如下：使用工具箱中的"多边形"命令画出其中一段数码管，然后复制出另外六段；字样"请输入倒计时：数字 s"由文本"请输入倒计时：＿＿ s"和"数字"组成。

3）根据图 3-19b 所示的真值表，双击各段数码管设置对应的"填充属性"动作连接：作为"个位"的七段数码管表达式都关联"\\local\个位"，作为"十位"的七段数码管表达式都关联"\\local\十位"；个位和十位数码管的刷属性设置如下。

① 第一段数码管（见图 3-20）：阈值 0、2、5 刷属性类型为第一个，颜色为红色；阈值 1、4 刷属性类型为第二个，颜色为白色。

② 第二段数码管：阈值 0、2、7 刷属性类型为第一个，颜色为红色；阈值 1、5 刷属性类型为第二个，颜色为白色。

③ 第三段数码管：阈值 0、3 刷属性类型为第一个，颜色为红色；阈值 1 刷属性类型为第二个，颜色随意。

④ 第四段数码管：阈值 0、2、5、8 刷属性类型为第一个，颜色为红色；阈值 1、4、7 刷属性类型为第二个，颜色为白色。

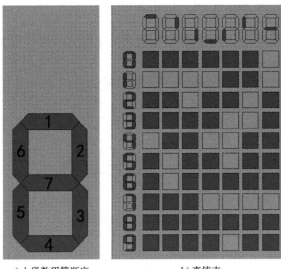

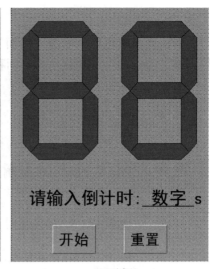

a) 七段数码管顺序   b) 真值表   c) 画面成品

图 3-19 画面设计

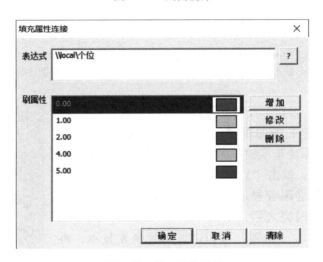

图 3-20 第一段数码管

⑤ 第五段数码管：阈值 0、6、8 刷属性类型为第一个，颜色为红色；阈值 3、7、9 刷属性类型为第二个，颜色为白色。

⑥ 第六段数码管：阈值 0、4、8 刷属性类型为第一个，颜色为红色；阈值 2、7 刷属性类型为第二个，颜色为白色。

⑦ 第七段数码管：阈值 2、8 刷属性类型为第一个，颜色为红色；阈值 0、7 刷属性类型为第二个，颜色为白色。

4）双击文本"数字"，"模拟值输出"和"模拟值输入"动画连接的表达式为"\\local\倒计时"。

5）双击按钮"开始"，选择"弹起时"选项并输入下面程序：

```
\\local\状态=1；
```

6）双击按钮"重置"，选择"弹起时"选项并输入下面程序：

```
        \\local\状态 = 0;
```

7）右击画面灰色处，单击"画面属性"→"命令语言"命令，设置时间为"每 1000毫秒"，在"存在时"编辑区写入下面程序：

```
    if( \\local\状态 = =0)                                    //显示输入值//
    {
        if( \\local\倒计时 = =0)
            \\local\十位 = 0;
        else
            \\local\十位 = ( \\local\倒计时-5)/10;            //凑十位//
        \\local\个位 = \\local\倒计时-\\local\十位 * 10;       //凑个位//
    }
    if( \\local\状态 = =1 && ( \\local\十位+\\local\个位)! =0)   //开始倒计时//
    {
        \\local\个位 = \\local\个位-1;
        if( \\local\个位 = =-1)
        {
            \\local\个位 = 9;
            \\local\十位 = \\local\十位-1;
        }
        if( \\local\个位 = =0 &&\\local\十位 = =0)
            \\local\状态 = 2;                                 //倒计时结束//
    }
```

8）保存画面后，回到工程浏览器，单击"配置"→"运行系统"命令，在"主画面配置"中选择"倒计时"，在"特殊"中设置运行系统基准频率为 100 ms，单击"确定"按钮返回到工程浏览器。单击"VIEW"按钮进入运行系统。输入倒计时数，数码管会跟着显示；单击"开始"按钮后数码管开始倒计时；倒计时完之后，单击"重置"按钮，或者先改变倒计时数后再单击"重置"按钮，数码管恢复显示；再次单击"开始"按钮后又开始倒计时。运行系统画面如图 3-21所示。

图 3-21 运行系统画面

3.11 本章小结

本章主要讲述了命令语言的类型和命令语言语法的基本使用。后台命令语言的类型主要有应用程序命令语言、数据改变命令语言、事件命令语言、热键命令语言和自定义函数命令语言。命令语言可分为画面命令语言、动画连接命令语言和后台命令语言，其中前两种只在画面显示时有效，后一种具有全局性，只要系统处于运行状态，无论画面是否打开都有效。命令语言的语法基本与 C 语言类似。组态王中其他的函数多数是为特定的功能而规定的，需要通过查看帮助来理解。

3.12　课后习题

1. 何为组态王命令语言，类型有哪些?
2. 概述各个类型的命令语言。
3. 画面命令语言的执行条件有哪些? 请详细说明。
4. 动画连接命令语言的工作状态有哪些? 请详细说明每种工作状态。
5. 自定义变量的类型有哪些?

4.1　本章导学

本章介绍组态王里的历史趋势曲线、配方管理、内置温控曲线和超级 XY 曲线等基础知识和历程应用，这是学习组态必学的部分。

4.2　历史趋势曲线控件

KVHTrend 曲线控件是组态王以 ActiveX 控件形式提供的绘制历史趋势曲线和 ODBC（开放式数据库互连）数据源曲线的功能性工具。该曲线控件既可以连接组态王的历史库，又可以连接工业库服务器，还可以通过 ODBC 数据源连接到其他数据库上。连接组态王的历史库或工业库服务器时，可以定义查询数据的时间间隔，可实现某条曲线在某个时间段上的曲线比较。

4.2.1　创建历史趋势曲线控件

在组态王工程浏览器中新建画面，在工具箱中单击"插入通用控件"按钮，或单击菜单"编辑"下的"插入通用控件"命令，在"插入通用控件"对话框的列表中选择"KVHTrend ActiveX Control"，单击"确定"按钮，鼠标指针变为十字形，在画面上选择一点位置作为控件的左上角，按下鼠标左键并拖动，画面上显示出一个虚线的矩形框，该矩形框为创建后曲线的外框。当达到所需大小时，松开鼠标左键，历史趋势曲线控件创建成功，画面上显示出该曲线，如图 4-1 所示。

4.2.2　设置历史趋势曲线的固有属性

历史趋势曲线控件创建完成后，右击控件，在弹出的快捷菜单中单击"控件属性"命令，弹出历史趋势曲线控件的固有属性对话框，如图 4-2 所示。

固有属性对话框有以下五个选项卡："曲线""坐标系""预置打印选项""报警区域选项"和"游标配置选项"。下面详细介绍两个重要的选项卡。

1. "曲线"选项卡

"曲线"选项卡中说明绘制曲线时历史数据的来源。曲线中历史数据的来源可以是组态王的历史库、工业库或者其他 ODBC 连接的数据源。

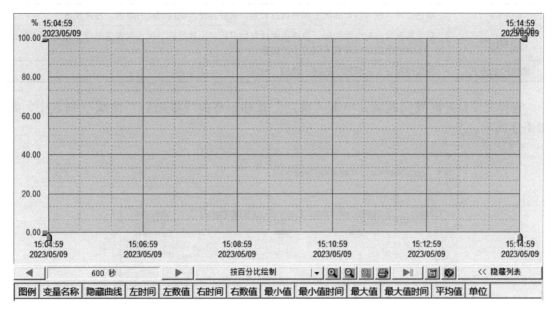

图 4-1　历史趋势曲线控件创建成功

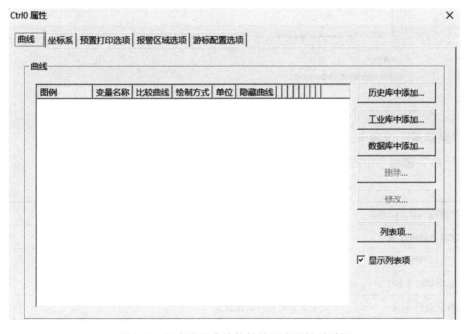

图 4-2　历史趋势曲线控件的固有属性对话框

从历史库中添加变量，设置属性见表 4-1。

表 4-1　从历史库中添加变量的设置属性

变 量 名 称	输入要添加的变量的名称，或在左侧的列表框中选择，该列表框中仅会列出本工程中定义了历史记录属性的变量
线类型	单击"线类型"后的下拉列表框，选择当前曲线的线型

（续）

线颜色	颜色设置区域可以对曲线的颜色进行设置，最好选择辨识度较高的颜色，方便观察
小数位数	显示某变量的对应曲线时，设置该曲线数值显示的小数位数。仅当该变量是浮点型时，才起作用。不同的曲线可以设置不同的小数位数
曲线绘制方式	曲线绘制方式有模拟、阶梯、逻辑、棒图

选择完变量并配置完成后，单击“确定”按钮，将曲线添加到“曲线”列表中，如图 4-3 所示。

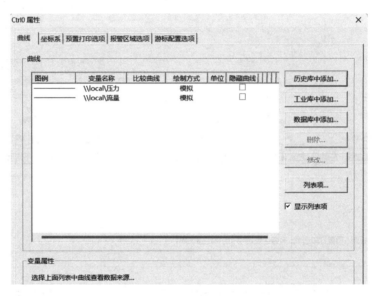

图 4-3 "曲线"列表

2. “坐标系”选项卡

“坐标系”选项卡中的属性见表 4-2。

表 4-2 "坐标系"选项卡中的属性

边框颜色和背景颜色	设置曲线图表的边框颜色和背景颜色
绘制坐标轴选项	是否在图表上绘制坐标轴
分割线	定义时间轴、数值轴主次分割的数目、线的类型、颜色等
标记数值 Y 轴	定义 Y 轴的各种属性设置
标记数值 X 轴	定义 X 轴的各种属性设置
游标显示	如果选中，在绘图区显示左游标和右游标

4.2.3 设置历史趋势曲线的动画连接属性

由于该历史趋势曲线以控件形式出现，因此该曲线还具有控件的属性，即可以定义属性和事件。双击该控件，弹出“动画连接属性”对话框，如图 4-4 所示。

“动画连接属性”对话框共有以下三个选项卡。

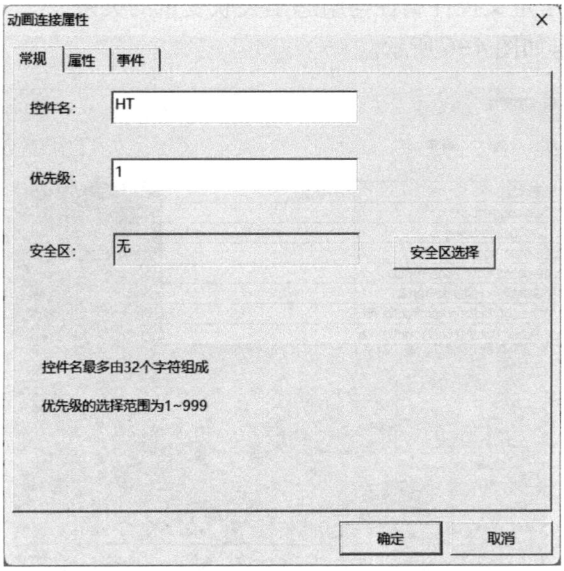

图 4-4　"动画连接属性"对话框

1)"常规"选项卡的设置属性见表 4-3。

表 4-3　"常规"选项卡的设置属性

控件名	定义该控件在组态王中的标识名,如"历史曲线",该标识名在组态王当前工程中应该唯一
优先级、安全区	定义控件的优先级和安全性。运行时,用户满足定义的权限时才能操作该历史曲线

2)"属性"选项卡如图 4-5 所示。

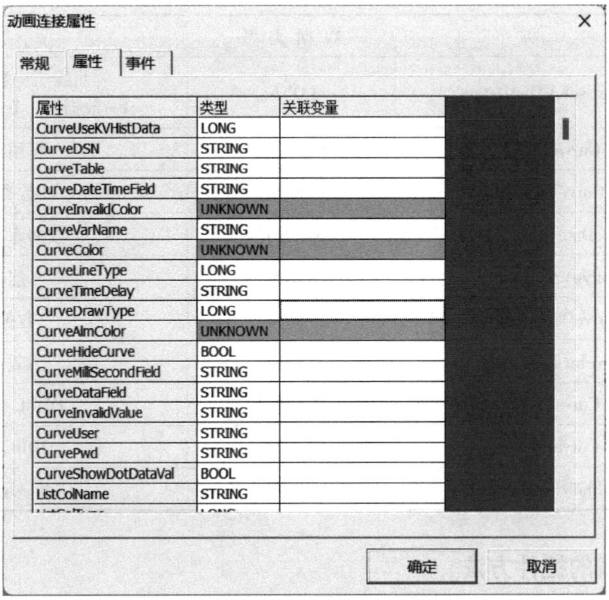

图 4-5　"属性"选项卡

"属性"选项卡用于定义控件属性与组态王关联变量的关系。

3）"事件"选项卡如图 4-6 所示。

图 4-6 "事件"选项卡

4.2.4 历史趋势曲线的属性和控件方法

1. 历史趋势曲线的属性及含义见表 4-4。

表 4-4 历史趋势曲线的属性及含义

序 号	名 称	数据类型	含 义
1	CurveUseKVHistData	LONG	曲线历史数据来源的类型： 0—数据库；1—历史库；2—工业库
2	CurveDSN	STRING	使用数据源名称
3	CurveTable	STRING	数据库的表名
4	CurveDateTimeField	STRING	数据库的时间字段名
5	CurveVarName	STRING	连接变量名
6	CurveDataField	STRING	数据字段名称
7	CurveInvalidValue	STRING	无效值字段名称
8	CurveUser	STRING	ODBC 数据源用户名
9	CurvePwd	STRING	ODBC 数据源密码
10	CurveShowDotDataVal	BOOL	是否显示数据点的数值

2. 历史趋势曲线的控件方法

历史趋势曲线控件提供了很多控件方法，供用户在命令语言中调用。下面介绍常用的历史趋势曲线控件方法，见表 4-5。

表 4-5　历史趋势曲线控件方法

序号	控件方法	功　能	参数说明	返回值
1	Void ChangeCurveVarName(x,e)	改变历史趋势曲线所连接的变量，该变量数据来自组态王历史库	x：曲线索引号 e：变量名	无
2	Void HTUpdateToCurrentTime( )	将曲线的终止时间设为当前时间	无	无
3	Void HTSetLeftScooterTime(T,s)	设置曲线时间坐标起点	T：时间的年月日时分秒部分。将该时间用 HTConvertTime( ) 函数转换为自 1970 年 1 月 1 日 0 时到指定时间的秒数 s：时间的毫秒部分	无
4	Void SetTimeParam(T,s,X, W)	设置历史趋势曲线时间坐标起点、时间轴长度	T：时间年月日时分秒部分 s：时间的毫秒部分 X：时间轴长度 W：时间轴长度单位，0—秒，1—分，2—时，3—日，4—毫秒	无
5	void PrintCurve( )	打印，与控件打印按钮实现相同功能	无	无

4.2.5　历史趋势曲线工程实例

1. 工程概述

很多工业现场都会要求反映出实际测量值按设定曲线变化的情况。在历史趋势曲线中，纵轴代表一个或多个变量值，横轴代表时间的变化，同时将每一个变量数据采样点显示在曲线中。组态王中的实现方法是利用组态王历史趋势曲线及其函数来反映实际测量值按设定曲线变化的情况，主要适用于压力、流量和温度等变化，该工程中为电压、电流随时间的变化曲线。

视频 4-1
历史趋
势曲线工程实例

2. 操作步骤

（1）创建新工程　打开工程管理器，新建"历史趋势曲线"工程。

（2）定义变量　在数据词典中新建三个变量：一个为"电压"，变量类型为"I/O 实数"，寄存器类型选择"INCREA100"，数据类型为"SHORT"；一个为"电流"，变量类型为"I/O 实数"，寄存器类型选择"DECREA100"，数据类型为"SHORT"；一个为"功率"，变量类型为"内存实数"。

（3）创建历史趋势曲线　在组态王开发系统中新建"历史趋势曲线"画面，单击工具箱中的"插入通用控件"按钮，弹出"插入通用控件"对话框。在"插入通用控件"对话框的列表中选择"KVHTrend ActiveX Control"，单击"确定"按钮，鼠标指针变成十字形，然后在画面上画一个矩形框，历史趋势曲线控件就放到画面上了，可以任意移动、缩放历史趋势曲线控件。双击控件，弹出"属性设置"对话框，将控件名命名为"Ctrl0"。右击并选择"控件属性"命令，从历史库中添加"电压"和"电流"两个变量，曲线属性设置如图 4-7 所示。

添加曲线后，单击"坐标系"选项卡，在"数值（Y）轴"选项组中选择"自适应实际值"选项，其余各项坐标系属性设置如图 4-8 所示。

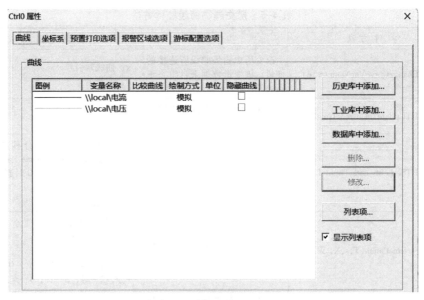

图 4-7　曲线属性设置

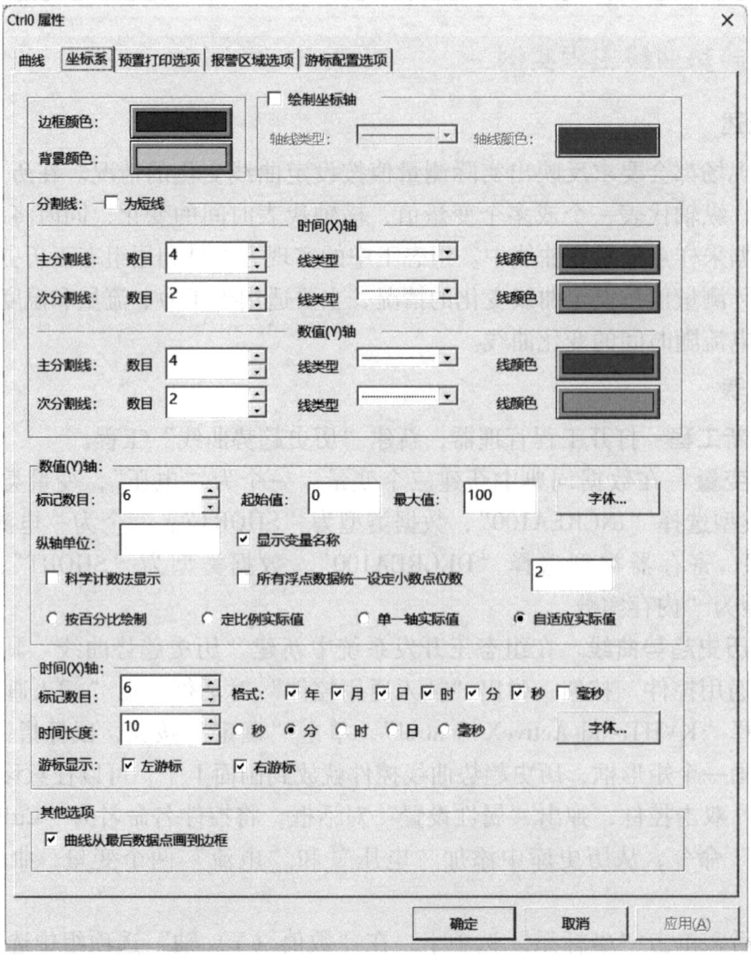

图 4-8　坐标系属性设置

（4）编辑画面 在画面中写入文本"电流""电压"和"功率"，并分别关联对应变量，动画连接都为模拟值输出。右击并选择"画面属性"命令，在画面命令语言中写入程序：

```
Ctrl0. HTUpdateToCurrentTime( );
\\local\功率 = ( \\local\电压 * \\local\电流)/1000;
```

其中"Ctrl0"为历史趋势曲线控件名，HTUpdateToCurrentTime( )函数将历史趋势曲线的终止时间设置为当前时间，时间轴长度保持不变，主要用于查看最新数据；功率计算公式为功率＝电压×电流，因为功率单位为 kW，所以要除以 1000。

（5）切换到运行系统 保存画面后，单击工程浏览器的"系统配置"→"设置运行系统"命令，进行主画面配置，将"历史趋势曲线"画面设置为主画面，然后切换到运行系统。运行结果如图 4-9 所示。

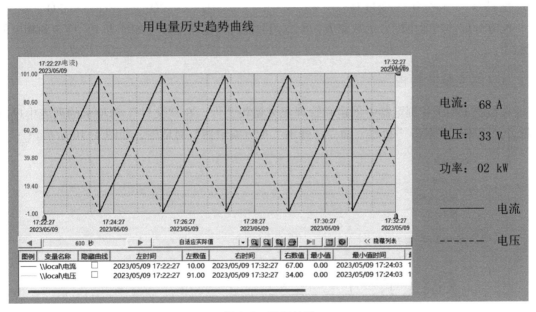

图 4-9 运行结果

历史趋势曲线控件自带的工具栏中提供了很多方便实用的控制按钮功能供用户使用，包括放大曲线、缩小曲线、插入设置段、修改设置段、删除设置段、调整坐标值、左右移动曲线、左边界右移和右边界左移等。

 配方管理

4.3.1 配方概述

配方是生产过程中一些变量对应的参数设定值的集合，在制造领域，配方用来描述生产一件产品所用的不同配料之间的比例关系。组态王提供的配方管理由两部分组成：配方管理器和配方函数。配方管理器用于创建和维护配方模板文件，配方函数允许组态王运行时对配方模板文件中的各种配方进行选择、修改和删除等处理。

4.3.2 配方的工作原理

配方模板定义用于定义配方中所有项目名、项目类型、变量名（与每一个项目名对应）和配方名。每一个配方对应每一个配料成分所要求的数量大小。

配方模板定义完成后，组态王运行时可以通过配方函数进行各种配方的调入、修改等，工作原理结构如下所示：

项目和变量名				配方			
项目名	项目类型	变量名		配方 1	配方 2	配方 3	配方 P
配料 1	实数型	变量 1	配方	11	21	31	P1
配料 2	实数型	变量 2		12	22	32	P2
配料 3	实数型	变量 3	分配	13	23	33	P3
配料 Q	实数型	变量 Q		1Q	2Q	3Q	PQ

配方分配的功能由配方函数完成，配方函数能将指定的配方（如配方 1）传递到相应的变量中。

4.3.3 创建配方模板

在组态王的工程浏览器中创建和管理配方模板文件，在"文件"选项卡的列表中单击"配方"选项，并双击"新建"命令，弹出"配方编辑器"对话框，如图 4-10 所示。

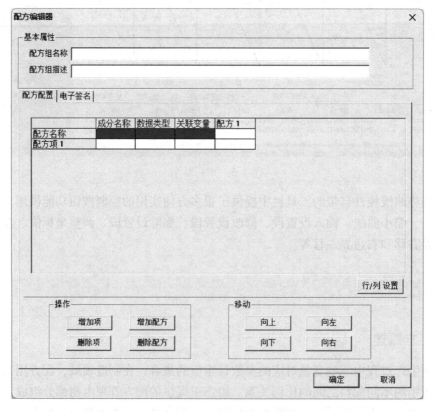

图 4-10 "配方编辑器"对话框

"关联变量"为组态王中已经定义的变量名，定义配方之前必须先在数据词典中定义所有配方中要用到的变量。

"数据类型"为整数型、实数型、离散型和字符串型中的一种，当用户选择"关联变量"后，"数据类型"会自动载入，不需要用户输入。若用户手动输入"关联变量"，则"数据类型"不自动显示，需要用户输入。"配方编辑器"对话框中还有"基本属性""操作"和"移动"选项组，用于创建配方模板时的编辑处理。

创建配方模板的步骤如下。

1. 添加变量

选中"配方项 1"所在列名为"关联变量"的单元格，单击"关联变量"菜单栏，弹出"选择变量名"对话框，选中一个已经定义好的变量，单击"确定"按钮，完成变量添加，"配方编辑器"对话框中相应变量的"数据类型"会自动显示。若变量是用户手动输入的，则需要手动输入相应的"数据类型"。添加多个变量的方法相同。

2. 建立配方

在第一行"配方名称"对应的各个单元格中输入各配方的名称。单击"配方项 1"后面的单元格，输入成分名称，再在后面对应变量中输入每种配方不同的变量的量值。

3. 修改配方属性

编辑完配方之后，在"基本属性"选项组中，定义配方组名称为"奶茶配方"，按照实际配方种类和使用的变量输入数据。创建完成的配方如图 4-11 所示。

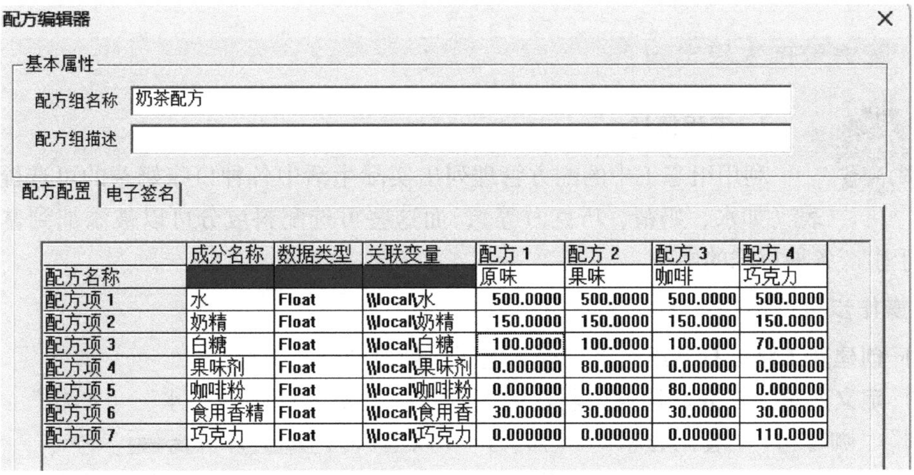

图 4-11　创建完成的配方

4.3.4　配方函数

配方函数用于实现配方的分配，配方函数说明见表 4-6。

表 4-6　配方函数说明

序号	函 数 名 称	函 数 功 能	参 数 说 明
1	RecipesDelete(Esig)	此函数用于删除指定配方组	Esig: 电子签名类型，0—无签名，1—操作签名，2—操作和校验签名

（续）

序号	函数名称	函数功能	参数说明
2	RecipesAdd(Esig)	此函数用于打开添加配方组的界面	Esig：电子签名类型，0—无签名，1—操作签名，2—操作和校验签名
3	RecipesEdit（"RecipesName"，Esig）	此函数用于打开配方编辑器，进行配方组的编辑	RecipesName：配方组名称 Esig：电子签名类型，0—无签名，1—操作签名，2—操作和校验签名
4	RecipeDownload（"Recipes-Name"，"RecipeName"）	此函数将指定配方组中指定配方的数据赋值给对应的变量	RecipesName：配方组名称 RecipeName：配方名称
5	RecipeStore（"RecipesName"，"RecipeName"）	此函数将变量的数据保存到指定的配方中	RecipesName：配方组名称 RecipeName：配方名称
6	RecipeManages(Esig)	此函数用于打开配方管理的界面	Esig：电子签名类型，0—无签名，1—操作签名，2—操作和校验签名
7	RecipesExport（"recipes_csv_name"，Esig）	此函数用于导出所有配方	"recipes_csv_name"：配方要保存的完整路径和文件名称，文件为 CSV（逗号分隔值）格式 Esig：电子签名类型，0—无签名，1—操作签名，2—操作和校验签名
8	RecipesImport（"recipes_csv_name"，Esig）	此函数用于导入 CSV 文件中的配方	"recipes_csv_name"：配方要保存的完整路径和文件名称，文件为 CSV 格式 Esig：电子签名类型，0—无签名，1—操作签名，2—操作和校验签名

4.3.5 配方管理工程实例

1. 工程概述

视频 4-2
配方管理的工程实例

利用组态王中的配方管理列出实际生活中各种口味奶茶的可选配料成分表（如水、奶精、巧克力等），而这些可选配料成分可以被添加到基本配方中，用于生产各种口味的奶茶。

2. 操作步骤

（1）创建新工程 打开组态王工程管理器，创建一个新工程。

（2）定义变量 在数据词典中新建 8 个变量，变量名依次为"水""奶精""白糖""果味剂""咖啡粉""食用香精""巧克力"（以上 7 个变量的变量类型为"内存实数"，初始值为 0.00000，最大值为 1000）和"奶茶口味"（变量类型为"内存字符串"）。

（3）创建配方模板 在工程浏览器的目录中选择"文件"选项下的"配方"，如图 4-12 所示。

双击右侧的"新建"命令，弹出如图 4-13 所示"配方编辑器"对话框。

"配方编辑器"对话框的具体说明见表 4-7。

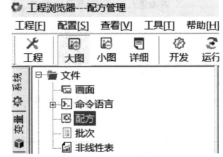

图 4-12 选择"配方"

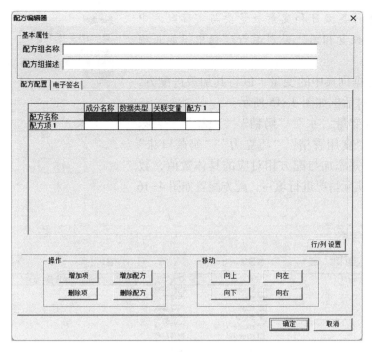

图 4-13　"配方编辑器"对话框

表 4-7　"配方编辑器"对话框的具体说明

名　称	含　义
配方组名称	同一工程中配方组名称不能重复；只能由中英文、数字和下划线组成，且不能以数字开头；不得出现特殊字符，如"/\[ ] : ; l =,+# ＊ ? <>'&% ( ) = -!@ ~ ! $ ¥ ^ " . "，包括空格；区分大小写；长度不能超过 128 个字符。最多允许有 64 个配方组
配方组描述	用于输入配方组的描述信息，可以为空，长度不能超过 256 个字符
成分名称	输入配方所需的成分名称，命名规则同配方组名称，不超过 16 个字符
关联变量	单击 **...** 按钮，弹出"选择变量名"对话框，供用户选择数据词典中已定义的变量。完成变量选择后，相应变量的数据类型自动显示（不允许手动输入变量名、变量类型）
配方名称	输入配方名称，命名规则同配方组名称，不超过 16 个字符
配方项	按照实际配方种类和使用的变量输入数据
增加项	在鼠标指针所在行上面增加一行
删除项	删除鼠标指针所在的行
增加配方	在鼠标指针所在列前面增加一列
删除配方	删除鼠标指针所在的列
向上	单击此按钮，将光标所在配方项向上移动一行，若选中最上一行则移动失败
向下	单击此按钮，将光标所在配方项向下移动一行，若选中最后一行则移动失败
向左	单击此按钮，将光标所在配方向左移动一列，若选中最左一列则移动失败
向右	单击此按钮，将光标所在配方向右移动一列，若选中最右一列则移动失败

单击"行/列 设置"按钮，弹出"模板设置"对话框，如图 4-14 所示。

本工程有 4 种口味，7 种配料，即配方数为 4，成分数为 7。

注意：配方种类数目和变量数量要与实际配方中种类数目、变量数量相同，否则运行过程中不能正确调用配方。

单击选择数据词典中的变量，以将其加载进配方，“选择变量名”对话框如图 4-15 所示。

将已定义的变量“水”“奶精”“白糖”“果味剂”“咖啡粉”“食用香精”“巧克力”“奶茶口味”添加到配方中，并添加与配方相对应的具体数值，数值可根据配方的实际情况进行填写，配方配置如图 4-16 所示。

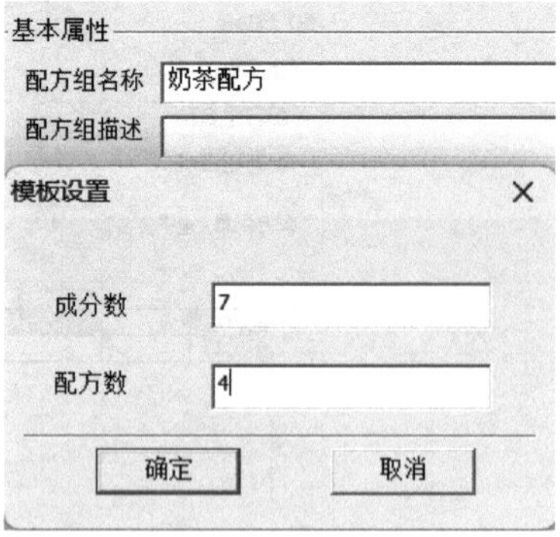
基本属性
配方组名称 奶茶配方
配方组描述
模板设置
成分数 7
配方数 4
确定
取消

图 4-14 “模板设置”对话框

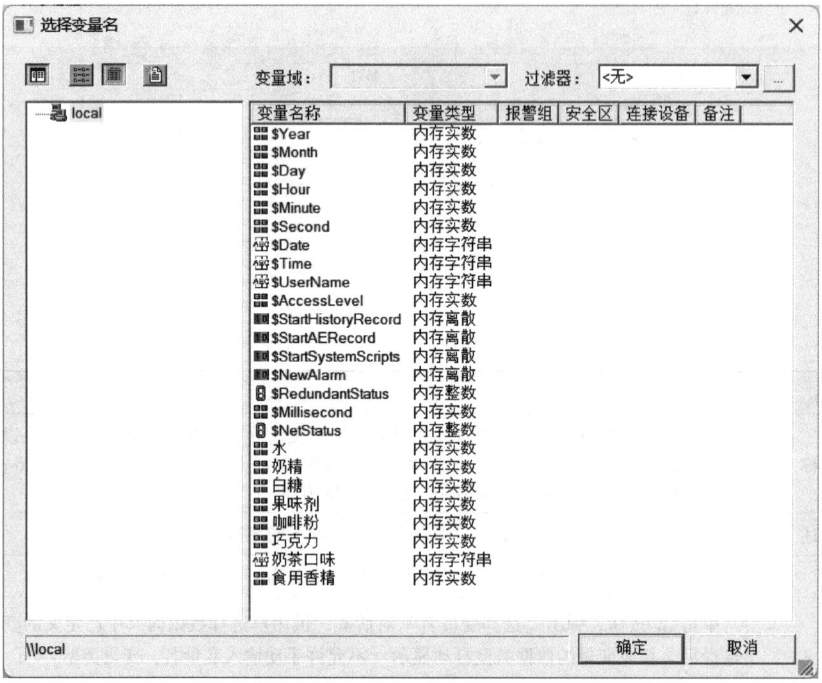
选择变量名
变量域：
过滤器： <无>
local
变量名称 变量类型 报警组 安全区 连接设备 备注
$Year 内存实数
$Month 内存实数
$Day 内存实数
$Hour 内存实数
$Minute 内存实数
$Second 内存实数
$Date 内存字符串
$Time 内存字符串
$UserName 内存字符串
$AccessLevel 内存实数
$StartHistoryRecord 内存离散
$StartAERecord 内存离散
$StartSystemScripts 内存离散
$NewAlarm 内存离散
$RedundantStatus 内存整数
$Millisecond 内存实数
$NetStatus 内存整数
水 内存实数
奶精 内存实数
白糖 内存实数
果味剂 内存实数
咖啡粉 内存实数
巧克力 内存实数
奶茶口味 内存字符串
食用香精 内存实数
\\local
确定
取消

图 4-15 “选择变量名”对话框

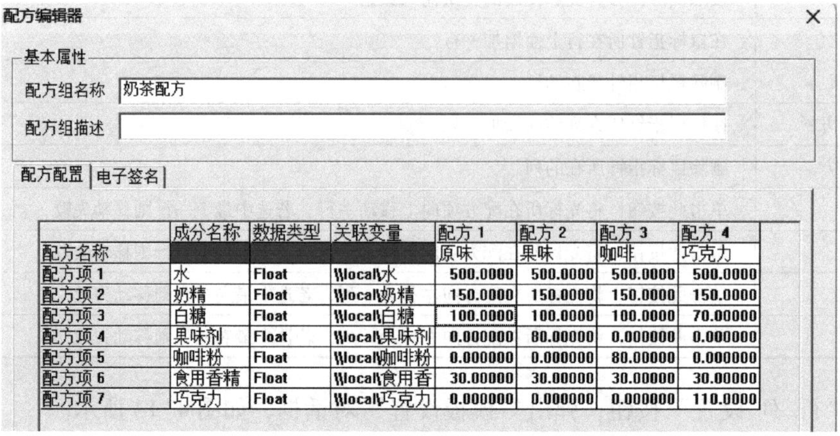
配方编辑器
基本属性
配方组名称 奶茶配方
配方组描述
配方配置 电子签名
成分名称 数据类型 关联变量 配方 1 配方 2 配方 3 配方 4
配方名称 原味 果味 咖啡 巧克力
配方项 1 水 Float \\local\水 500.0000 500.0000 500.0000 500.0000
配方项 2 奶精 Float \\local\奶精 150.0000 150.0000 150.0000 150.0000
配方项 3 白糖 Float \\local\白糖 100.0000 100.0000 100.0000 70.00000
配方项 4 果味剂 Float \\local\果味剂 0.000000 80.00000 0.000000 0.000000
配方项 5 咖啡粉 Float \\local\咖啡粉 0.000000 0.000000 80.00000 0.000000
配方项 6 食用香精 Float \\local\食用香 30.00000 30.00000 30.00000 30.00000
配方项 7 巧克力 Float \\local\巧克力 0.000000 0.000000 0.000000 110.0000

图 4-16 配方配置

　　填写完毕后进行保存，保存路径必须在当前工程文件夹下，否则无法调用配方。保存名称可任取，但需要记住所取的名称，以备后续需要。

　　（4）编辑画面　新建"配方管理"画面，背景色可自选，如图 4-17 所示。

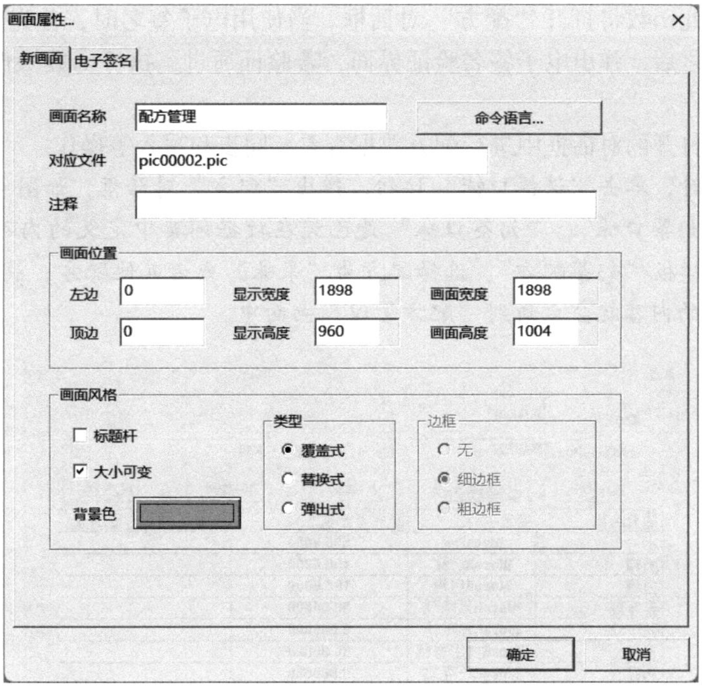

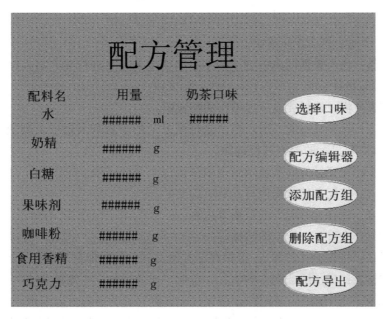

图 4-17　新建画面

　　在"配方管理"画面上建立配料变量显示，并进行变量关联，绘制多个按钮，各个按钮中连接配方管理命令语言。"配方管理"画面如图 4-18 所示。

图 4-18　"配方管理"画面

关联变量时，需要关联输入和输出。

1）"选择口味"按钮"弹起时"的命令语言如下：

```
RecipeManages(0);
```

函数说明：此函数将打开"配方"对话框。当使用电子签名时，首先弹出"配方"对话框，操作完成之后，弹出电子签名验证界面，若验证通过，执行函数操作；若验证失败，则不执行函数操作。

用户可以在打开的对话框中进行配方数据查看、同步和写入等操作。

注意：运行时，单击"选择口味"按钮，弹出"配方"对话框，如图 4-19 所示。配方变量一定要是"奶茶口味"，"奶茶口味"是已经在数据词典中定义的内存字符串型变量；然后再选择配方模板"奶茶配方"，选择配方为"果味"或者其他配方，最后单击"配方写入"按钮，配方的内容就会更新到"配方管理"画面中。

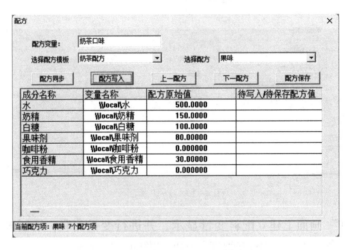

图 4-19　"配方"对话框

"配方"对话框中的功能介绍如下。

① 配方变量：输入数据词典中创建的字符串变量名，当进行配方写入时将当前配方名称写入该字符串变量中。

② 选择配方模板：选择要显示或操作的配方组。

③ 选择配方：选中某一配方组，在"选择配方"的下拉列表框中会列出该配方组中的所有配方，可以对要显示的配方进行选择。

④ 配方同步：将变量值同步显示到表中"待写入/待保存配方值"列。

⑤ 配方写入：将配方的数据值写入对应的变量。

⑥ 上一配方：查看上一配方的数据等内容。

⑦ 下一配方：查看下一配方的数据等内容。

⑧ 配方保存：将表中"待写入/待保存配方值"列的数据保存到配方原始值中。

⑨ 配方数据表：显示所选配方的信息，包括"成分名称""变量名称""配方原始值"及"待写入/待保存配方值"。"待写入/待保存配方值"列的内容可以编辑。

注意：文件名和配方名称若加上双引号，则表示字符串常量；若不加双引号，则可以是字符串变量。

2）"配方编辑器"按钮"弹起时"的命令语言如下：

RecipesEdit("奶茶配方", 0);

函数说明：此函数将弹出"配方编辑器"对话框，进行配方组的编辑。当该函数使用电子签名时，首先弹出"配方编辑器"对话框，操作完成后单击"确定"按钮，弹出电子签名验证界面，若验证通过，则执行函数操作；若验证失败，则不执行函数操作。

此语句将打开"奶茶配方"配方组，用户可以编辑这个配方组中的配方等信息，如图 4-20 所示。

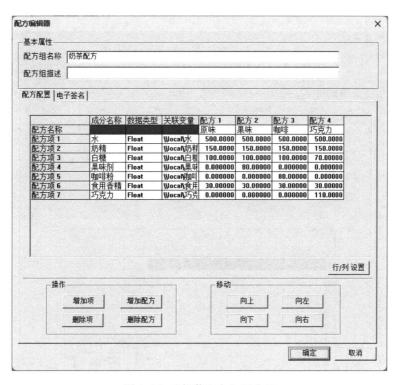

图 4-20 "奶茶配方"配方组

3）"添加配方组"按钮的命令语言如下：

RecipesAdd(0);

函数说明：此函数打开添加配方组的"配方编辑器"对话框。当该函数使用电子签名时，首先弹出"配方编辑器"对话框，操作完成后单击"确定"按钮，弹出电子签名验证界面，若验证通过，则执行函数操作；若验证失败，则不执行函数操作。

用户可以在打开的对话框中进行配方编辑操作，如图 4-21 所示。

4）"删除配方组"按钮的命令语言如下：

RecipesDelete(0);

此语句将弹出已有的配方组列表，选中某一个，单击"确定"按钮，会删除所选的配方组，如图 4-22 所示。

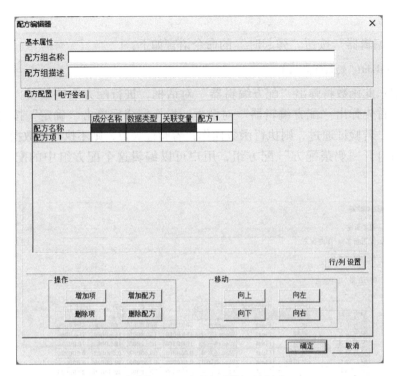

图 4-21 "配方编辑器"对话框

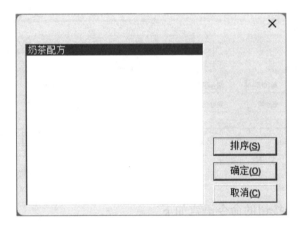

图 4-22 删除所选的配方组

5）"配方导出"按钮的命令语言如下：

```
RecipesExport("奶茶配方.csv", 0);
```

（5）运行画面 "配方管理"画面制作好后保存画面，全部存入，切换到运行系统中。执行配方操作按钮，对配方进行各种操作。例如，通过按钮"选择口味"打开配方模板并选择某种口味，将配方中的数据调入画面中；选择配方模板中的不同口味，修改各个配料用量；创建新的配方存入配方模板中；删除配方模板中的配方。

运行画面如图 4-23 所示。

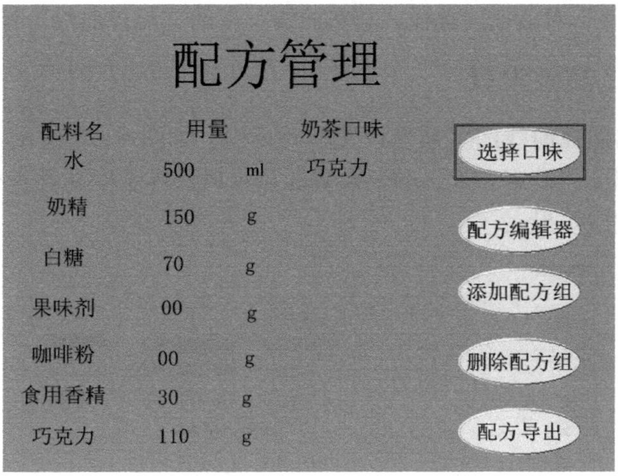

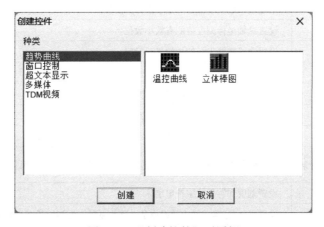

图 4-23　运行画面

4.4　内置温控曲线

温控曲线可以反映实际测量值按设定曲线变化的情况，广泛应用于实际的工业现场中。组态王的内置温控曲线以控件形式提供。

4.4.1　内置温控曲线概述

温控曲线的纵轴代表温度值，横轴代表时间变化，每一个温度采样点都显示在曲线中。温控主要适用于温度控制、流量控制等。利用组态王内置温控曲线及其函数、配方及其函数能够反映实际测量值按设定曲线变化的情况。

4.4.2　创建温控曲线

1）在组态王工程浏览器中新建画面，单击工具箱中的"插入控件"按钮或单击菜单命令"编辑"→"插入控件"，弹出"创建控件"对话框，如图 4-24 所示。

图 4-24　"创建控件"对话框

2）在"创建控件"对话框内选择"趋势曲线"下的"温控曲线"控件，创建温控曲线。

4.4.3 温控曲线的属性设置

双击控件可弹出温控曲线的"属性设置"对话框，如图 4-25 所示。在此对话框中可对温控曲线的名称、刻度、设定方式、颜色设置和显示属性等基本属性进行设置，设置后可在运行画面中显示出相应效果。

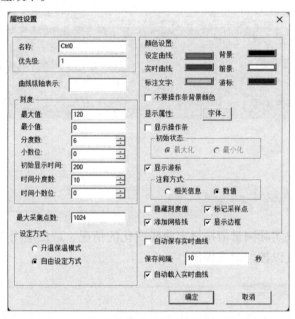

图 4-25　温控曲线的"属性设置"对话框

温控曲线常用的属性设置见表 4-8。

表 4-8　温控曲线常用的属性设置

属性	选 项	功 能
刻度	最大值	设置温控曲线纵轴坐标的最大值和最小值，设置纵轴所代表变量的变化范围
	最小值	
	分度数	指定纵轴最大坐标值与最小坐标值的等间隔数，默认为 10 等分间隔
	小数位	设置纵轴坐标刻度值的有效小数位
	初始显示时间	设置曲线横轴坐标的初始显示时间
	时间分度数	设置横轴的时间分度值，设置值越大，时间分得越细
	时间小数位	设置横轴坐标刻度值的有效小数位
设定方式	升温保温模式	不可以在温控曲线上添加设定点
	自由设定方式	可以在温控曲线上直接添加设定点
颜色设置	可以对曲线、背景等部分的颜色进行设置，最好选择辨识度较高的颜色，方便观察	
显示属性	字体	设置刻度和游标的字符串字体
	显示操作条	设置显示/隐藏曲线中的操作条，默认显示，且初始状态为最大化
	显示游标	设置显示/隐藏游标，默认显示，且注释方式为数值

需要注意的是，温控曲线的时间轴单位依赖于添加曲线的基本时间单位，例如，若以 s 为基本单位添加数据采集点，则温控曲线时间轴的单位为 s。

4.4.4 内置温控曲线工程实例

1. 工程概述

热处理工艺要求如下：先在 5 min 之内加温到 300℃，保温 10 min；然后在 5 min 之内升温到 800℃，保温 30 min；最后自然降温。

视频 4-3

内置温控曲线工程实例

2. 操作步骤

(1) 创建新工程 打开工程管理器，新建"内置温控曲线"工程。

(2) 定义变量并创建配方 在数据词典中新建 9 个变量，变量名依次为"SV1""SV2"……"SV9"，变量类型为"内存实数"；新建 9 个"内存整数"变量，变量名依次为"T1""T2"……"T9"；再新建"内存字符串"变量"RecipeName"。

创建"热处理曲线"配方的步骤如下。

1）进入已创建好的"内置温控曲线"工程，在右边命令窗口处即可看见"配方"命令，选择"新建配方"可打开配方定义窗口。

2）根据功能要求创建三个合适的配方并保存在工程文件中。"热处理曲线"配方如图 4-26 所示。

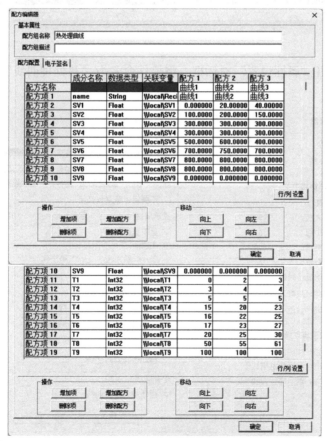

图 4-26 "热处理曲线"配方

注意："RecipeName"变量也需要在配方编辑器中与配方项关联上，最终运行时曲线名称才会对应，如图 4-26 所示的配方项 1。

（3）新建画面　新建"热处理曲线"画面，在工具箱中单击"插入控件"按钮，在"创建控件"对话框内选择"趋势曲线"下的"温控曲线"控件。

单击"温控曲线"，在画面中放置温控曲线控件，如图 4-27 所示。

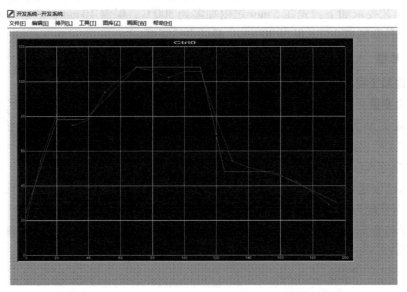

图 4-27　温控曲线控件

双击控件，弹出"属性设置"对话框，将控件命名为"热处理曲线"，详细参数设置如图 4-28 所示。

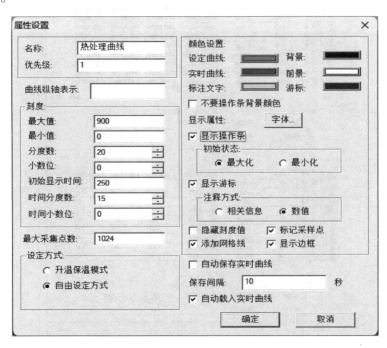

图 4-28　"属性设置"对话框

设置完温控曲线控件参数后,在画面中创建几个功能按钮以及时间和温度的变量文本,再将"SV1""SV2"……"SV9","T1""T2"……"T9""RecipeName"变量进行对应的变量关联。"热处理曲线"画面如图 4-29 所示。

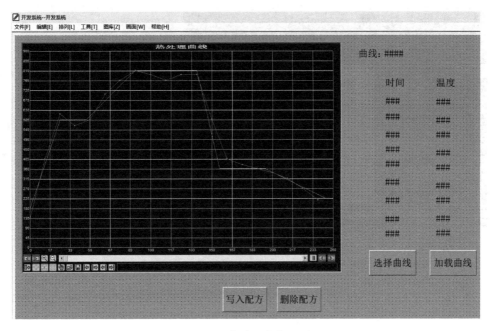

图 4-29　"热处理曲线"画面

"选择曲线"按钮"弹起时"的命令语言如下:

```
RecipeManages( 0 );
```

"加载曲线"按钮"弹起时"的命令语言如下:

```
pvClear( "热处理曲线", 0 );
pvAddNewSetPt( "热处理曲线", T1, SV1 );
pvAddNewSetPt( "热处理曲线", T2, SV2 );
pvAddNewSetPt( "热处理曲线", T3, SV3 );
pvAddNewSetPt( "热处理曲线", T4, SV4 );
pvAddNewSetPt( "热处理曲线", T5, SV5 );
pvAddNewSetPt( "热处理曲线", T6, SV6 );
pvAddNewSetPt( "热处理曲线", T7, SV7 );
pvAddNewSetPt( "热处理曲线", T8, SV8 );
pvAddNewSetPt( "热处理曲线", T9, SV9 );
```

"写入配方"按钮的命令语言如下:

```
RecipesEdit( "热处理曲线", 0 );
```

"删除配方"按钮的命令语言如下:

```
RecipesDelete( 0 );
```

(4) 运行画面　单击"切换到 view"命令,切换到运行系统,运行系统画面如图 4-30 所示。运行系统开始运行后,可以通过按钮"选择曲线"打开配方模板并选择某一曲线配方，将曲线配方中的数据调入画面中；通过按钮"加载曲线"可将已选配方的数值显示在曲线上；还可以在运行系统中对配方进行修改、删除。

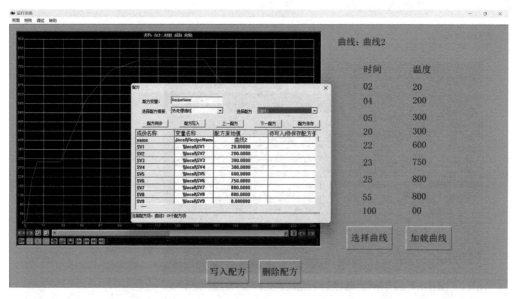

图 4-30 运行系统画面

4.5 超级 XY 曲线控件

超级 XY 曲线控件是组态王以 ActiveX 控件形式提供的 XY 曲线，与组态王内置的 XY 曲线相比，功能更强大，使用更方便，其主要优势在于提供了更加灵活方便的控件方法来实现更多的功能。该曲线控件可以同时显示 16 条曲线和每条曲线对应的 Y 轴，而且曲线可以保存、调用等，所有的功能都提供了相应的控件方法，可以根据需要灵活地在各种命令语言脚本程序中进行调用。

4.5.1 创建超级 XY 曲线

在组态王画面的工具箱中单击"插入通用控件"按钮或单击菜单"编辑"下的"插入通用控件"命令，弹出"插入通用控件"对话框，在列表中选择"KvChartXY ActiveX Control"，单击"确定"按钮，即可开始创建超级 XY 曲线。

4.5.2 设置超级 XY 曲线的属性

1. 固有属性

右击画面上创建好的控件，在弹出的快捷菜单中单击"控件属性"命令，系统弹出曲线的固有属性设置对话框，其中包括颜色、字体、标题、图例、边框、控制等属性。

2. 动画连接属性

在使用该控件之前，需要定义控件的动画连接属性。双击控件，弹出控件的"动画连接属性"对话框,在"常规"选项卡的"控件名"文本框中输入控件名,并定义控件的优先级和安全区。

4.5.3 超级 XY 曲线的使用

1. 工具条

超级 XY 曲线提供了丰富的控件方法供用户调用,另外在控件界面上提供了功能全面的工具条,用户可以利用曲线工具条功能对曲线进行属性修改、缩放、移动、保存和打印等操作。超级 XY 曲线的工具条如图 4-31 所示。

图 4-31 超级 XY 曲线的工具条

2. 常用控件方法介绍

常用控件方法见表 4-9。

表 4-9 常用控件方法

序号	控件方法	功 能	参 数	返回值
1	void Clear(short nIndex)	清除一条曲线数据	nIndex:曲线索引号	无
2	void SetXAxesRange (double XMax, double XMin)	设置 X 轴的最大值和最小值	XMax:X 轴的最大值 XMin:X 轴的最小值	无
3	void SetYAxesRange (double YMax,double YMin)	设置 Y 轴的最大值和最小值	YMax:Y 轴的最大值 YMin:Y 轴的最小值	无
4	void SetXGrids(short nGrids)	设置 X 轴的分度数	nGrids:分度数	无
5	void SetYGrids(short nGrids)	设置 Y 轴的分度数	nGrids:分度数	无

4.5.4 超级 XY 曲线工程实例

1. 工程概述

视频 4-4
超级 XY
曲线的工程实例

空气质量下降,人们的生活环境也会受到威胁,因此空气质量的指标需要定时监控,对数据进行采集和记录。由于空气质量的相关指标较多,本工程中列举三项指标进行监控,组态王中的超级 XY 曲线控件能够很好地实现这一功能。

2. 操作步骤

(1) 新建工程 在组态王工程管理器中,新建"超级 XY 曲线"工程,并将此工程设为当前工程。

(2) 定义变量 进入组态王工程浏览器,在数据词典中新建所需变量,定义变量见表 4-10。

(3) 编辑画面 在组态王开发系统中新建"超级 XY 曲线"画面,单击工具箱中的"插入通用控件"按钮或单击菜单"编辑"下的"插入通用控件"命令,弹出"插入通用控件"对话框,在列表中选择"KvChartXY ActiveX Control",单击"确定"按钮,在画面中创建"超级 XY 曲线"控件。双击控件，为控件命名为"XY"，保存画面。

表 4-10　定义变量

变量名	变量类型	初始值	最大值	最大原始值	连接设备	寄存器	数据类型	数据变化记录
光照度	I/O 整型	0	100	100	PLC	INCREA100	SHORT	0
温度	I/O 整型	0	100	100	PLC	INCREA101	SHORT	0
空气湿度	I/O 整型	100	100	100	PLC	DECREA100	SHORT	0
空气浊度	I/O 整型	100	100	100	PLC	DECREA101	SHORT	0

右击控件，在弹出的快捷菜单中单击"控件属性"命令，弹出"XY 属性"对话框。单击"坐标"选项卡，在"坐标选项卡"中对 X、Y 轴的坐标进行设置。选中"X 轴标题"选项并设置为"光照度"，最大值为 100，最小值为 0。在"Y 轴信息"选项组中，首先设置"Y Axis 0"，选中"显示 Y 轴"选项，将 Y 轴标题设为"温度"，最大值为 100，最小值为 0，"在曲线画图区水平位置"选择"左边"，并设置其为画图区边界的第 0 条纵轴；然后设置"Y Axis 1"，Y 轴标题为"湿度"，最大值为 100，最小值为 0，将其设为画图区边界的第 1 条纵轴；最后设置"Y Axis 2"，Y 轴标题为"浊度"，最大值为 100，最小值为 0，"在曲线画图区水平位置"选择"右边"，将其设为在画图区边界的第 2 条纵轴，完成后单击"更新 Y 轴信息"按钮，曲线控件上即可显示坐标轴信息。在"曲线"选项卡中，为三条坐标轴选择不同的线性样式，单击"应用"按钮，再单击"确定"按钮，控件属性设置完成，保存画面。"坐标"选项卡如图 4-32 所示，"曲线"选项卡如图 4-33 所示。

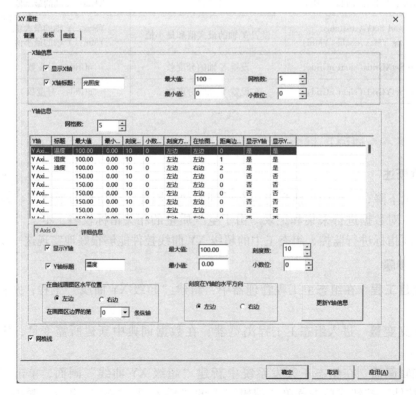

图 4-32　"坐标"选项卡

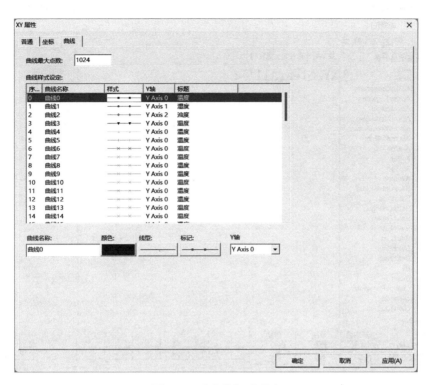

图 4-33 "曲线"选项卡

右击画面，在弹出的快捷菜单中单击"画面属性"→"命令语言"命令，在"画面命令语言"窗口中选择"显示时"选项卡，单击编辑区下方的"控件"按钮，弹出"控件属性和方法"对话框，在"控件名"处选中"XY"，在"查看类型"处选择"控件方法"，在"属性或方法"列表中选择"ClearAll"，单击"确定"按钮，"显示时"命令语言如图 4-34 所示。

切换到"存在时"选项卡，将"每 3000 毫秒"改为"每 1000 毫秒"，通过上述方法调用 AddNewPoint( ) 函数，命令语言如下：

```
XY. AddNewPoint( \\local\光照度,\\local\温度,0);
XY. AddNewPoint( \\local\光照度,\\local\空气湿度,1);
XY. AddNewPoint( \\local\光照度,\\local\空气浊度,2);
```

功能实现说明：通过调用控件的方法实现描点功能，主要用到的控件方法为：

```
void AddNewPoint( double x,double y,short nIndex);
```

此函数用于给指定曲线添加一个数据点，可以在程序开始时定义要显示的曲线。参数说明：x 为设置数据点的 X 轴坐标值；y 为设置数据点的 Y 轴坐标值；nIndex 为给出超级 XY 曲线控件中的曲线索引号，取值范围为 0~7。

为了方便数据的监控，在画面中添加文本"光照度""温度""空气湿度""空气浊度"，并将其对应的文本"###"通过动画连接在"模拟值输出"处关联变量，用于实时监控数值的变化。编辑完成后保存画面。"超级 XY 曲线"画面如图 4-35 所示。

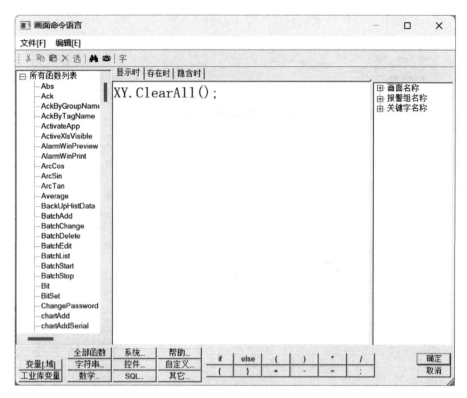

图 4-34　"显示时"命令语言

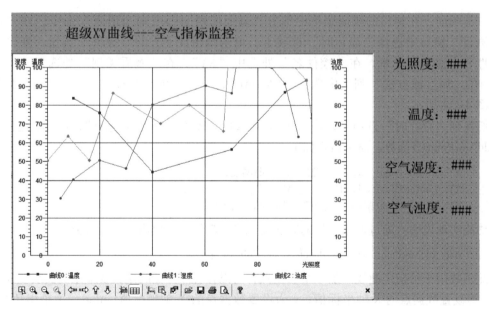

图 4-35　"超级 XY 曲线"画面

（4）运行画面　单击"切换到 view"命令，切换到运行系统，运行系统画面如图 4-36 所示。

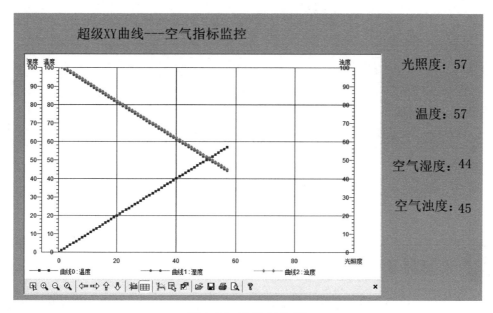

图 4-36 运行系统画面

4.6 本章小结

本章主要介绍了历史趋势曲线、配方管理、内置温控曲线和超级 XY 曲线四个部分的内容，对曲线的控件方法及控件函数的使用进行了详细说明，每一部分给出了有实际意义的工程实例，以便读者上机操作学习。组态王的趋势曲线、温控曲线和超级 XY 曲线为用户提供了实时数据和历史数据的直观显示形式以及简单实用的数据分析方法。

4.7 课后习题

1. 简单介绍一下组态王曲线。
2. 组态王提供了哪几种形式的趋势曲线？
3. 使用组态王的历史趋势曲线控件时，如何实现控件右侧时间自动更新为系统的当前时间？
4. 组态王的趋势曲线控件显示的是百分比量程，请问能否显示工程的实际量程？
5. 使用组态王趋势曲线控件时，控件属性设置没有问题，但为何看不到曲线？
6. 在组态王画面上添加一个趋势曲线控件，如何修改控件的背景颜色？

5.1　本章导学

本章将聚焦于报警和事件系统，这是监控系统中的关键组件，负责监测异常情况并将其记录在内存缓冲区中，当满足特定条件时，将数据存储至文件或数据库中。用户可以通过软件界面直观地查看报警和事件信息，以掌握系统的行为和操作情况。本章将详细讲解如何操作报警窗口、使用事件转发控件，以及记录报警信息的方法。此外，通过实际案例，读者将学习如何定义、观察、记录报警和事件，并运用系统预置函数进行管理，全面提升读者对报警和事件系统的掌控能力。

5.2　报警和事件概述

报警是指当系统中某些量的值超过了所规定的界限时，系统自动产生相应警告信息，表明该量的值已经超限，提醒操作人员。事件是指用户对系统的行为、动作，例如用户修改了某个变量的值，用户的登录、注销，以及站点的启动、退出等。

组态王中对报警和事件的处理方法是：当报警和事件发生时，组态王把这些信息存于内存缓冲区中，报警和事件在缓冲区中以先进先出的队列形式存储，所以只有最近的报警和事件在内存中。当缓冲区达到指定数目或记录定时时间到时，系统自动将报警和事件信息进行记录。报警的记录可以是文本文件、开放式数据库或打印机。另外，用户可以从人机界面提供的报警窗中查看报警和事件信息。

5.3　报警定义

5.3.1　定义报警组

在监控系统中，为了方便查看、记录和区别，往往要将变量产生的报警信息归到不同的组中，即使变量的报警信息属于某个规定的报警组。报警组是按树状组织的结构，默认只有一个根节点，默认名为"RootNode"（可以改成其他名字）。可以通过报警组定义对话框为这个结构加入多个节点和子节点。报警组结构如图 5-1 所示。

组态王中最多可以定义 512 个节点的报警组。通过报警组名可以按组处理变量的报警。定义报警组后，组态王会按照定义报警组的先后顺序为每一个报警组设定一个 ID（标识）号。在工程浏览器中单击"系统"→"数据库"→"报警组"命令；在左侧内容框里双击"请双击这里进入<报警组>对话框"图标，出现"报警组定义"对话框；选中"RootNode"（默认为选中状态），单击"增加"按钮，弹出"增加报警组"对话框，如图 5-2 所示，在对话框内输入"反应车间"。

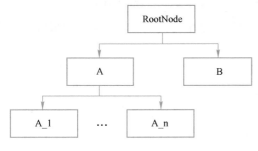

图 5-1　报警组结构 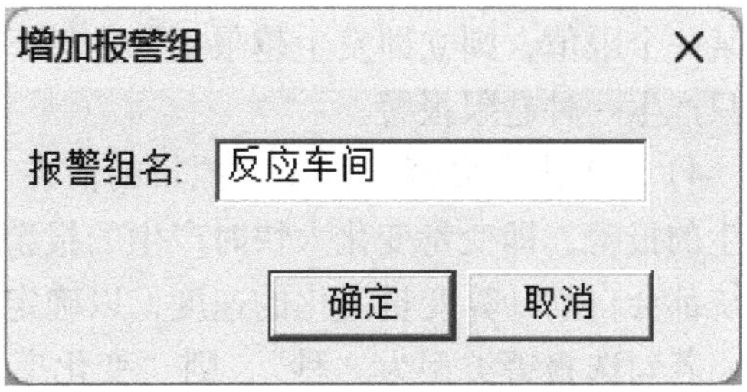　　　　　　　　　　图 5-2　"增加报警组"对话框

单击"确定"按钮后，"RootNode"报警组下会出现一个"反应车间"报警组节点。选中"RootNode"报警组，单击"增加"按钮，输入"炼钢车间"并确定后，"RootNode"报警组下会再出现一个"炼钢车间"报警组节点。选中"反应车间"报警组，单击"增加"按钮，输入"液位"并确定后，"反应车间"报警组下会出现一个"液位"报警组节点。最后在"报警组定义"对话框中单击"确定"按钮，完成整个定义过程，报警组如图 5-3 所示。

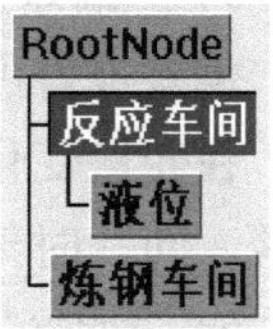

图 5-3　报警组

5.3.2　定义变量的报警属性

在组态王工程浏览器中单击"数据库"→"数据词典"命令，新建一个变量或双击一个原有变量，在弹出的"定义变量"对话框中单击"报警定义"标签，如图 5-4 所示。

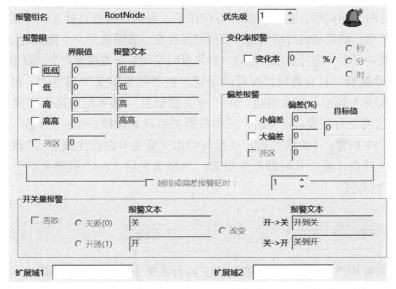

图 5-4　"报警定义"标签

"报警定义"选项卡中的相关功能介绍如下。

1）单击"报警组名"后的按钮，会弹出"选择报警组"对话框，该对话框中列出了所有已定义的报警组，选择其一确认后，该变量的报警信息就属于当前选择的报警组。

2）"优先级"主要是指报警的级别，有利于操作人员区别报警的紧急程度。报警优先级的范围为 1~999，1 为最高，999 为最低。

3）"报警限"是指模拟量的值在跨越规定的高低报警限时产生的报警。

越限类型的报警可以定义其中一种、任意几种或全部类型。当变量值发生变化时，若跨越某一个限值，则立即发生越限报警。对于一个变量，某个时刻只可能跨越一种报警限，因此只产生一种越限报警。

4）"变化率报警"是指模拟量的值在一段时间内产生变化的速度超过了指定的数值而产生的报警，即变量变化太快时产生的报警。在系统运行过程中，每当变量发生一次变化，系统都会自动计算变量变化的速度，以确定是否产生报警。其中报警类型单位对应的值定义为：若勾选报警类型为"秒"，则"变化率"的值为 1；若勾选报警类型为"分"，则"变化率"的值为 60；若勾选报警类型为"时"，则"变化率"的值为 3600。取结果整数部分的绝对值作为计算结果，若计算结果大于或等于变化率报警极限值，则立即产生报警。当变化率小于变化率报警极限值时，报警恢复。

5）"偏差报警"是指模拟量的值相对目标值上下波动超过指定的变化范围时产生的报警。偏差报警可以分为小偏差报警和大偏差报警两种，使用时可以按照需要定义一种或两种。在变量变化的过程中，当波动的数值超出大、小偏差范围时，产生大偏差报警或小偏差报警，同一时刻不会产生两种类型的偏差报警。

6）"死区"的作用是为了防止变量的值在报警限上下频繁波动时产生许多不真实的报警，在原报警限上下增加一个报警限的阈值，使原报警限界线变为一条报警限带，当变量的值在报警限带范围内变化时，不会产生和恢复报警，而一旦超出该范围，才产生报警信息。这对消除波动信号的无效报警有积极的作用。

7）"越限或偏差报警延时"是指对系统当前产生的报警信息并不提供显示和记录，而是进行延时，在延时时间到后，如果该报警不存在了，表明该报警可能是一个误报警，不用理会，系统自动清除；如果延时时间到后，该报警还存在，表明这是一个真实的报警，系统会将其添加到报警缓冲区中，进行显示和记录。如果延时期间有新的报警产生，就重新开始延时。

8）"开关量报警"只有离散型变量能设置。在"报警定义"标签中，报警组名、优先级和扩展域的定义与模拟量定义相同。在"开关量报警"选项组内选择"离散"选项，三种报警类型的选项变为有效。定义时，三种报警类型只能选择一种："开通"表示变量的值由 0 变为 1 时产生报警；"关断"表示变量的值由 1 变为 0 时产生报警；"改变"表示变量的值由 0 变为 1 或由 1 变为 0 时都产生报警。选择完成后，在"报警文本"中输入不多于 15 个字符的类型说明。

5.4　事件类型

事件是不需要用户应答的。事件在组态王运行系统中人机界面的输出显示通过历史报警窗实现。根据组态王中操作对象和方式等的不同，事件分为以下四类。

1）"操作事件"是指用户对有"生成事件"定义的变量的值或其域的值进行修改时，系统产生的事件。例如，修改重要参数的值、报警限值或变量的优先级等。这里需要注意的是，同报警一样，字符串型变量和字符串型的域的值的修改不能生成事件。操作事件可以进行记录，使用户了解当时的值是多少，修改后的值是多少。

2）"用户登录事件"是指用户登录系统时产生的事件。系统中的用户可以在工程浏览器的"用户配置"菜单中进行配置，例如用户名、密码和权限等。当用户登录时，若登录成功，则产生"登录成功"事件；若登录失败或取消登录过程，则产生"登录失败"事件；若用户退出登录状态，则产生"注销"事件。

3）"工作站事件"是指某个工作站站点上的组态王运行系统的启动和退出事件，包括单机和网络。组态王运行系统启动，产生工作站启动事件；运行系统退出，产生退出事件。

4）如果变量是 I/O 变量，变量的数据源为 DDE 或 OPC 服务器等应用程序，对变量定义"生成事件"属性后，当采集到的数据发生变化时，产生该变量的应用程序事件。

5.4.1 报警记录与显示

组态王中提供了多种报警记录和显示的方式，如报警窗口、数据库和打印机等。

组态王运行系统中报警的实时显示通过报警窗口实现。报警窗口分为两类：实时报警窗和历史报警窗。实时报警窗主要显示当前系统中存在的符合报警窗显示配置条件的实时报警信息和报警确认信息，当某一报警恢复后，不再在实时报警窗中显示。实时报警窗不显示系统中的事件。历史报警窗显示当前系统中符合报警窗显示配置条件的所有报警和事件信息。报警窗口中最大显示的报警条数取决于报警缓冲区的大小。

1. 报警缓冲区的大小设置

报警缓冲区是系统在内存中开辟的用户暂时存放系统产生的报警信息的空间，其大小是可以设置的。在组态王工程浏览器中选择"系统配置"→"报警配置"命令，双击后弹出"报警配置"对话框，在对话框的右上角为"报警缓冲区的大小"设置项，如图 5-5 所示。报警缓冲区的大小设置值按存储的信息条数计算，值的范围为 1~10000。报警缓冲区的大小设置直接影响着报警窗口显示的信息条数。

2. 创建报警窗口

在组态王中新建画面并打开，在工具箱中单击"报警窗口"按钮，或单击菜单"工具"→"报警窗口"命令，鼠标指针变为十字形单线，在画面适当位置按下鼠标左键并拖动，绘出一个矩形框，当矩形框大小符合报警窗口大小要求时，松开鼠标左键，报警窗口创建成功，如图 5-6 所示。

图 5-5 "报警缓冲区的大小"设置项

图 5-6 报警窗口

3. 配置实时报警窗和历史报警窗

双击报警窗口，弹出报警窗口配置对话框，如图 5-7 所示。首先显示的是"通用属性"选项卡，该选项卡中有一个"实时报警窗"和"历史报警窗"的选项，选择当前报警窗口是哪一个类型：若选择"实时报警窗"选项，则当前报警窗口将成为实时报警窗；若选择"历史报警窗"选项，则当前报警窗口将成为历史报警窗。实时报警窗和历史报警窗的配置选项大多数相同。在本节的说明中，若没有特殊说明，则配置选项为通用选项。

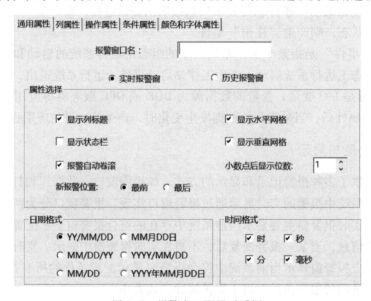

图 5-7　报警窗口配置对话框

"列属性"选项卡主要配置报警窗口显示哪些列，以及这些列的顺序；"操作属性"选项卡可以设置"操作安全区""操作分类""允许报警确认""显示工具条"和"允许双击左键"；"条件属性"标签中的内容在运行期间可以在线修改，包括"报警服务器名""报警信息源站点""优先级""报警组名""报警类型"和"事件类型"；"颜色和字体属性"标签是设置报警窗口的报警和事件信息显示的字体颜色、字体型号和字体大小等。

4. 运行系统中报警窗口的操作

若报警窗口配置中选择了"显示工具条"和"显示状态栏"选项，则运行时的标准报警窗口显示如图 5-8 所示。标准报警窗口共分为三个部分：工具条、报警和事件信息显示部分、状态栏。状态栏共分为三栏：第一栏显示当前报警窗口中显示的报警的数目；第二栏显示新报警出现的位置；第三栏显示报警窗的滚动状态。运行系统中的报警窗口可以按需要配置工具条和状态栏。

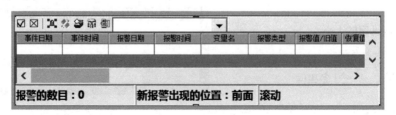

图 5-8　标准报警窗口显示

5. 报警窗口单击事件转发控件使用说明

1）报警窗口单击事件转发控件：当用户单击报警窗口中的某条报警（报警窗口单击事件发生）时，可以通过报警窗口单击事件转发控件"KvAlmWinEv Control"来获得报警窗口内某条报警的报警时间、报警类型和报警值等信息。

2）创建报警窗口单击事件转发控件：单击工具箱中的"插入通用控件"按钮，在列表中选择"KvAlmWinEv Control"添到画面中，该控件在画面上显示为灰色方块。

3）报警窗口单击事件转发控件的使用：双击"KvAlmWinEv Control"控件，在"事件"标签中关联函数，如图 5-9 所示，在"控件事件函数"命令语言中调用控件。

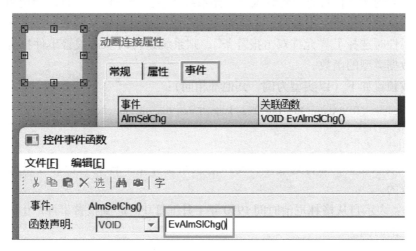

图 5-9　关联函数

6. 系统的报警信息的记录

系统的报警信息可以记录到文本文件中，用户可以通过这些文本文件查看报警记录，文本文件的记录时间段、记录内容和保存期限等都可定义。打开组态王工程管理器，在工具条中单击"报警配置"命令，或双击菜单命令"系统配置"→"报警配置"，弹出"报警配置属性页"对话框。对话框中的设置有"记录内容选择""记录报警目录""当前工程路径""指定""文件记录时间""起始时间""文件保存时间""报警组名称"和"优先级"。

当规定报警和事件信息输出时，同时可以规定输入的内容和每项内容的长度，这就是格式配置，格式配置在文件输出、数据库输入和打印输出中都相同，如图 5-10 所示。

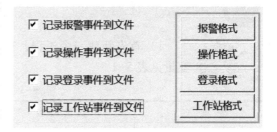

图 5-10　格式配置

在"数据库配置"选项卡中，可将组态王产生的报警和事件信息通过 ODBC 记录到开放式数据库如 Access、SQL Server 等中。在使用该功能之前，应该做些准备工作：首先在数据库中建立相关的数据表和数据字段，然后在系统控制面板的 ODBC 数据源中配置一个数据源［用户 DSN（数据源名称）或系统 DSN］，该数据源可以定义用户名和密码等权限。

在"打印配置"选项卡中，可将组态王产生的报警和事件信息通过计算机并口实时打印出来。打印时，某一条记录中间的各个字段以"/"分开，每个字段包含在"<>"内，并且字段标题与字段内容之间用冒号分隔，两条报警信息之间以虚线分隔。

5.4.2　反应车间的报警系统设置

在组态王自定义函数中，有三个系统预置的报警自定义函数，分别为实型变量报警事件（$System_RealAlarm）、整型变量报警事件（$System_LongAlarm）和离散型变量报警事件（$System_DiscAlarm）预置自定义函数。

自定义函数的调用执行有两种方式：一是系统产生报警事件后会自动调用相应数据类型的函数，如当整型变量产生报警时，系统自动调用整型预置自定义函数；二是若在配置报警窗口的操作属性时选择了"允许双击报警条"，则系统运行时双击报警事件报警条，也会自动调用相应数据类型的函数。

实型函数预置如下（以实型为例，其他都相同）：

```
void $System_RealAlarm(RealTag rTag, long nTime, long nEvent, long nAction)
{

}
```

① rTag：表示变量，即普通变量，与组态王系统变量一样具有值和变量所有的域，这些值都是只读的。

② nTime：表示自从格林尼治时间 1970 年 1 月 1 日 0 时起到报警事件产生时的秒数，是报警事件产生的时间。

③ nEvent：表示当前产生或双击报警窗口时的报警类型，其返回值如下：0 为报警；1 为恢复；2 为确认。

④ nAction：为 1 时表示双击报警条，为 0 时表示产生报警事件。

⑤ 预置自定义函数体初始内容为空，需要用户在里面添加命令语言。利用报警预置自定义函数可以使用户在报警产生后进行一些处理。

5.5　声光报警工程实例

视频 5-1
声光报
警工程实例

1）首先新建一个工程，打开工程，在数据词典中新建三个变量，定义变量见表 5-1。

表 5-1　定义变量

变　量　名	变　量　类　型	初　始　值
温度	内存整数	—
喇叭	内存整数	—
灯	内存离散	开

2）新建一个"声光报警"画面并打开。画面设计如图 5-11 所示。步骤：使用工具箱中的"圆角矩形"画出游标管（高 400）、喇叭背，使用"多边形"画出游标杆、喇叭口，使用"直线"和"文本"画出游标尺，合成组合图素；从"图库"选择一个状态灯放置到画面中。

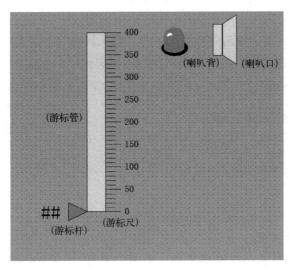

图 5-11 画面设计

3）双击文本"##"，设置"模拟值输出"和"垂直移动"动画连接。具体设置如下。

①"模拟值输出"设置：

• 表达式为"\\local\温度"。

• 输出格式：整数位数为 3；对齐居中；显示格式为十进制。

②"垂直移动"设置：

• 表达式为"\\local\温度"。

• 移动距离：向上为 400；向下为 0。

• 对应值：最上边为 400；最下边为 0。

4）双击游标杆，设置"垂直"动画连接。具体设置如下。

• 表达式为"\\ local \温度"。

• 移动距离：向上为 400；向下为 0。

• 对应值：最上边为 400；最下边为 0。

5）双击游标尺，设置"填充"动画连接。具体设置如下。

• 表达式为"\\ local \温度"。

• 最小填充高度：对应值为 400；占据百分比为 0。

• 最大填充高度：对应值为 0；占据百分比为 100%。

• 填充方向：向上。

6）双击指示灯，设置属性。具体设置如下。

• 变量名为"\\ local \灯"。

• 颜色设置：正常色为绿色；报警色为红色。

• 闪烁：闪烁条件为"\\ local \温度>350"；闪烁速度为 100。

7）双击喇叭口，设置"缩放"动画连接。具体设置如下。

• 表达式为"\\ local \喇叭"。

• 最小时：对应值为 0；占据百分比为 0。

- 最大时：对应值为 10；占据百分比为 100%。
- 变化方向：向左。

8）在画面灰色处右击，单击弹出菜单中的"画面属性"→"命令语言"命令，设置时间为"每 100 毫秒"，在"存在时"编辑区中写入下面程序：

```
if( \\local\温度>350)
{
    \\local\喇叭 = \\local\喇叭+1;
    if( \\local\喇叭 = = 11)
    {
        \\local\喇叭 = 0;
    }
}
else
    \\local\喇叭 = 10;
```

9）保存画面，回到工程浏览器界面，单击"系统"→"文件"→"命令语言"→"事件命令语言"命令，双击添加一个"事件命令语言"。

① "事件描述"：

```
\\local\温度>350
```

② "发生时"程序：

```
PlaySound("报警.wav",3);
```

③ "消失时"程序：

```
PlaySound("",0);
```

10）在工程目录（如"C:\声光报警举例"）下添加一段名字为"报警"的报警音乐，格式为 MAV。

11）回到工程浏览器，单击"配置"→"运行系统"命令，在"主画面配置"中选中"声光报警"，在"特殊"中设置运行系统基准频率为 100 ms，单击"确定"按钮返回工程浏览器。单击"VIEW"按钮进入运行系统。可以往上拖动游标杆模拟温度的变化，当温度大于 350 时，指示灯闪烁，喇叭口缩放变化，并可以听到报警音乐；当温度小于 350 时，恢复正常。

5.6　蜂鸣器报警工程实例

1）首先新建一个工程，打开工程，在数据词典中新建一个变量，变量名为"温度"，变量类型为"内存整数"。

视频 5-2
蜂鸣器
报警工程实例

2）打开"蜂鸣器"文件夹，根据说明安装蜂鸣器控件。本控件有三个参数：

① Sart：Long 型，为 1 时蜂鸣。

② Freq：Long 型，发生频率，50～40000 Hz，默认为 3200 Hz。

③ Duration：Long 型，发声间隔，50～1000 ms，默认为 100 ms。

3）新建一个"蜂鸣器报警"画面并打开，画面设计如图 5-12 所示。步骤：单击工具箱中的"插入通用控件"按钮，找到蜂鸣器控件（King-ViewBeep. KingView）双击添加至画面中；从"图库"的仪表中选择一个添加至画面中；双击蜂鸣器控件，将控件名改为"报警"。

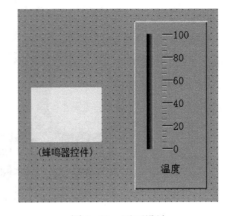

图 5-12 画面设计

4）双击仪表，变量名选择"\\local\温度"，标签改为"温度"，回到画面并保存。右击画面灰色处，在弹出菜单中单击"画面属性"→"命令语言"命令，设置时间为"每 100 毫秒"，在"存在时"编辑区写入下面程序：

```
\\local\温度 = \\local\温度 + 1;
if ( \\local\温度 >= 80 )
    蜂鸣器 . Sart = 1;
else
    蜂鸣器 . Sart = 0;
if ( \\local\温度 >= 100 )
    \\local\温度 = 0;
```

5）再次保存画面，回到工程浏览器，单击"配置"→"运行系统"命令，在"主画面配置"中选中"蜂鸣器报警"，在"特殊"中设置运行系统基准频率为 100 ms，单击"确定"按钮返回工程浏览器。单击"VIEW"按钮进入运行系统，可以看到仪表的显示数据在慢慢上升，当超过 80 时，可以听到滴滴声。

5.7 语音报警工程实例

1）首先新建一个工程，打开工程，在数据词典中新建四个变量，定义变量见表 5-2。

视频 5-3
语音报
警工程实例

表 5-2 定义变量

变 量 名	变量类型	初 始 值	最 小 值	最 大 值	报警定义
大水池液位	内存整数	500	0	1000	低 100，高 900
小水池液位	内存整数	250	0	500	—
管道	内存整数	—	-10	10	—
状态	内存整数	—	—	—	—

2）新建"液位语音报警"画面，画面设计如图 5-13 所示。

3）分别双击两个小水池，设置"填充"动画连接。

① 表达式为"\\local\小水池液位"。

② 最小填充高度：对应值为 0；占据百分比为 0。

③ 最大填充高度：对应值为 500；占据百分比为 100%。

④ 填充方向：向下。

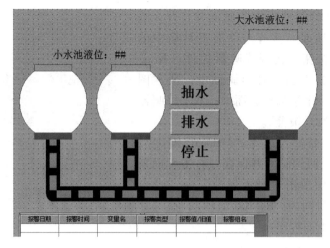

图 5-13　画面设计

4）双击大水池，设置"填充"动画连接。

① 表达式为"\\local\大水池液位"。

② 最小填充高度：对应值为 0；占据百分比为 0。

③ 最大填充高度：对应值为 1000；占据百分比为 100%。

④ 填充方向：向下。

5）双击按钮"抽水"，在命令语言"按下时"编辑区写入下面程序：

```
\\local\状态 = 1;
```

6）双击按钮"排水"，在命令语言"按下时"编辑区写入下面程序：

```
\\local\状态 = 2;
```

7）双击按钮"停止"，在命令语言"按下时"编辑区写入下面程序：

```
\\local\状态 = 0;
```

8）双击显示小水池液位的文本"##"，选择"模拟值输出"动画连接，整数位数为 3，小数位数为 0，表达式为"\\local\小水池液位"。

9）双击显示大水池液位的文本"##"，选择"模拟值输出"动画连接，整数位数为 3，小数位数为 0，表达式为"\\local\大水池液位"。

10）分别双击两节水管，设置"流动"动画连接，流动条件为"\\local\管道"。

11）双击报警窗口，设置报警窗口名为"报警"，并勾选"实时报警窗"。

12）准备两段音乐作为语音，音乐格式为 WAV，放到工程文件夹内。

13）双击"应用程序命令语言"选项，将时间改为"每 55 毫秒"，在"存在时"编辑区写入以下程序：

```
if (状态 = = 0)
{
    管道 = 0;
}
if (状态 = = 1)
{
```

```
        小水池液位=小水池液位+1;
        大水池液位=大水池液位-2;
        if(大水池液位==0)
            管道=0;
        else
            管道=10;
    }
    if(状态==2)
    {
        小水池液位=小水池液位-1;
        大水池液位=大水池液位+2;
        if(小水池液位==0)
            管道=0;
        else
            管道=-10;
    }
```

14）双击"事件命令语言"选项，事件描述为"大水池液位<100‖大水池液位>900"。
① 在"发生时"编辑区写入以下程序：

```
if(大水池液位<100)
    PlaySound("警报.wav",2);
if(大水池液位>900)
    PlaySound("小黄人.wav",2);
```

② 在"消失时"编辑区写入以下程序：

```
PlaySound("",0);
```

15）在工程浏览器界面，单击"配置"→"运行系统"命令，在"主画面配置"中选择"液位语音报警"，在"特殊"中设置运行系统基准频率为 55 ms。返回工程浏览器界面，单击"VIEW"按钮进入运行系统，单击按钮"抽水"，大水池的水位下降，当低于 100 时可以听到音乐并显示报警；单击按钮"排水"，大水池的水位上升，当高于 900 时可以听到音乐并显示报警；单击按钮"停止"，大水池停止运作。运行系统画面如图 5-14 所示。

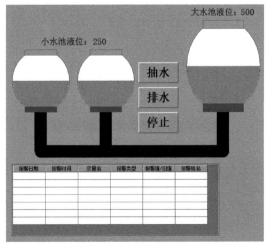

图 5-14 运行系统画面

5.8　本章小结

本章主要讲述了组态王中报警和事件的使用。报警和事件的主要作用是提醒操作人员，方便操作人员的管理和查看。报警主要检测的是变量的值是否超出允许范围，而事件主要检测的是变量操作是否发生。使用报警和事件时，首先要对其进行定义，其次通过控件或者数据库等对其进行观察和记录。对于数据库及其他的控件的使用，将在后面章节中具体介绍。

5.9　课后习题

1. 请分别概述报警和事件。
2. 事件有哪些分类？
3. 在"报警和事件"画面中绘制一个报警窗口。
4. 报警窗口有哪些分类？其主要功能是什么？
5. 在组态王自定义函数中，有三个系统预置的报警自定义函数，分别是什么？
6. 自定义函数调用执行的两种方式是什么，请详细说明。

6.1　本章导学

本章主要介绍组态王中报表系统及日历控件的使用，包括报表基本功能、报表函数应用、日历控件的基本属性设置和实现日报表工程实例。通过本章的学习，可以详细了解组态王中报表系统及日历控件的使用方法，以后应用于各种报表数据处理中。

6.2　创建报表

创建报表是学习组态王报表系统的基础，只有学会创建报表才能更好地深入学习。

6.2.1　创建报表窗口

打开组态王软件后，新建一个画面；找到工具箱中的"报表窗口"按钮，单击"报表窗口"按钮后鼠标指针变成十字形，在画面上画一个矩形框，报表窗口就放到画面上了。可任意移动、缩放报表窗口。创建报表窗口如图 6-1 所示。

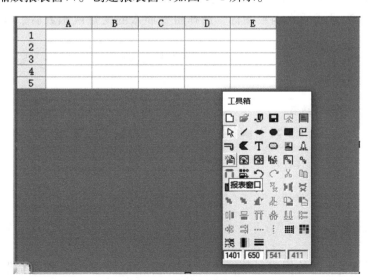

图 6-1　创建报表窗口

6.2.2　配置报表窗口属性

双击空白报表后，弹出"报表设计"对话框，可为报表控件命名，可根据需要设置报表的行数和列数。如图 6-2 所示，报表控件名为"Report0"，报表的行数和列数都为 5，单击"确认"按钮即可完成设置。

图 6-2　"报表设计"对话框

6.2.3　报表工具箱说明

1）单击报表任意单元格即可在组态画面中看到报表工具箱，如图 6-3 所示。

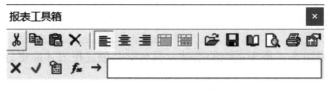

图 6-3　报表工具箱

2）选择两个及以上单元格可进行单元格的合并和拆分。

3）单击对应的单元格可向其输入文字，也可选择文字在单元格中的对齐方式。

4）单击保存图标可将报表保存到指定的目录中。

5）单击插入变量或插入函数图标，选择将要插入的变量或函数后，单击"√"按钮即可。

注意：插入变量或插入函数时，必须在变量或函数前加"="号，如图 6-4 所示，否则在运行系统中无法显示变量数据。

图 6-4　插入变量

6.3　报表函数

组态王中提供了丰富的报表函数，每种函数都有特定的功能，熟练掌握并应用这些函数，将极大地提高操作报表的便捷性和效率。

6.3.1 报表内部函数

（1）**ReportGetCellString( )** 该函数属于报表专用函数，用于获取指定报表中指定单元格的文本，使用格式如下：

> ReportGetCellString（"报表名"，指定行号，指定列号）；

（2）**ReportGetCellValue( )** 该函数属于报表专用函数，用于获取指定报表中指定单元格的数值，使用格式如下：

> ReportGetCellValue（"报表名"，指定行号，指定列号）；

（3）**ReportSaveAs( )** 该函数属于报表专用函数，用于将报表按照所给的文件名存储到指定路径下，可以将报表文件保存为 RTL、XLS 和 CSV 三种格式，使用格式如下：

> ReportSaveAs（"报表名"，"指定路径 \ 文件名 . 格式"）；

（4）**ReportLoad( )** 该函数属于报表专用函数，用于将指定路径下的报表读到当前报表中，使用格式如下：

> ReportLoad（"报表名"，"指定路径\文件名 . 格式"）；

（5）**ReportSetCellString( )** 该函数属于报表专用函数，用于将指定字符串赋给指定报表中的指定单元格，使用格式如下：

> ReportSetCellString（"报表名"，指定行号，指定列号，指定字符串）；

（6）**ReportSetCellString2( )** 该函数属于报表专用函数，用于将指定字符串赋给指定报表中的指定区域，使用格式如下：

> ReportSetCellString2（"报表名"，指定开始行号，指定开始列号，指定终止行号，指定终止列号，指定字符串）；

（7）**ReportSetCellValue( )** 该函数属于报表专用函数，用于将指定数据赋给指定报表中的指定单元格，使用格式如下：

> ReportSetCellValue（"报表名"，指定行号，指定列号，指定数据）；

（8）**ReportSetCellValue2( )** 该函数属于报表专用函数，用于将指定数据赋给指定报表中的指定区域，使用格式如下：

> ReportSetCellValue2（"报表名"，指定开始行号，指定开始列号，指定终止行号，指定终止列号，指定字符串）；

（9）**ReportGetColumns( )** 该函数属于报表专用函数，用于获取指定报表的行数，使用格式如下：

> ReportGetColumns（"报表名"）；

（10）**ReportGetRows( )** 该函数属于报表专用函数，用于获取指定报表的列数，使用格式如下：

> ReportGetRows（"报表名"）；

6.3.2　报表历史数据查询函数

（1）ReportSetHistData（） 该函数属于报表专用函数，用于依据给定的参数进行历史数据查询，使用格式如下：

ReportSetHistData（"报表名"，指定参数，查询开始时间，查询时间间隔，查询填充的单元范围）；

（2）ReportSetHistData2（） 该函数属于报表专用函数，用于查询历史数据，使用格式如下：

ReportSetHistData2（指定表起始行号，指定表起始列号）；

6.3.3　报表打印函数

（1）ReportPageSetup（） 该函数属于报表专用函数，用于在运行状态下对指定报表进行页面设置，使用格式如下：

ReportPageSetup（"报表名"）；

（2）ReportPrintSetup（） 该函数属于报表专用函数，用于在运行状态下对指定报表进行打印预览，并可以输出到打印配置中指定的打印机上进行打印，使用格式如下：

ReportPrintSetup（"报表名"）；

（3）ReportPrint2（） 该函数属于报表专用函数，用于在运行状态下将指定报表输出到打印配置中指定的打印机上进行打印，使用格式如下：

ReportPrint2（"报表名"）；

6.4　日历控件使用说明

6.4.1　日历控件的插入

在组态王新建的画面中，单击工具箱中的"插入通用控件"按钮，选择"其他控件"，在列表中选择"Microsoft Date and Time Picker Control"日历控件，单击"确定"按钮，在画面中拖动鼠标指针画出日历控件，如图 6-5 所示。

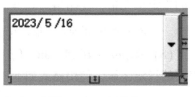

图 6-5　日历控件

6.4.2　日历控件属性和事件

要使用日历控件，必须对日历控件的属性进行设置，并了解日历控件的事件应用。

1. 日历控件属性

右击日历控件，选择控件属性，即可弹出日历控件属性设置对话框，如图 6-6 所示。日历控件的属性详细介绍见表 6-1。

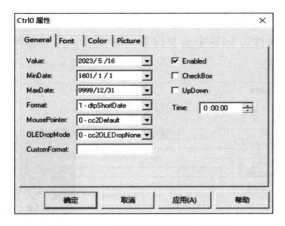

图 6-6　日历控件属性设置对话框

表 6-1　属性详细介绍

属　　性	设　置　内　容
General	当前系统时间（Value）、最大显示时间（MaxDate）、最小显示时间（MinDate）和时间显示格式（Format），其他项为默认
Font	日历控件显示字体属性
Color	日历控件显示颜色属性
Picture	此项在组态王中已固定，无法设置

2. 动画连接属性

双击日历控件，弹出日历控件的"动画连接属性"对话框，如图 6-7 所示，单击"事件"标签。

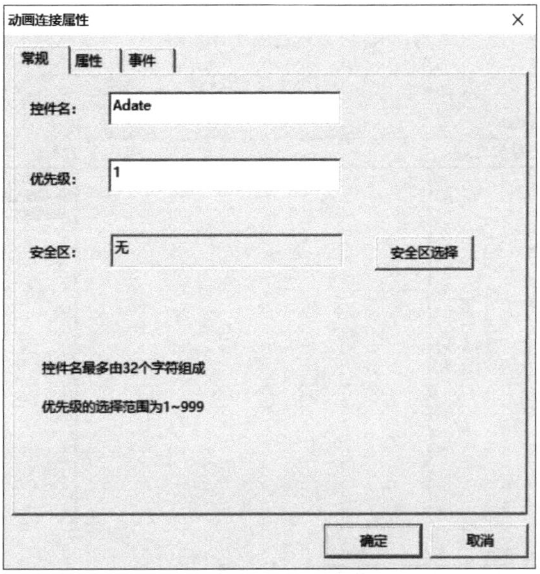

图 6-7　"动画连接属性"对话框

在"动画连接属性"对话框中可对日历控件命名，我们在日历控件属性设置对话框中已设置，所以无须在"属性"标签中重复设置。单击"事件"标签，即可看到日历控件的所有事件，如图 6-8 所示。

图 6-8　日历控件的所有事件

组态王中常用以下两个事件。

① Change：选择时间时使用。

② CloseUp：选择日期时使用。

双击对应事件的空白格可进入如图 6-9 所示"控件事件函数"窗口。

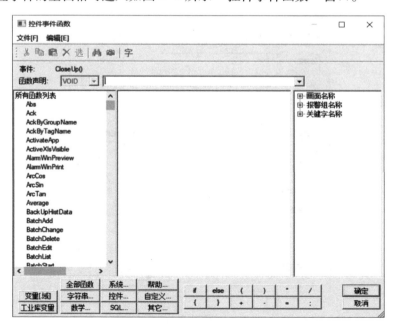

图 6-9　"控件事件函数"窗口

3. 控件属性和方法选择

在函数声明处为函数命名，如"CloseUp( )"；单击编辑窗口下方的"控件"按钮，弹出"控件属性和方法"对话框，在控件名称中选择"Adate"日历控件，在查看类型中选择"控件属性"选项，如图 6-10 所示。

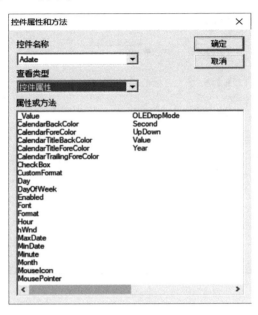

图 6-10　"控件属性和方法"对话框

6.5　利用报表历史数据查询函数实现历史数据查询实例

6.5.1　功能概述

利用报表历史数据查询函数实现对水深度、水压和水温的历史数据查询，且可以实现打印报表的功能。

视频 6-1
利用报表历史
数据查询函数实
现历史数据查询实例

6.5.2　变量定义

定义变量值参考见表 6-2。

表 6-2　定义变量值参考

变量名	变量类型	初始值	最小值	最大值	连接设备	寄存器	数据类型	变化灵敏
水深度	I/O 整数	0	0	100	PLC1	INCREA100	SHORT	0
水压	I/O 整数	0	0	100	PLC1	DECREA101	SHORT	0
水温	I/O 整数	0	0	50	PLC1	DECREA50	SHORT	0

在"定义变量"对话框中单击"记录和安全区"选项卡即可设置数据变化灵敏度，如图 6-11 所示。

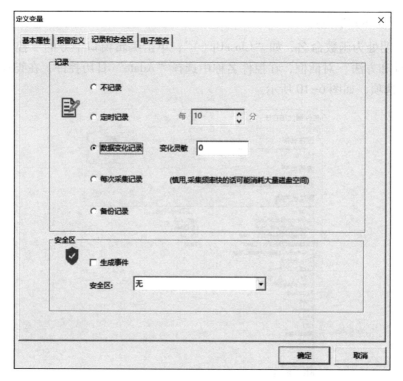

图 6-11　设置数据变化灵敏度

　　要注意的是，"基本属性"选项卡"状态"选项组中的"保存数值"选项必须勾选，否则将无法查询变量的历史数据。变量定义举例如图 6-12 所示。

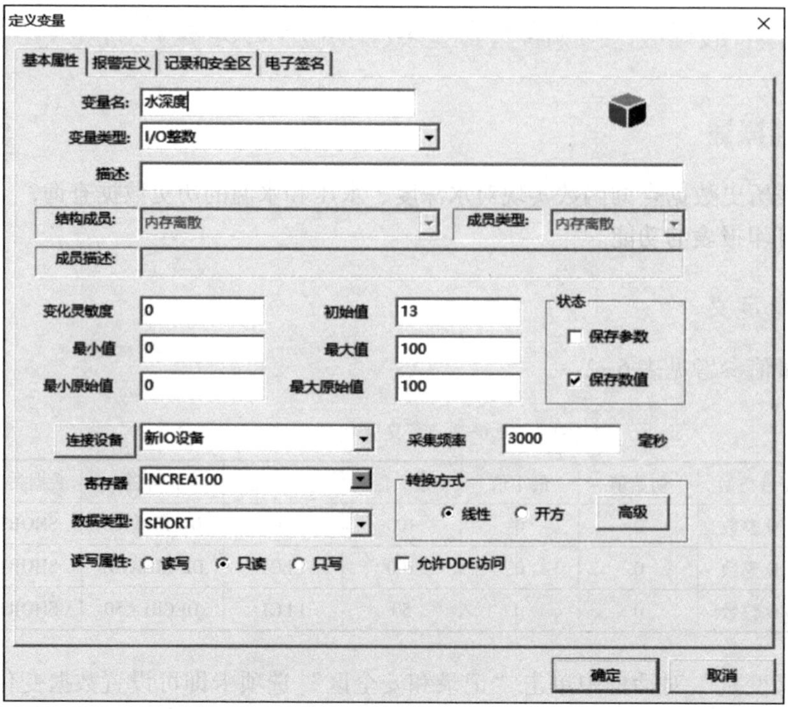

图 6-12　变量定义举例

6.5.3 创建画面

新建"历史数据查询"画面，如图 6-13 所示，并完成变量关联。

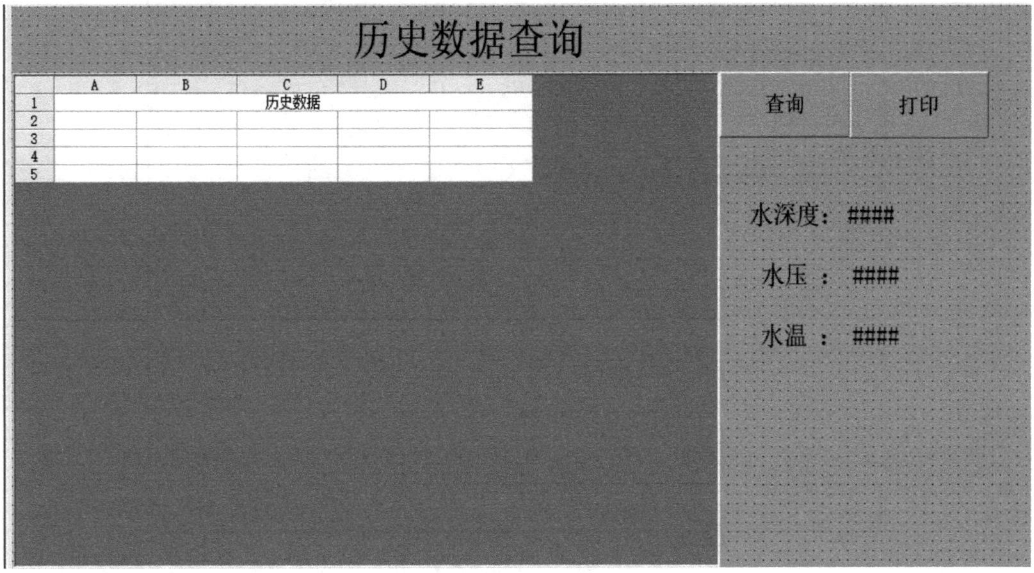

图 6-13 "历史数据查询"画面

在工具箱中单击"报表窗口"按钮即可在画面中添加报表。双击报表空白区域可弹出"报表设计"对话框如图 6-14 所示。

1. 命令语言写入

查询按钮命令语言如下：

ReportSetHistData2(2,1);

打印按钮命令语言如下：

ReportPrintSetup("历史数据表");

2. 函数说明

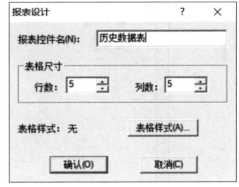

ReportSetHistData2( ) 函数为报表专用函数。使用该函数查询历史数据时，只要设置查询数据在报表中填充的起始位置，系统会自动弹出历史数据查询对话框。

图 6-14 "报表设计"对话框

ReportPrintSetup( ) 函数对指定的报表进行打印预览，并且可输出到指定的打印机上进行打印。

6.5.4 运行系统调试

切换至运行系统后，单击"查询"按钮，进行时间属性设置和变量属性设置，如图 6-15 和图 6-16 所示。

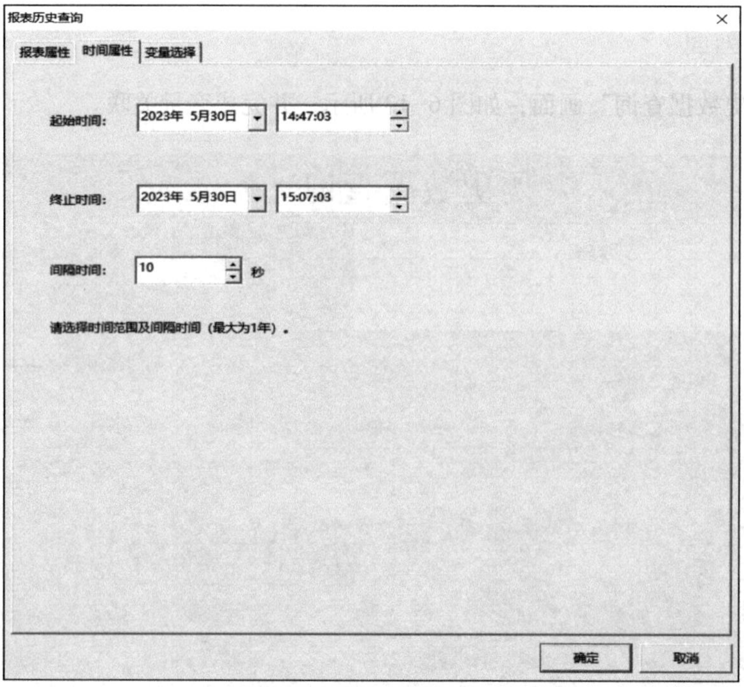

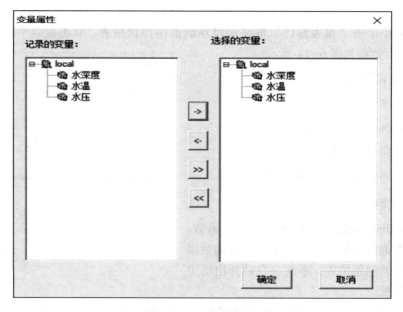

图 6-15　时间属性设置

图 6-16　变量属性设置

　　单击"确定"按钮后，返回运行系统画面，可以看到画面中实现对历史数据的查询，运行系统效果图如图 6-17 所示，单击"打印"按钮实现打印功能。

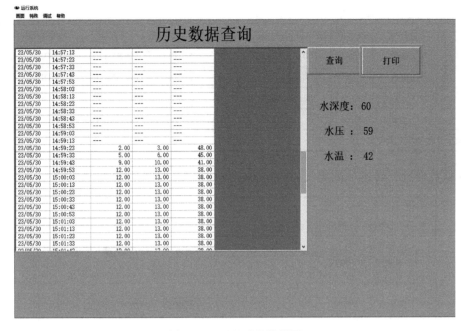

图 6-17　运行系统效果图

6.6　利用微软日历控件实现日报表实例

视频 6-2
利用微软
日历控件实现日
报表实例

6.6.1　功能概述

水电厂的电力监控系统在实际生产中有较大的影响作用，利用报表对电力系统进行监控不仅可以提高水电厂的安全生产水平和自动化水平，还对工厂的经济效益和管理水平有着极为重要的提升作用。日报表主要是用来记录电力系统中的重要参数，如电压、转速和频率等，报表每分钟记录一次数据，能够对各项数据更好地进行监控。

6.6.2　操作步骤

1. 新建工程

在组态工程管理器中，新建"日报表"工程，并将此工程设为当前工程。

2. 定义变量

进入组态王工程浏览器，在数据词典中新建所需变量，变量定义见表 6-3。在实际的工程中，需要对使用的设备进行定义，本工程使用亚控科技的仿真 PLC 设备，选择"PLC"→"亚控"→"仿真 PLC"→"COM"驱动，并将设备名称定义为"PLC"。

表 6-3　变量定义

变量名	变量类型	初始值	最小值	最大值	最大原始值	连接设备	寄存器	数据类型	变化灵敏
电压	I/O 整数	220	180	250	250	PLC	DECREA100	SHORT	0

（续）

变量名	变量类型	初始值	最小值	最大值	最大原始值	连接设备	寄存器	数据类型	变化灵敏
转速	I/O 整数	1500	800	2000	2000	PLC	INCREA100	SHORT	0
频率	I/O 整数	15	0	20	20	—	INCREA101	SHORT	0
水压	I/O 实数	10.0	0	100	100	—	DECREA101	SHORT	0
效率	I/O 实数	0.6	0	1.0	1.0	—	INCREA102	SHORT	0
查询日期	内存字符串	0	—	—	—	—	—	—	—

I/O 整数变量"转速"的定义如图 6-18 所示。

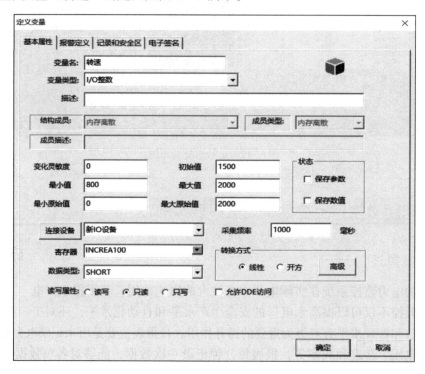

图 6-18 I/O 整数变量"转速"的定义

3. 编辑画面

在组态王开发系统中新建"日报表"画面。

（1）创建报表 在组态王工具箱中，单击"报表窗口"按钮，鼠标指针变为十字形，在画面中选择起始位置为报表左上角，按下鼠标左键并拖动，画出一个矩形框，松开鼠标左键，报表窗口即可创建完成。双击报表窗口的灰色部分，可对报表控件名、表格尺寸、表格样式进行设置，本工程中设置报表控件名为"Report0"，行数为 1444，列数为 6。"报表设计"对话框如图 6-19 所示。

根据需求对报表进行编辑，通过报表工具箱，

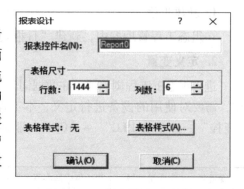

图 6-19 "报表设计"对话框

或右击并在弹出菜单中单击"设置单元格格式"命令，对单元格进行设置，所建立的报表窗口如图 6-20 所示。

	A	B	C	D	E	F
1	水电厂电力监控系统日历报表					
2	日期					
3	时间	电压（V）	转速(r/s)	频率(Hz)	水压(bar)	效率
4						
5						
6						
7						
8						
9						
10						
11						
12						
13						
14						
15						
16						
17						
18						
19						
20						
21						
22						
23						
24						
25						
26						
27						
28						

图 6-20　报表窗口

（2）创建日历控件　日报表中对历史数据的记录是根据日历中的日期进行查询的，本工程使用微软提供的通用控件"Microsoft Date and Time Picker Control"，单击工具箱中的
"插入通用控件"按钮，在列表中选择"其他控件"，再选择"Microsoft Date and Time Picker Control"日历控件，单击"确定"按钮，在画面中拖动鼠标指针画出日历控件，如图 6-21 所示。

图 6-21　日历控件

需要注意的是，如果无法创建"Microsoft Date and Time Picker Control"日历控件，请打开组态王所在目录，打开 Kv655ToKv75 文件夹，找到 MSCOMCT2. OCX 文件，将其复制到 C:\Windows\System32 文件夹中（若操作系统为 64 位操作系统，则需再向 SysWOW64 文件夹中复制一份 MSCOMCT2. OCX 文件），之后单击开始菜单，找到 Windows 系统，用管理员身份打开命令提示符，输入如下代码进行控件注册：

```
regsvr32" C:\Windows\SysWOW64\MSCOMCT2. OCX"
regsvr32" C:\Windows\System32\MSCOMCT2. OCX"
```

日历控件注册如图 6-22 所示。

图 6-22　日历控件注册

若注册后仍无法插入控件，可考虑更换组件。单击工具箱中的"插入通用控件"按钮，在列表中选择"组态王控件"，再选择"Calendar Control"选项，具体使用方法请参考产品帮助中"14.3.12 Calendar 日历控件"本书不再详述。

双击日历控件，在"常规"选项卡中将控件命名为"Adate"，单击"确定"按钮，保存画面。再次双击日历控件，单击"事件"选项卡，单击列表中的"CloseUp"事件，弹出"控件事件函数"窗口，在函数声明中将此函数命名为"CloseUp1()"，在编辑窗口内编辑控件事件程序，如图6-23所示。

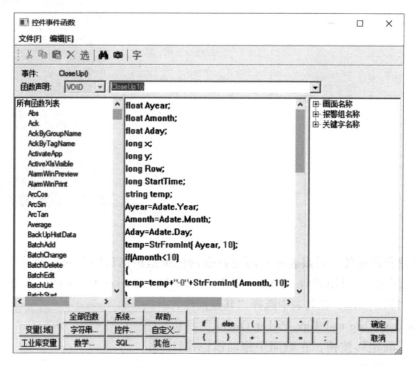

图6-23　编辑控件事件函数

控件事件函数程序如下：

```
float Ayear;
float Amonth;
float Aday;
long x;
long y;
long Row;
long StartTime;
string temp;
Ayear = Adate. Year;
Amonth = Adate. Month;
Aday = Adate. Day;
temp = StrFromInt( Ayear, 10);
if( Amonth<10)
{temp = temp+" -0" +StrFromInt( Amonth, 10) ; }
```

```
else
{temp=temp+"-"+StrFromInt( Amonth, 10);}
if( Aday<10)
{temp=temp+"-0"+StrFromInt( Aday, 10);}
else
{temp=temp+"-"+StrFromInt( Aday, 10);}
\\local\查询日期=temp;
ReportSetCellString2( "Report0", 4, 1, 1444, 6,"" );
ReportSetCellString( "Report0", 2,2, temp);// 填写日期
// 查询数据
StartTime=HTConvertTime( Ayear,Amonth,Aday,0,0,0);
ReportSetHistData( "Report0", "\\local\电压", StartTime,60, "B4:B1444" );
ReportSetHistData( "Report0", "\\local\转速", StartTime,60, "C4:C1444" );
ReportSetHistData( "Report0", "\\local\频率", StartTime,60, "D4:D1444" );
ReportSetHistData( "Report0", "\\local\水压", StartTime,60, "E4:E1444" );
ReportSetHistData( "Report0", "\\local\效率", StartTime,60, "F4:F1444" );
//填写时间
x=0;
while( x<1440)
{
row=4+x;
y=StartTime+x*60;
temp=StrFromTime( y, 2 );
ReportSetCellString( "Report0", row,1, temp);
x=x+1;
}
```

程序编辑完成后，单击"确认"按钮，完成日历控件的设置。

(3) 保存和打印报表　报表记录了历史数据后，需要对报表进行保存和打印。在画面中插入两个"按钮"控件，分别命名为"保存"和"打印"，双击"保存"按钮，选择"弹起时"动画连接，编写"保存"按钮的命令语言，报表保存为 XLS 文件，程序如下：

```
string filename;
filename=InfoAppDir( )+\\local\查询日期+". xls";
ReportSaveAs( "Report0",FileName );
```

打印日报表需要用到报表的打印函数，双击"打印"按钮，选择"弹起时"动画连接，打印的命令语言如下：

```
ReportPrintSetup( "Report0" );
```

"保存"和"打印"按钮设置完成后，保存画面。水电厂电力监控系统日历报表画面如图 6-24 所示。

4. 运行画面

单击"切换到 view"命令切换到运行系统，单击"特殊"并选择"开始执行后台任务"（否则容易无法查询到数据），选择"日报表"画面，单击日历控件选择查询日期，按时记录到的历史数据便可显示在报表中，系统运行画面如图 6-25 所示。具体数据的时间请参考

图 6-24　水电厂电力监控系统日历报表画面

现在时间。查询当前时间的数据，可选择等待时间过去一分钟后再进行查询，例如若现在时间是 15:42，则可以等待至 15:43 再进行查询，这样就能查询到 15:42 的数据。

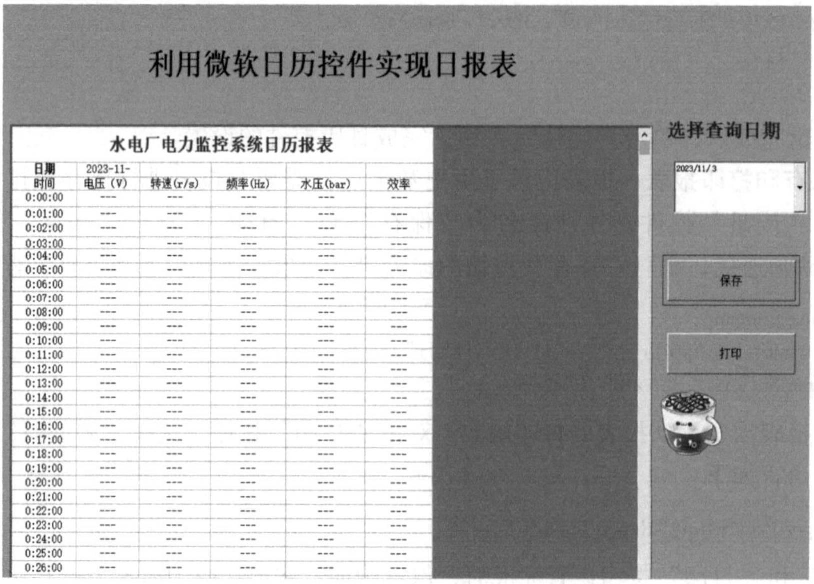

图 6-25　系统运行画面

单击"保存"按钮，可将日报表保存为 XLS 格式文件，保存在工程文件夹中。单击"打印"按钮，可以打印日报表，并可以进行打印预览。

6.7 报表函数综合应用

视频 6-3
报表函数
综合应用

6.7.1 功能概述

本节将展示如何绘制两个报表，并综合使用各种报表函数实现特定的功能。

6.7.2 定义变量

定义变量数值表见表 6-4。

表 6-4 定义变量数值表

变量名	变量类型	初始值	最小值	最大值	最大原始值	连接设备	寄存器	数据类型	记录和安全区
a	I/O 整数	0	0	100	100	PLC1	INCREA100	SHORT	数据变化记录（变化灵敏为 0）
b	I/O 整数	0	0	100	100	PLC1	INCREA101	SHORT	数据变化记录（变化灵敏为 0）
c	I/O 整数	0	0	100	100	PLC1	INCREA102	SHORT	数据变化记录（变化灵敏为 0）
d	I/O 整数	0	0	100	100	PLC1	INCREA103	SHORT	数据变化记录（变化灵敏为 0）
总值	内存实数	0	0	400	—	—	—	—	不记录
最大值	内存实数	0	0	默认	—	—	—	—	不记录
最小值	内存实数	0	0	默认	—	—	—	—	不记录
行	内存实数	0	0	默认	—	—	—	—	不记录
列	内存实数	0	0	默认	—	—	—	—	不记录
读取字符串	内存字符串	—	—	—	—	—	—	—	不记录

6.7.3 组态王画面绘制

新建"报表函数综合应用"画面，如图 6-26 所示。

在画面中插入两个报表，分别是"表 1"和"表 2"，将表 1 设置为 10 行 3 列，将表 2 设置为 10 行 4 列。画面编辑完成后，将"读取字符串""总值""最大值""最小值""行"和"列"变量在输出处对应关联。

各个按钮的命令语言及函数解释如下。

1）按钮"读取表 1 的 1 个字符串"按钮"弹起时"的命令语言如下：

```
\\local\读取字符串 = ReportGetCellString（"表 1"，2，2）；
```

ReportGetCellString( ) 函数属于报表专用函数，用于获取指定报表中指定单元格的文本。

2）"读取报表 1 数据"按钮的命令语言如下：

图 6-26　"报表函数综合应用"画面

　　　　总值＝ReportGetCellValue("表 1"，8,2)；
　　　　最大值＝ReportGetCellValue("表 1"，9,2)；
　　　　最小值＝ReportGetCellValue("表 1"，10,2)；

ReportGetCellValue()函数属于报表专用函数，用于获取指定报表中指定单元格的数值。
　　3)"保存表 1"按钮的命令语言如下：

　　　　ReportSaveAs("表 1"，"\001. rtl")；

ReportSaveAs()函数属于报表专用函数，用于将报表按照所给的文件名存储到指定目录下，可以将报表文件保存为 RTL、XLS 和 CSV 这三种格式。
　　4)"读取表 1"按钮的命令语言如下：

　　　　ReportLoad("表 2"，"\001. rtl")；

ReportLoad()函数属于报表专用函数，用于将指定路径下的报表读到当前报表中。
　　5)"还原表 2"按钮的命令语言如下：

　　　　ReportLoad("表 2"，"\002. rtl")；

在报表工具栏中单击"保存"按钮，将表 2 保存在 C 盘。
　　注：必须先将表 2 存到指定目录，才可还原表 2。
　　6)"保存表 2"按钮的命令语言如下：

　　　　ReportSaveAs("表 2"，"\002. rtl")；

7）"向表 2 中赋字符串"按钮的命令语言如下：

```
ReportSetCellString("表 2", 2, 2, \\local\$日期);
ReportSetCellString("表 2", 2, 3, \\local\$时间);
ReportSetCellString("表 2", 1, 3, "组态报表函数应用示例");
```

ReportSetCellString()函数属于报表专用函数，用于将指定字符串赋给指定报表中的指定单元格。

8）"向表 2 中赋一串字符串"按钮的命令语言如下：

```
ReportSetCellString2("表 2", 8, 3, 10, 3, "好好学习,天天向上");
```

ReportSetCellString2()函数属于报表专用函数，用于将指定字符串赋给指定报表中的指定区域。

9）"向表 2 中赋数据"按钮的命令语言如下：

```
ReportSetCellValue("表 2", 4, 2, \\local\a);
ReportSetCellValue("表 2", 5, 2, \\local\b);
ReportSetCellValue("表 2", 6, 2, \\local\c);
ReportSetCellValue("表 2", 7, 2, \\local\d);
```

ReportSetCellValue()函数属于报表专用函数，用于将指定数据赋给指定报表中的指定单元格。

10）"向表 2 中赋一串数据"按钮的命令语言如下：

```
ReportSetCellValue2("表 2", 4, 3, 7, 3, 66666);
```

ReportSetCellValue2()函数属于报表专用函数，用于将指定数据赋给指定报表中的指定区域。

11）"表 2 的行数"按钮的命令语言如下：

```
\\local\行 = ReportGetColumns("表 2");
```

ReportGetColumns()函数属于报表专用函数，用于获取指定报表的行数。

12）"表 2 的列数"按钮的命令语言如下：

```
\\local\列 = ReportGetRows("表 2");
```

ReportGetRows()函数属于报表专用函数，用于获取指定报表的列数。

13）"表 2 页面设置"按钮的命令语言如下：

```
ReportPageSetup("表 2");
```

ReportPageSetup()函数属于报表专用函数，用于在运行状态下对指定报表进行页面设置。

14）"预览表 2"按钮的命令语言如下：

```
ReportPrintSetup("表 2");
```

ReportPrintSetup()函数属于报表专用函数，用于在运行状态下对指定报表进行打印预览，并可以输出到打印配置中指定的打印机上进行打印。

15）"打印表 2"按钮的命令语言如下：

```
ReportPrint2("表 2");
```

ReportPrint2( )函数属于报表专用函数，用于在运行状态下将指定报表输出到打印配置中指定的打印机上进行打印。

16）"固定查询"按钮的命令语言如下：

```
long StartTime;
StartTime = HTConvertTime( \\local\$年,\\local\$月,\\local\$日,8,0,0);
long StartTime1;
long hang;
string data;
StartTime1 = StartTime;
ReportSetHistData("表 2","\\local\b", StartTime,60, "b4:b10");
//以下命令语言可实现日期时间的同步显示
hang = 4;
while（hang<=10）
｛data = StrFromTime（StartTime1, 3）;
ReportSetCellString("表 2", hang,3, data);
StartTime1 = StartTime1+60;
hang = hang+1;｝
```

HTConvertTime( )函数是将指定的时间格式转换为以 s 为单位的长整型数据，使用格式如下：

```
HTConvertTime(年,月,日,时,分,秒);
```

ReportSetHistData( )函数属于报表专用函数，依据给定的参数进行历史数据查询。

17）"自动查询"按钮的命令语言如下：

```
ReportSetHistData2(2,4);
```

ReportSetHistData2( )函数属于报表专用函数，用于查询历史数据。

18）"保存表 1 为 XLS 文件"按钮的命令语言如下：

```
ReportSaveAs("表 1","\001. xls");
```

6.8　本章小结

本章主要介绍了组态王中的报表系统和日历控件，以下是本章重要知识点总结。

1）学会报表的插入方法，即在组态王画面的工具箱中单击"报表窗口"按钮，插入报表。

2）熟悉报表工具箱中各图标的作用，如复制、粘贴、剪切、插入变量和插入函数等。

3）掌握报表系统中各个报表函数，如报表内部函数、报表操作函数、报表查询函数和报表打印函数等。

4）学会使用日历控件。

6.9 课后习题

1. 请叙述数据报表的用途。

2. 配置报表窗口的名称时应该注意什么？

3. 用户在系统运行过程中修改含有表达式的单元格中的内容后，当前运行画面会清除原表达式，该怎么做才能恢复表达式？

4. 报表函数有哪些？

5. 用函数锁定报表的行和列时需要注意什么？

第 7 章　组态王数据库访问

7.1　本章导学

本章内容主要包括组态王 SQL 访问管理器、如何配置与数据连接、组态王与数据库连接实例以及 SQL 函数的使用。组态王数据库访问功能可以实现组态王与其他 ODBC 数据源之间的数据传输。

7.2　组态王 SQL 访问管理器

组态王 SQL 访问管理器用来建立数据库列与组态王变量之间的联系。用户通过表格模板在数据库中创建表格，表格模板信息存储在 SQL. DEF 文件中；通过记录体建立数据库表格列与组态王之间的联系，允许组态王通过记录体直接操纵数据库中的数据，这种联系存储在 BIND. DEF 文件中。

7.2.1　表格模板

在工程浏览器中单击"SQL 访问管理器文件"→"表格模板"，双击"新建"命令，弹出"创建表格模板"对话框，如图 7-1 所示。该对话框用于创建新的表格模板。

相关功能介绍如下。

1）模板名称：表格模板的名称。

2）字段名称：使用表格模板创建的数据库表格中字段的名称，长度不超过 32 个字符。若数据库中的字段名称以数字开头，如"3Name"，则定义表格模板时，名称须以大括号包含，写为"[3Name]"。

3）变量类型：使用表格模板创建的数据库表格中字段的类型。下拉列表框中有四种类型供选择，分别为"整型""浮点型""定长字符串型"和"变长字符串型"。

4）字段长度：当变量类型选择"定长字符串型"或"变长字符串型"时，该项文本框中的文本由灰色（无效）变为黑色（有效）。

5）索引类型：下拉列表框中有三种类型供选择，分别为"有（唯一）""有（不唯一）"和"无"。索引功能是数据库用于加速字段中搜索和排序的速度，但可能会使更新变慢。

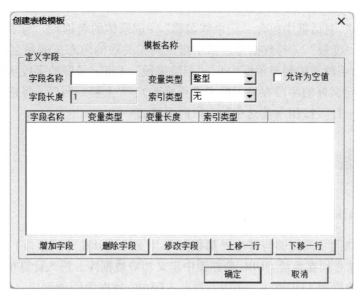

图 7-1　"创建表格模板"对话框

6）允许为空值：选中该项，将在前面的方框中出现"√"标志，表示数据记录到数据库的表格中时该字段可以有空值；不选中该项则表示该字段的数据不能为空值。

另外还有"增加字段""删除字段""修改字段""上移一行"和"下移一行"这几个按钮，可对已填入字段进行编辑和选择。

7.2.2　记录体

记录体用来连接表格的列和组态王数据词典中的变量。单击工程浏览器中的"SQL 访问管理器文件"→"记录体"，双击"新建"命令，弹出"创建记录体"对话框，如图 7-2 所示。该对话框用于创建新的记录体。

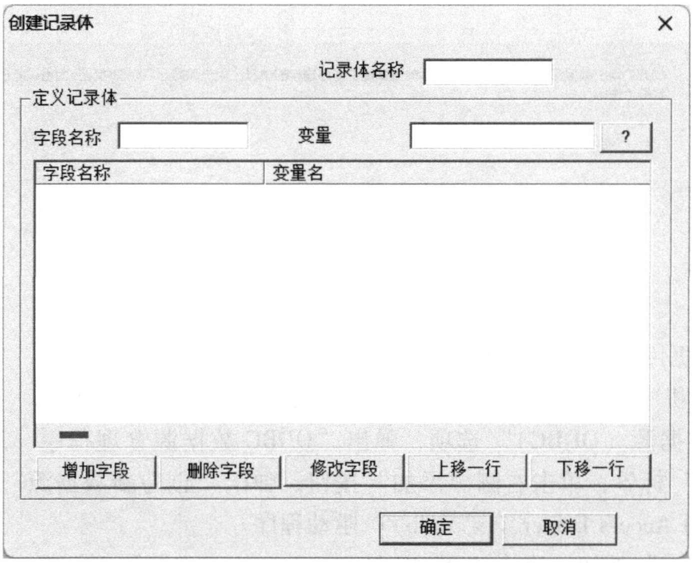

图 7-2　"创建记录体"对话框

"创建记录体"对话框中包含"记录体名称"（记录体的名称）、"字段名称"（数据库表格中的列名）、"变量"（与数据库表格中指定列相关联的组态王变量名称）和"增加字段"（将定义好的字段增加到显示框中）、"删除字段"（将定义好的字段从显示框中删除）、"修改字段"（将定义好的字段在显示框中进行修改）、"上移一行"（将选中的字段向上移动一行）、"下移一行"按钮（将选中的字段向下移动一行）。

7.3　如何配置与数据连接

7.3.1　定义 ODBC 数据源

组态王 SQL 访问功能能够与其他外部数据库（支持 ODBC 访问接口）之间进行数据传输。实现数据传输必须在系统 ODBC 数据源中定义相应数据库。进入计算机控制面板中的管理工具，双击"数据源（ODBC）"选项，弹出"ODBC 数据源管理程序（32 位）"对话框，如图 7-3 所示。

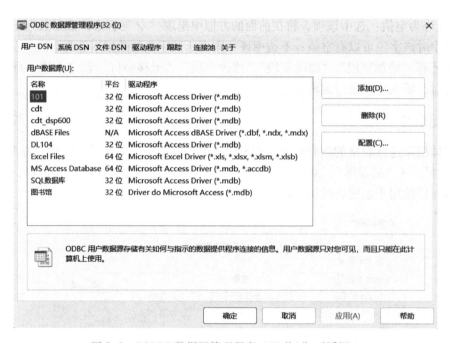

图 7-3　"ODBC 数据源管理程序（32 位）"对话框 1

以 Access 数据库为例，介绍建立 ODBC 数据源的大致步骤。

1）假设计算机中已经存在一个 Access 数据库，名为"数据.mdb"。

2）双击"数据源（ODBC）"选项，弹出"ODBC 数据源管理程序（32 位）"对话框，选择"用户 DSN"标签，单击右侧"添加"按钮，弹出"创建新数据源"对话框，从列表中选择"Microsoft Access Driver（*.mdb）"驱动程序。

3）单击"完成"按钮，进入"ODBC Microsoft Access 安装"对话框。

4）在"数据源名"处编辑数据源名称，单击"选择"按钮，弹出"选择数据库"对话框，选择数据库文件所在目录，单击数据库名，单击"确定"按钮，再单击"确定"按钮，完成 ODBC 数据源的定义。

7.3.2　组态王支持的数据库及其配置

1. Sybase 或 SQL Server 数据库

Sybase 或 SQL Server 通信需要配置 Windows 的数据库用户——并使用 SQLConnect( ) 函数连接。配置数据库的步骤如下：

1）打开 Windows 控制面板的"ODBC 数据源管理程序（32 位）"对话框。单击"添加"按钮，选择 SQL Server，弹出 ODBC SQL Server 配置对话框。

2）在 Data Source Name 文本框中填写数据源名称，在 Server 文本框中填写数据库名称。

2. dBASE 数据库

为了与 dBASE 连接，必须执行 SQLConnect( ) 函数，其格式如下：

SQLConnect(ConnectionID, "< attribute >=< value >; < attribute >=< value >;…");

SQL 访问管理器支持 dBASE 的三种数据类型：char 类型包含定长的字符串，对应组态王中的字符串变量；dBASE 最大支持 254 个字符；numeric 类型和 float 类型对应组态王中整型或实型变量；SQL 管理器必须设定变量长度，格式为十进制宽度。

7.4　数据库查询工程实例

1. 功能概述

在现实的生产生活中，很多场合需要对关系数据库的数据按照不同的条件进行查询处理，本实例介绍了在图书馆管理方面对关系数据库按日期查询数据信息，利用组态王的 SQL 函数和 KVADODBGrid 控件实现对数据库的查询处理。

视频 7-1
数据库查询
工程实例

2. 操作步骤

（1）数据库和数据表　工程文件夹中存在一个名为"图书馆.mdb"的 Access 数据库，在此数据库中有一个名为"借书记录"的数据表。数据表中有"借书日期""借书时间""管理人员""还书日期""借书学生""图书编号""学生学号"和"是否归还"字段，字段的类型均为文本类型。

（2）设置 ODBC 数据源

1）在计算机的控制面板→管理工具→"数据源（ODBC）"中建立 ODBC 数据源，双击"数据源（ODBC）"选项，弹出"ODBC 数据源管理程序（32 位）"对话框，如图 7-4 所示。

2）在"用户 DSN"选项卡中单击"添加"按钮，弹出"创建新数据源"对话框，如图 7-5 所示。

选择"Microsoft Access Driver(∗.mdb)"驱动程序，单击"完成"按钮，弹出如图 7-6

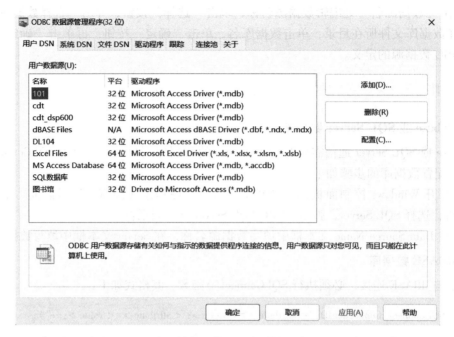

图 7-4 "ODBC 数据源管理程序（32 位）"对话框 2

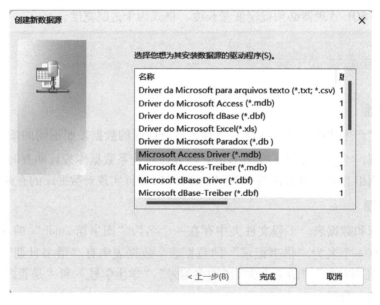

图 7-5 "创建新数据源"对话框

所示的数据源定义对话框，根据需要填写 ODBC 数据源名。

单击"选择"按钮，弹出"选择数据库"对话框，如图 7-7 所示，选择工程路径下的数据库"图书馆.mdb"。

单击"确定"按钮完成 ODBC 数据源定义，如图 7-8 所示。

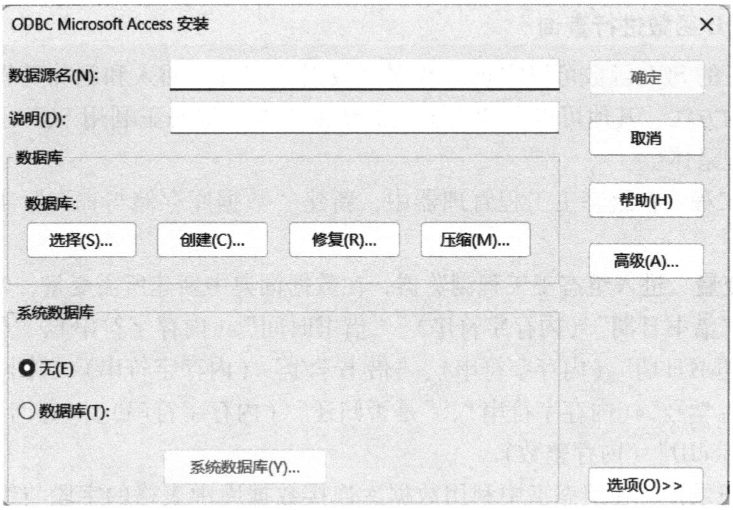

图 7-6　数据源定义对话框

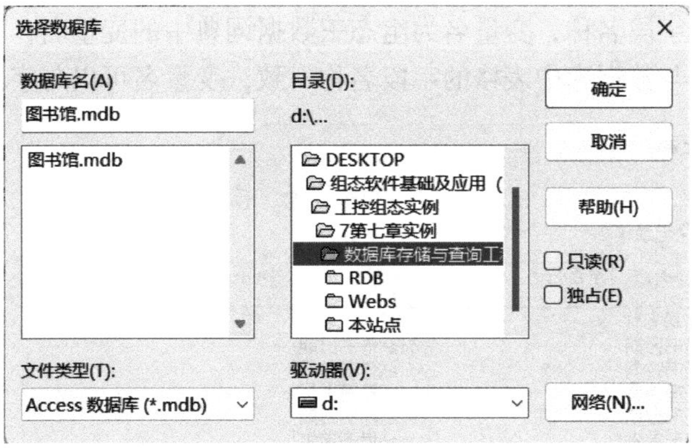

图 7-7　“选择数据库”对话框

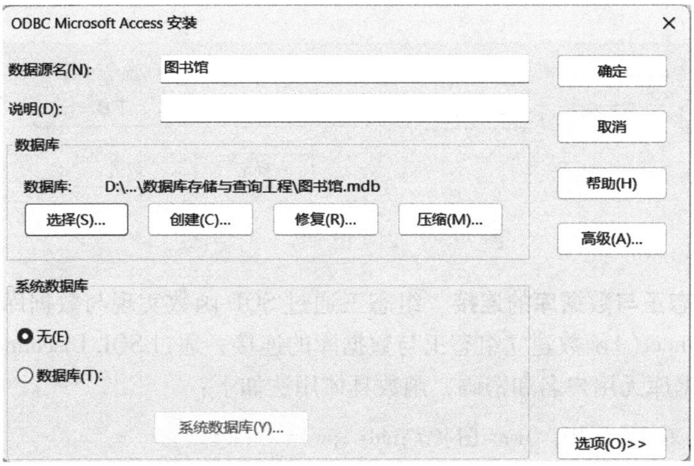

图 7-8　ODBC 数据源定义

3. 利用 SQL 函数进行查询

利用组态王的 SQL 函数可以实现对数据库数据的查询、插入和删除等操作，本实例只介绍数据查询的方法，其他可以参考组态王的帮助手册。组态王利用 SQL 函数进行查询时必须首先定义记录体。

（1）新建工程　在组态王工程管理器中，新建"数据库存储与查询"工程，并将此工程设为当前工程。

（2）定义变量　进入组态王工程浏览器，在数据词典中新建所需变量，定义变量及其变量类型分别为"借书日期"（内存字符串）、"借书时间"（内存字符串）、"管理人员"（内存字符串）、"还书日期"（内存字符串）、"借书学生"（内存字符串）、"图书编号"（内存字符串）、"学生学号"（内存字符串）、"是否归还"（内存字符串）、"查询日期"（内存字符串）和"DeviceID"（内存整数）。

（3）定义记录体　在组态王中利用数据库连接数据库中表格的字段与组态王数据词典中的变量。定义记录体过程如下："创建记录体"对话框如图 7-9 所示，可根据需要设置记录体名称，写入字段名称，并与对应的变量相关联，单击"增加字段"按钮即可。字段名称为数据库中表格的字段名称，变量名为组态王数据词典中的变量名，字段类型需与变量类型一致，字段名称需与数据库中表格的字段名称一致，变量名可以与字段名称不同。

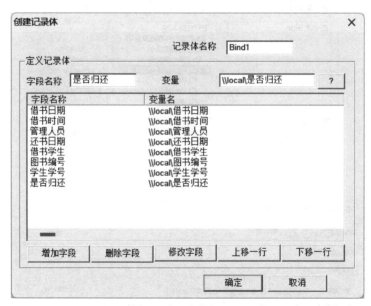

图 7-9　"创建记录体"对话框

（4）建立组态王与数据库的连接　组态王通过 SQL 函数实现与数据库的连接建立与断开。通过 SQLConnect( ) 函数建立组态王与数据库的连接，通过 SQL Disconnect( ) 函数断开连接。本工程中数据库无用户名和密码，函数具体用法如下：

```
SQLConnect( DeviceID, "dsn =图书馆;uid = ;pwd =" );
```

其中 DeviceID 是用户创建的内存整数变量，用来保存 SQLConnect( ) 为每个数据库连接分配的数值。

编辑脚本程序，建议将建立数据库连接的命令函数放在"启动时"应用程序命令语言中执行，执行语句如下：

```
SQLConnect(DeviceID,"dsn=图书馆;uid=;pwd=");
```

将断开数据库连接的命令函数放在"停止时"应用程序命令语言中执行，执行语句如下：

```
SQLDisconnect(DeviceID);
```

这样组态王进入运行系统后会自动连接数据库，组态王退出运行系统时会自动断开数据库连接。

注意：此函数在组态王运行中只须进行一次连接，不要把此语句写入"运行时"应用程序命令语言中，否则会多次执行此命令，从而造成错误。

(5) 新建画面　查询数据库主要用到的 SQL 函数有 SQLSelect( )、SQLLast( )、SQLFirst( )、SQLPrev( )和 SQLNext( )等，详细的函数使用方法可以参考函数使用手册。新建"数据库信息查询"画面，利用工具栏中的画图工具和控件设计画面，如图 7-10 所示。

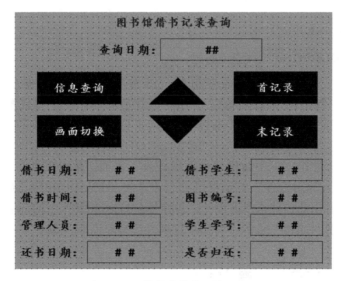

图 7-10　"数据库信息查询"画面

"查询日期"后的文本"##"动画连接设置是在"字符串输入"和"字符串输出"处与变量"\\local\查询日期"相关联，"借书日期""借书时间""管理人员""还书日期""借书学生""图书编号""学生学号"和"是否归还"的动画连接为"字符串输出"，分别关联的变量为"\\local\借书日期""\\local\借书时间""\\local\管理人员""\\local\还书日期""\\local\借书学生""\\local\图书编号""\\local\学生学号"和"\\local\是否归还"。

"信息查询"按钮"弹起时"的命令语言为 SQL 查询函数，用于数据库信息查询，命令语言如下：

```
string whe;
|whe="借书日期='"+\\local\查询日期+"'";
\\local\查询日期 1=whe;
SQLSelect(DeviceID, "借书记录", "Bind1",whe, "");
```

"画面切换"按钮"弹起时"命令语言如下：

  ShowPicture("数据库查表")；

  向上箭头按钮"弹起时"的命令语言为 SQL 查询函数，用于选择上一条记录查询，命令语言如下：

  SQLPrev(DeviceID)；

  向下箭头按钮"弹起时"的命令语言为 SQL 查询函数，用于选择下一条记录查询，命令语言如下：

  SQLNext(DeviceID)；

  "首记录"按钮"弹起时"的命令语言为 SQL 查询函数，用于首记录信息查询，命令语言如下：

  SQLFirst(DeviceID)；

  "末记录"按钮"弹起时"的命令语言为 SQL 查询函数，用于末记录信息查询，命令语言如下：

  SQLLast(DeviceID)；

4. 利用 KVADODBGrid 控件查询数据

  （1）控件介绍 实际工程中常常需要访问开放型数据库中的大量数据，如果通过 SQL 函数编程查询，由于同一个条件下的数据较多，无法同时浏览所有的记录，并且无法形成报表进行打印，使用不方便。因此组态王提供一个通过 ADO 访问开放型数据库中数据的 ActiveX 控件——KVADODBGrid。

  （2）操作步骤 在组态王中新建"数据库查表"画面，单击工具箱中的"插入通用控件"按钮，在"插入通用控件"对话框的列表中选择"KVADODBGrid Class"控件，拖动鼠标指针在画面中画出此控件，双击控件，将控件命名为"Lib"，保存画面。右击控件，在弹出菜单中单击"控件属性"命令，弹出控件属性设置对话框，如图 7-11 所示。

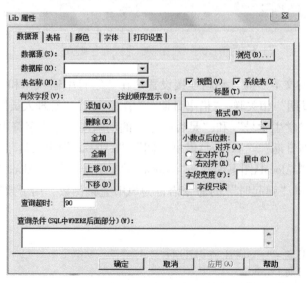

图 7-11 控件属性设置对话框

在"数据源"选项卡中单击"浏览"按钮，弹出"数据链接属性"对话框，如图 7-12 所示。

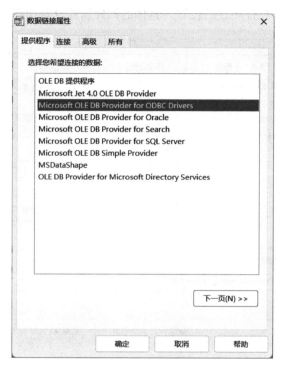

图 7-12　"数据链接属性"对话框

单击"连接"选项卡，在"指定数据源"处选择"使用数据源名称"选项，单击"刷新"按钮，在下拉列表框中选择数据源"图书馆"，单击"测试连接"按钮，显示"测试连接成功"字样，如图 7-13 所示，单击"确定"按钮，完成数据源的连接。

图 7-13　测试连接

在"表名称"的下拉列表框中选择"借书记录"选项，将"有效字段"文本框中的字段按照数据表中字段的顺序依次添加到右侧文本框中，完成后单击"应用"按钮，再单击"确定"按钮即可完成对控件属性的设置。具体的控件属性设置如图 7-14 所示。

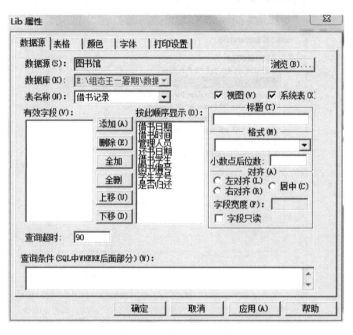

图 7-14　控件属性设置

设置完成后，有效字段可应用在控件列表中，同时按下键盘的〈Ctrl+Alt+O〉键，可以对控件的行高和列宽进行设置，设置完成后的"数据库查表"画面如图 7-15 所示。

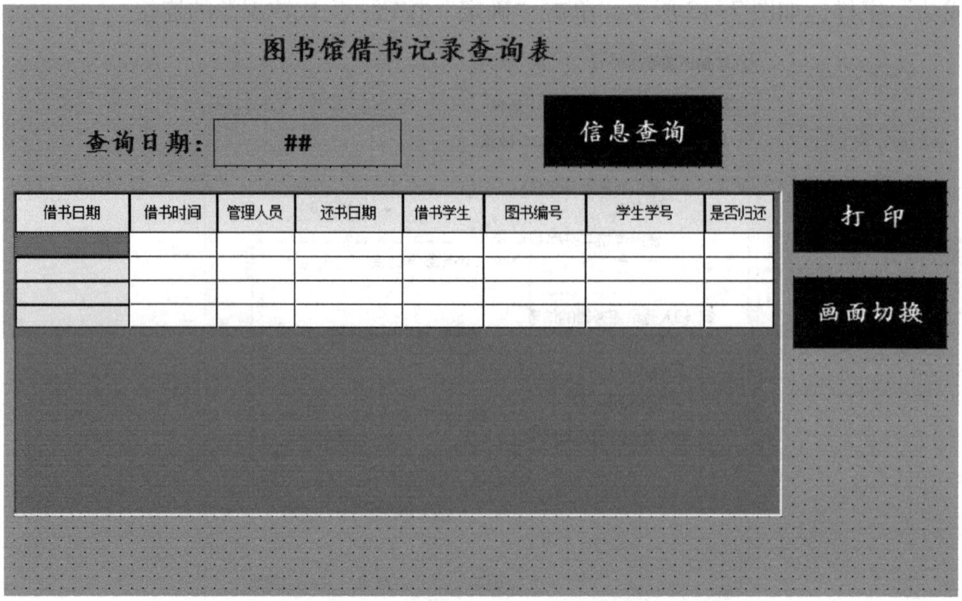

图 7-15　"数据库查表"画面

为画面中"查询日期"后的文本"##"设置动画连接，在"字符串输入"和"字符串输出"处关联变量"\\local\查询日期"。

在画面中插入"信息查询"按钮，对控件的记录进行查询。"信息查询"按钮"弹起时"的命令语言如下：

```
string whe;
whe="借书日期='"+\\local\查询日期+"'";
Lib. Where=whe;
Lib. FetchData();
Lib. FetchEnd();
```

函数说明如下。

1）Lib. Where()：设置查询条件，若不需要任何条件，则可以设置为空。

2）Lib. FetchData()：执行数据查询，并将查询到的数据集填充到控件中。

3）Lib. FetchEnd()：结束查询。

"打印"按钮用于对控件的查询记录进行打印操作，"弹起时"的命令语言如下：

```
Lib. Print();
```

"画面切换"按钮"弹起时"的命令语言如下：

```
ShowPicture("数据库信息查询");
```

"数据库查表"画面设置完成后，保存画面。

（3）运行画面 保存画面后右击并选择"切换到 view"命令，将画面切换到运行系统，打开"数据库信息查询"画面，在"查询日期"后设置需要查询的日期，然后单击"信息查询"按钮，即可显示出查询到的结果；单击向下箭头按钮可以查询下一条记录；单击"首记录"和"末记录"按钮可以查询该日期内的第一条记录和最后一条记录。"数据库信息查询"画面运行结果如图 7-16 所示。

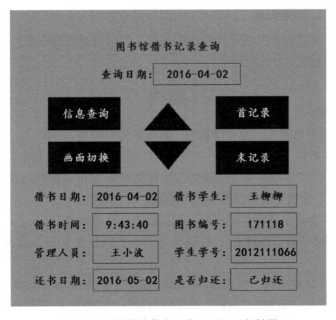

图 7-16 "数据库信息查询"画面运行结果

单击"画面切换"按钮，即可直接切换至"数据库查表"画面，查询日期可以显示之前所设置的日期。在"数据库查表"画面中单击"信息查询"按钮，即可在控件中显示该日期内的所有记录数据；单击"打印"按钮，可对记录结果进行打印。"数据库查表"画面运行结果如图 7-17 所示。

图 7-17 "数据库查表"画面运行结果

7.5 数据库与 XY 曲线结合工程实例

1. 功能概述

在组态王中利用报表 SQL 函数实现对数据库的查询，并将查询出来的数据用超级 XY 曲线显示。

2. 操作步骤

（1）数据库说明

1）将 Access 数据库放入工程文件夹中，数据库为"数据.mdb"。

2）在数据库"数据.mdb"中有一个数据表，报表名称为"食物中脂肪含量检测"，字段为"日期""时间""食物名称""编号""检测序号"和"检测结果"，其中"检测结果"和"检测序号"为数字类型（整数），其余为文本类型。

3）数据库的"食物中脂肪含量检测"数据表中已存储数据。

（2）计算机 ODBC 数据源建立 根据本书 7.3 节所述建立一个名为"表数据"的数据源。

（3）定义变量 新建工程，根据 Access 数据表的字段定义变量，变量为内存变量，包括四个内存字符串变量"日期""时间""食物名称""编号"和三个内存整型变量"检测序号""检测结果""DeviceID"。

（4）创建记录体　记录体名称为"bind1"，字段名称为数据表的字段名称。字段类型要与变量类型一致，字段名称要与数据表的字段名称一致，变量名称与字段名称可以不一致，记录体名称可以根据需要命名。创建记录体如图 7-18 所示。

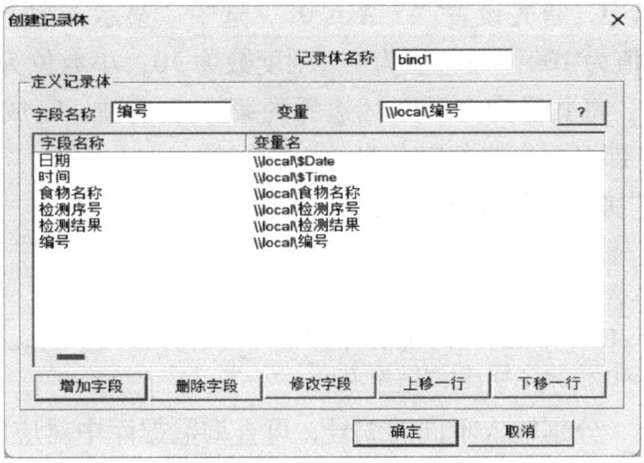

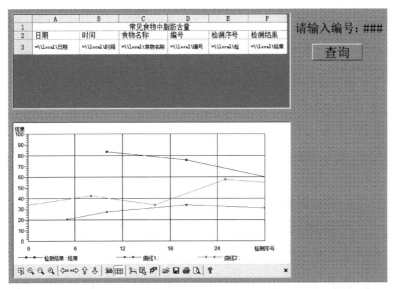

图 7-18　创建记录体

（5）应用命令语言写入　建立数据库连接的命令函数，将其放在组态王的应用程序命令语言的"启动时"执行，命令语言如下：

SQLConnect(DeviceID, "dsn＝表数据；uid＝；pwd＝")；

建议将断开数据库连接的命令函数放在组态王的应用程序命令语言的"停止时"执行，命令语言如下：

SQLDisconnect(DeviceID)；

（6）组态王画面实现　绘制如图 7-19 所示的组态王画面，进行变量关联，并将变量关联到报表中。

注意：关联到报表中的变量前需加"="号，即"=变量名"。

图 7-19　组态王画面

右击超级 XY 曲线控件，在弹出菜单中单击"控件属性"命令，弹出"XY 属性"对话框，单击"坐标"选项卡，在"坐标选项卡"中对 X、Y 轴的坐标进行设置，选中"X 轴标题"选项并设置为"检测序号"，最大值为 30，最小值设为 0，网格数为 5，小数位为 0。在"Y 轴信息"选项组中，首先设置"Y Axis 0"，选中"显示 Y 轴"选项，将 Y 轴标题设为"检测结果"，最大值为 100，最小值为 0，刻度数为 10，小数位为 0。"在曲线画图区水平位置"选择"左边"，将其设为在画图区边界的第 0 条纵轴，完成后单击"更新 Y 轴信息"按钮，曲线控件上即可显示坐标轴信息。

在"查询"按钮"弹起时"动画连接中写入以下程序：

```
string whe;
whe="编号='"+\\local\编号+"'";
SQLSelect( DeviceID, "常见食物中脂肪含量", "bind1", Whe, "" );
Ctrl0. AddNewPoint(检测序号,检测结果,0);
```

（7）运行系统调试　分别输入不同的编号，可查询数据库中对应的数据，且超级 XY 曲线上可把对应的点显示出来。运行画面如图 7-20 所示。

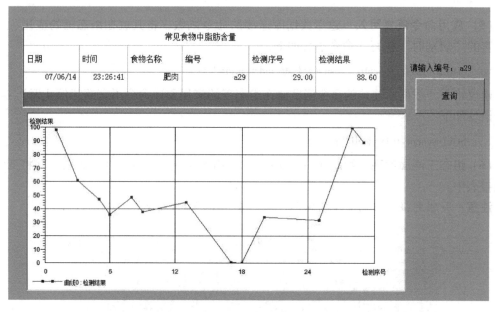

图 7-20　运行画面

7.6　关系数据库多表联合工程实例

视频 7-3
关系数据
库多表联合
工程实例

1. 功能概述

利用组态王中的 KVADODBGrid 控件和数据库的视图功能，可实现在组态王页面多个表中联合查询数据。数据库的视图中就是数据库对象里的"查询"。

在此说明，不同的 Access 数据库，以下操作步骤会有所不同，本次以 Access 数据库 2010 版示例。

2. 操作步骤

（1）建立数据查询表

1）打开 Access 数据库，新建“数据”表和“水表用户信息”表，如图 7-21 和图 7-22 所示。

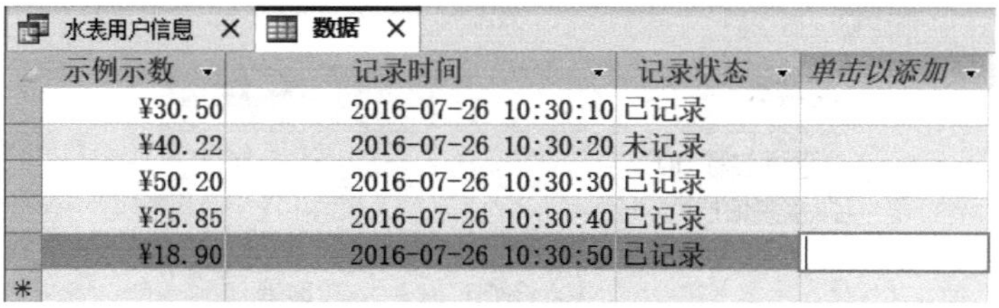

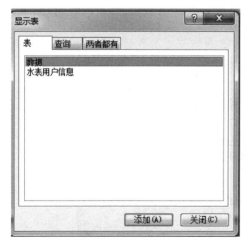

示例示数	记录时间	记录状态	单击以添加
¥30.50	2016-07-26 10:30:10	已记录	
¥40.22	2016-07-26 10:30:20	未记录	
¥50.20	2016-07-26 10:30:30	已记录	
¥25.85	2016-07-26 10:30:40	已记录	
¥18.90	2016-07-26 10:30:50	已记录	

图 7-21　“数据”表

水表编号	示例示数	记录时间	用户姓名	联系电话	所住楼层	水表类别	记录状态
12301	¥30.50	2016-07-26 10:30:10	赵	123456	10	A	已记录
12302	¥40.22	2016-07-26 10:30:20	钱	123444	20	B	未记录
12303	¥50.20	2016-07-26 10:30:30	孙	123455	30	C	已记录
12304	¥25.85	2016-07-26 10:30:40	李	123477	8	D	已记录
12305	¥18.90	2016-07-26 10:30:50	张	123488	11	D	已记录

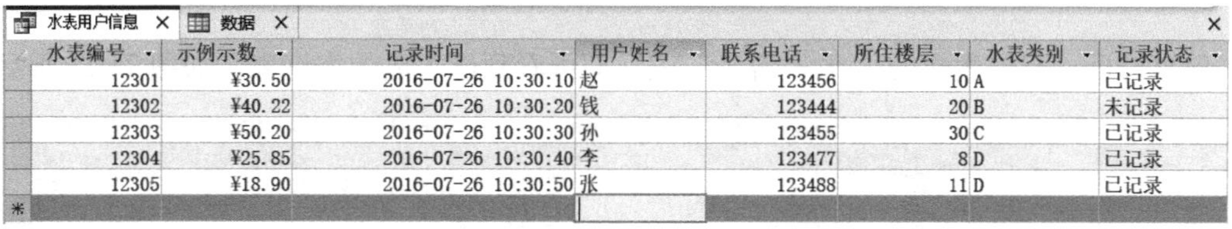

图 7-22　“水表用户信息”表

2）建立查询表，单击“创建”→“查询设计”命令，弹出“显示表”对话框，如图 7-23 所示。

3）将已建立的两个表添加，并建立关联。关联数据表如图 7-24 所示。

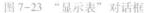

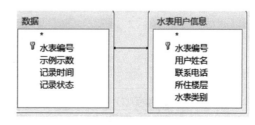

图 7-23　“显示表”对话框

图 7-24　关联数据表

中间的关联线可以右击并删除，若要再次添加只需要把左边的“水表编号”拖到右边的“水表编号”上即可。

选择要联合查询的字段，如图 7-25 所示。

4）单击“保存”按钮，弹出“另存为”对话框，保存查询表，如图 7-26 所示，查询名称为“水表信息”。

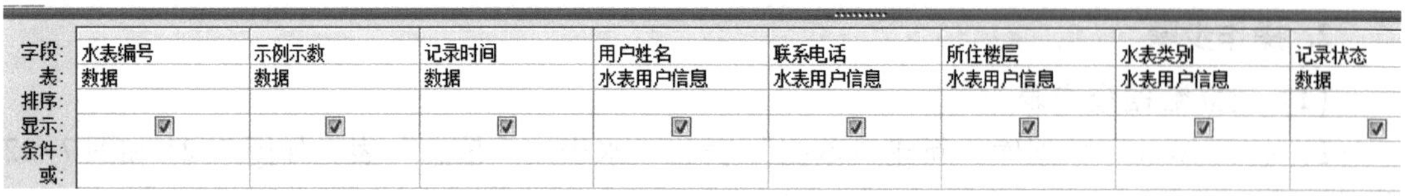

字段	水表编号	示例示数	记录时间	用户姓名	联系电话	所住楼层	水表类别	记录状态
表	数据	数据	数据	水表用户信息	水表用户信息	水表用户信息	水表用户信息	数据
排序								
显示	☑	☑	☑	☑	☑	☑	☑	☑
条件								
或								

图 7-25　联合查询字段

图 7-26　保存查询表

保存好后，双击生成的"水表信息"表，即可看到已完成的查询表，如图 7-27 所示。

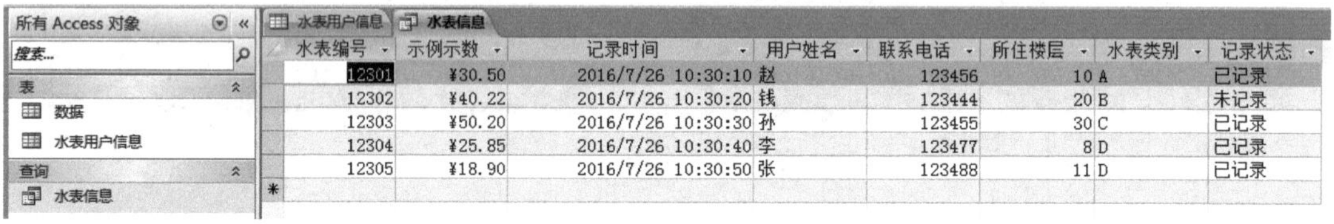

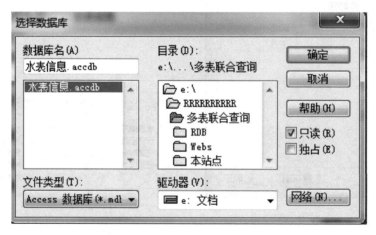

图 7-27　已完成的查询表

（2）在组态王中使用 KVADODBGrid 控件完成多表联合查询

1）建立数据源"水表信息"，关联到工程文件夹下的"水表信息 . accdb"数据库文件，如图 7-28 所示。

图 7-28　数据源建立

需要注意的是，在添加创建新数据源时，选择"Microsoft Access Driver（ * . mdb， * ac-cdb）"选项。

在组态王中新建工程，并新建一个画面，在画面中插入 KVADODBGrid 控件。

右击控件，在弹出菜单中单击"控件属性"命令，完成 KVADODBGrid 控件的数据连接设置，如图 7-29 所示，测试连接如图 7-30 所示。

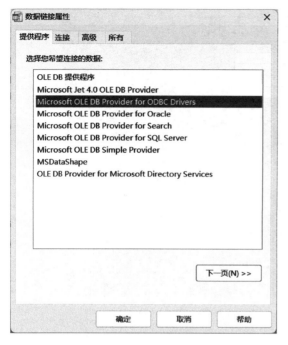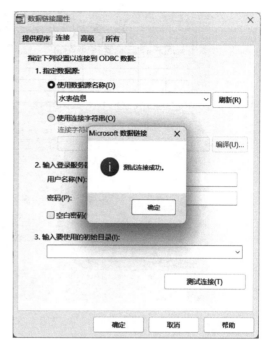

图 7-29　数据连接属性设置　　　　　　　　　　图 7-30　测试连接

2）添加"水表信息"表中的字段，按图 7-31 所示进行属性设置。

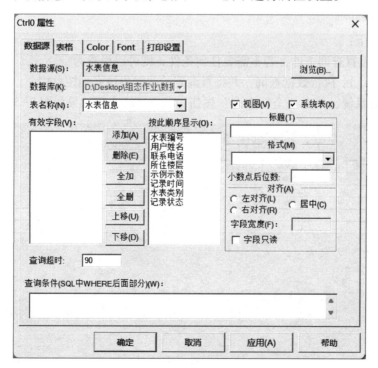

图 7-31　KVADODBGrid 控件属性设置

3）完成属性设置后，画面中的表格如图 7-32 所示。

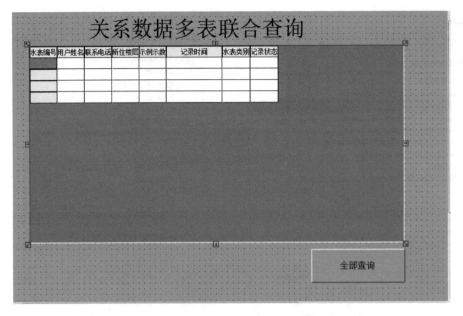

图 7-32　画面中的表格

"全部查询"按钮的命令语言如下：

```
string Whe;
Ctrl0. Where = Whe;
Ctrl0. FetchData( );
```

函数说明如下：

① Where：设置查询条件，若不需要任何条件，则可以设置为空。

② FetchData( )：执行数据查询，并将查询到的数据集填充到控件中。

切换至运行系统，单击"全部查询"按钮，运行系统实现效果如图 7-33 所示。

图 7-33　运行系统实现效果

7.7 报警存储与查询工程实例

1. 功能概述

视频 7-4
报警存储与
查询工程实例

在现代信息化时代，很多工业现场及监控系统都需要将变量的报警信息进行存储，并且可以灵活地进行历史报警的查询、打印，以实现历史数据的查询。组态王支持通过 ODBC 将数据存储到关系数据库中，并且提供 KVADODBGrid 控件对存储的历史报警信息进行条件查询，可以对查询结果进行打印。

2. 操作步骤

（1）实时报警

1）新建连接设备。创建一个名为"报警存储与查询"的工程，并将其指定为当前工程。在设备处新建设备，定义一个仿真 PLC 设备，设备名称为"PLC"。此仿真 PLC 可以作为虚拟设备与组态王进行通信。仿真 PLC 主要有如下寄存器：自动加 1 寄存器 INCREA、自动减 1 寄存器 DECREA、随机寄存器 RADOM、常量寄存器 STATIC、常量字符串寄存器 STRING 和 CommErr 寄存器。寄存器的具体使用请参考组态王 IO 驱动帮助手册。

2）定义变量。在新建好的工程中定义两个实数变量：一个为"液位"，变量类型为"I/O 实数"，连接设备为"PLC"，寄存器选择"INCREA100"，数据类型为"SHORT"；另一个为"温度"，变量类型为"I/O 实数"，连接设备为"PLC"，寄存器选择"DECREA100"，数据类型为"SHORT"。还有一个内存字符串的变量"选择日期"。

3）定义报警。在工程浏览器界面中找到"数据库"栏，选择"报警组"选项，双击添加"液位报警"和"温度报警"两个报警组，添加后单击"确定"按钮，完成两个报警组的定义，如图 7-34 所示。

图 7-34　报警组定义

报警组定义完成后，回到"定义变量"对话框，在"定义变量"对话框的"报警定义"选项卡中对"液位"和"温度"两个变量进行报警定义。"液位"变量的报警组名选择"液位报警"，报警限为"低低""低""高"和"高高"，界限值分别为 0、10、90 和 100，完成后单击"确定"按钮。"温度"变量的报警组名选择"温度报警"，报警限与"液位"变量相同。报警定义设置如图 7-35 所示。

4）编辑画面。变量的报警定义完成后，新建一个"实时报警"画面，单击工具箱中的"报警窗口"按钮，然后在画面上完成报警窗口的制作。双击画面上的报警窗口，在"通用属性"选项卡中，将报警窗口命名为"报警"，选择"历史报警窗"选项。若报警窗口没有名字，则此报警窗口无效，显示不出报警数据。在画面上写入文本"温度""液位"，并关

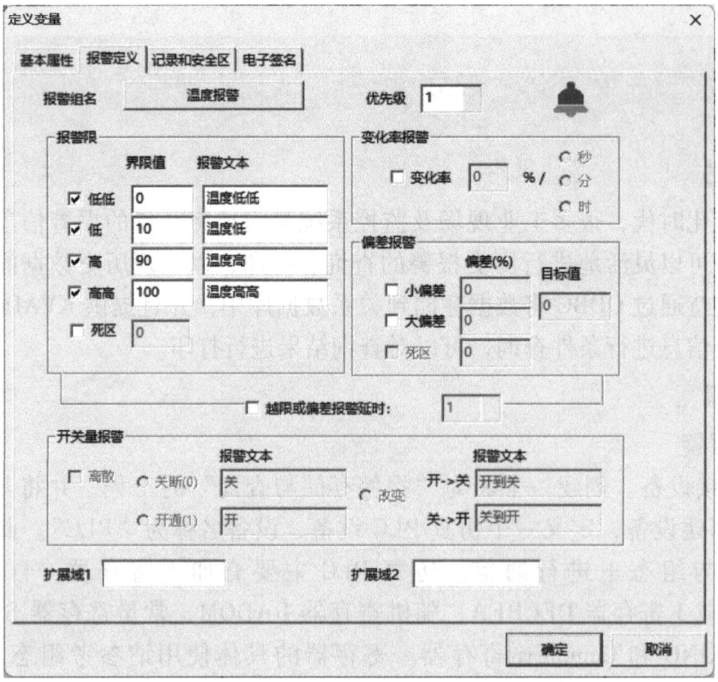

图 7-35 报警定义设置

联对应变量，即可使界面在运行时显示温度和液位的数值变化。制作两个按钮，分别为"画面切换""退出"。

"画面切换"按钮的命令语言为：

ShowPicture("报警查询");

"退出"按钮的命令语言为：

exit(0);

画面设计如图 7-36 所示。

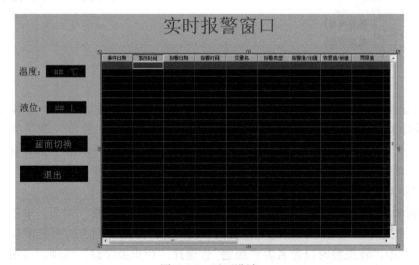

图 7-36 画面设计

　　报警窗口定义完成后，若此时进入运行系统，则当出现报警时，报警信息会在报警窗口中出现。需要注意的是，报警窗口显示的信息在计算机的内存中，若组态王退出后再进入运行系统，则原来的报警就不存在了，历史的报警信息并不会保存下来。

（2）报警存储

　　1）进行报警配置中的数据库配置。在组态王工程浏览器中双击"系统配置"→"报警配置"，弹出如图 7-37 所示的"报警配置属性页"对话框。

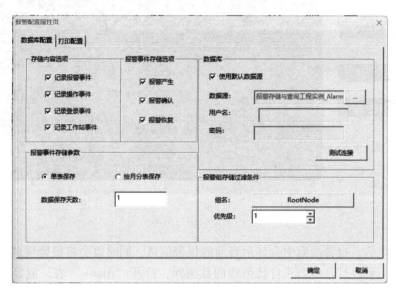

图 7-37　"报警配置属性页"对话框

　　对话框中各项含义如下。

　　① 记录报警事件：记录报警数据库时，是否包括报警事件，并配置报警事件存储选项，包括报警产生、报警确认和报警恢复。

　　② 记录操作事件：记录报警数据库时，是否包括操作事件。

　　③ 记录登录事件：记录报警数据库时，是否包括登录事件。

　　④ 记录工作站事件：记录报警数据库时，是否包括工作站事件。

　　⑤ 报警事件存储参数：可以选择单表保存，并配置数据保存天数，如 1 天，即清除之前的数据，保存最近 1 天的数据；也可以按月分表保存。

　　⑥ 使用默认数据源："使用默认数据源"选项是否有效，由四个存储内容选项确定。

　　2）在"报警配置属性页"对话框中，勾选"使用默认数据源"选项，组态王会自动在此工程文件夹中创建一个名为"AlarmData"的文件夹，然后在这个文件夹中创建报警存储的数据库，用于自动保存报警触发的数据。"AlarmData"文件夹如图 7-38 所示。

图 7-38　"AlarmData"文件夹

3）运行系统。编辑完成后保存画面，单击"打开"→"切换到 view"命令，打开"实时报警"画面，运行结果如图 7-39 所示。

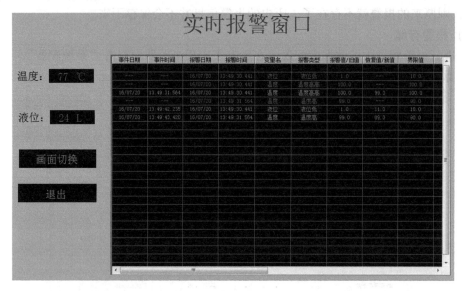

图 7-39 运行结果

有报警产生后，报警画面中会显示当前的报警信息，同时也会将报警信息存储到 Access 数据库中。我们可以打开组态王自己创建的数据库，打开"Alarm"表，报警信息已经存储到数据库中，如图 7-40 所示。

IOServerName	MachineName	TagName	TagComment	GroupName	AlarmValue	AlarmValue1	LimitValue	LimitValue1	AlarmType	Pri	Quality	AlarmTime	AlarmT
local	local	液位		液位报警	1.000000	11	10.000000	11	低	1	192	2023-11-03 8:49:22	
local	local	温度		温度报警	100.000000	11	100.000000	11	高高	1	192	2023-11-03 8:49:22	
local	local	温度		温度报警	100.000000	11	100.000000	11	高高	1	192	2023-11-03 8:49:22	
local	local	温度		温度报警	99.000000	11	90.000000	11	高	1	192	2023-11-03 8:49:23	
local	local	液位		液位报警	1.000000	11	10.000000	11	低	1	192	2023-11-03 9:11:27	
local	local	液位		液位报警	1.000000	11	10.000000	11	低	1	192	2023-11-03 9:11:27	
local	local	温度		温度报警	100.000000	11	100.000000	11	高高	1	192	2023-11-03 9:11:27	
local	local	温度		温度报警	100.000000	11	100.000000	11	高高	1	192	2023-11-03 9:11:27	

图 7-40 报警信息已经存储到数据库中

（3）历史报警数据查询

1）创建 KVADODBGrid 控件。在工程中新建"报警查询"画面，单击工具箱中的"插入通用控件"按钮，弹出"插入通用控件"对话框。在"插入通用控件"对话框内选择"KVADODBGrid Class"控件，在画面中放入此控件。双击此控件，为控件命名，控件名称可以根据需要确定，本工程命名为"kv"。右击控件，在快捷菜单中单击"控件属性"命令，弹出如图 7-41 所示的"kv 属性"对话框。

单击"数据源"文本框后面的"浏览"按钮，出现"数据链接属性"对话框，在"连接"选项卡"使用数据源名称"下拉列表框中选择组态王自动创建的数据源"报警存储与查询工程实例_Alarm"，单击"测试连接"按钮，测试连接成功后单击"确定"按钮，回到"kv 属性"对话框继续进行设置。"数据链接属性"对话框如图 7-42 所示。

"表名称"处应选择"Alarm"表，将左侧需要查询的"有效字段"分别添加到右侧，并在右侧选项组中修改标题和格式，设置好后，单击"确定"按钮即可完成控件属性设置，具体的 KVADODBGrid 控件属性设置如图 7-43 所示。

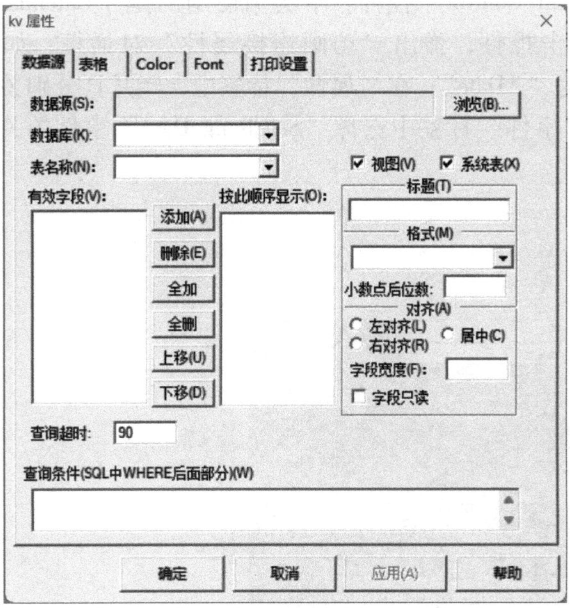

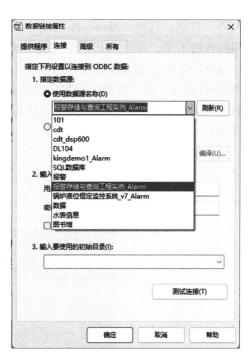

图 7-41 "kv 属性"对话框

图 7-42 "数据链接属性"对话框

图 7-43 KVADODBGrid 控件属性设置

2）创建日历控件。按照日期进行历史报警的查询，使用微软提供的通用控件"Microsoft Date and Time Picker Control 6.0（SP4）"进行查询。单击工具箱中的"插入通用控件"按钮，选择"Microsoft Date and Time Picker Control 6.0（SP4）"控件。如果微软的通用控件用不了，就使用通用控件中"Calendar Control"控件。本实例使用的是"Calendar Control"控件。在画面上插入控件后，双击控件，弹出"动画连接属性"对话框，如图 7-44 所示。在"常规"标签中将其命名为"ADate"；在"属性"标签中，年月日分别关联组态王系统自带的年月日变量；然后在"事件"标签中选择"SelChangeDate"事件的关联函数。

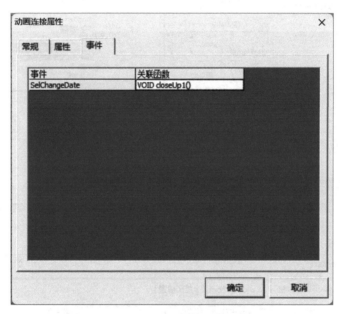

图 7-44　"动画连接属性"对话框

打开"控件事件函数"窗口，在函数声明中为此函数命名为"closeUp1( )"；在编辑窗口中编写脚本程序，程序如下：

```
float Ayear;
float Amonth;
float Aday ;
string temp;
Ayear = ADate. Year;
Amonth = ADate. Month;
Aday = ADate. Day;
temp = StrFromInt( Ayear,10 );
if( Amonth<10 )
temp = temp+" -0" +StrFromInt( Amonth,10 );
else
temp = temp+" -" +StrFromInt( Amonth,10 );
if( Aday<10 )
temp = temp+" -0" +StrFromInt( Aday,10 );
else
temp = temp+" -" +StrFromInt( Aday,10 );
\\local\选择日期 = temp;
```

3）画面编辑。画面设计如图 7-45 所示，添加了三个按钮。各个按钮的命令语言如下。

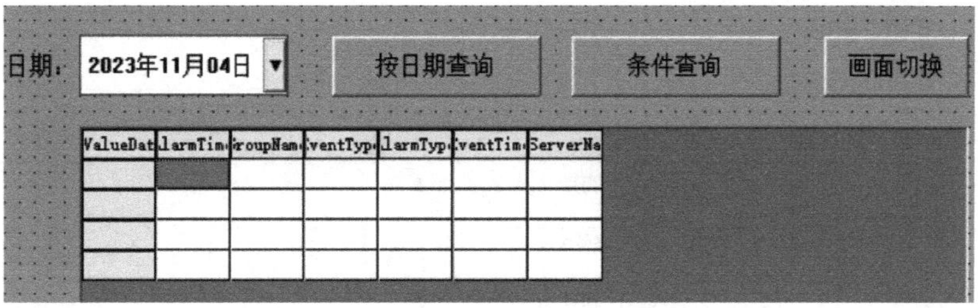

图 7-45 画面设计

① "按日期查询"按钮：

```
string when;
when = \\local\选择日期;
KV. Where = when;
KV. FetchData( );
KV. FetchEnd( );
```

② "条件查询"按钮：

```
long a;
a = KV. QueryDialog( );
if( a = = 1 )
{
    KV. FetchData( );
    KV. FetchEnd( );
}
```

③ "画面切换"按钮：

```
ShowPicture( "实时报警" );
```

4）条件查询使用方法如下：KVADODBGrid 控件为用户在运行状态中提供了一个查询条件设置向导，用户可通过调用 QueryDialog( )函数实现查询条件的自动配置。

函数调用方法如下：

```
nReturnValue = Ctrl. QueryDialog( );
```

参数：无 。

返回值：0 表示单击查询窗口中的"取消"按钮返回，1 表示单击查询窗口中的"确定"按钮返回。

执行此函数后将弹出"查询条件对话框"，如图 7-46 所示。

此对话框可以设置四组查询条件的组合，并可以对查询数据进行排序。在对话框的左侧有四个复选框可以选择，可用于确定共有几组查询条件。用户可从下拉列表框中选择查询条件所需要的字段，并选择比较操作符，构成条件所需要的数值。如果选择的字段为日期或时间型，可以方便地从日期时间控件中选取日期时间值。在对话框的右侧可以选择是否按照相应的字段进行排序，可以指定按升序（ASC）或降序（DESC）排序。

配置好查询条件后单击"查询 SQL 预览"按钮，可自动生成查询语句中的查询条件，

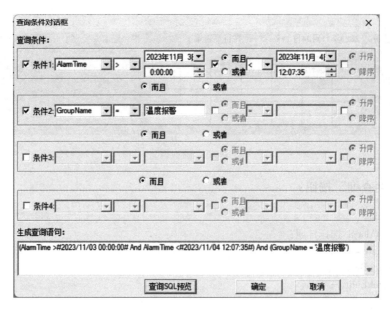

图 7-46 "查询条件对话框"

显示在"生成查询语句"文本框中。单击"确定"按钮后可将该查询条件保存下来。之后可使用 FetchData( ) 函数按照此查询条件显示数据。当用户修改了控件的 Where 属性后，该查询条件变为新的查询条件。

7.8 本章小结

本章主要介绍了组态王数据库 SQL 访问管理器、如何配置与数据连接的相关内容，以及四个有代表性的工程实例，分别为数据库查询工程实例、数据库与 XY 曲线结合工程实例、关系数据库多表联合工程实例和报警存储与查询工程实例。通过对工程实例的介绍和上机实际操作，读者可以更进一步体会组态王数据库访问的过程和方法。

7.9 课后习题

1. 组态王 SQL 访问的目的是什么？组态王 SQL 访问管理器的作用是什么？
2. 如何使组态王与数据库建立连接？
3. 如何创建一个表格？
4. 如何将数据存入数据库？
5. 如何得到数据库错误信息？

第 8 章　基于单片机的控制应用

8.1　本章导学

本章将深入探讨单片机在工业自动化中的应用，突出其在智能化仪器仪表和设备中的关键作用。本章将介绍单片机的各种类型、开发工具及常用的编程语言，并通过 STC 单片机与组态王软件的通信实例，了解单片机在数字量输入输出、模拟量输入输出中的实际应用。本章将详细介绍实例的全过程，包括硬件连接、程序编写、通信参数设置、变量定义及系统调试等关键步骤，帮助读者掌握单片机与组态王结合使用的实际操作方法。通过本章的学习，读者将全面提升在工业自动化领域中应用单片机的实践能力。

8.2　单片机概述

8.2.1　组态与单片机

随着工业自动化进程的不断加快，现场仪器、仪表和设备正不断向数字化、智能化和网络化方向推进。单片机因为其强悍的现场数据处理能力、低廉的价格、紧凑的系统结构、高度的灵活性和微小的功耗等一系列优良特性，在构建智能化现场仪器仪表、设备中占有极其重要的地位，如今已经广泛应用于工业测量和控制系统中。将单片机和组态王结合起来，使它们实现"强强联合"，成为改造传统工业、提升技术竞争力的重要趋势。

目前许多自动化系统是由工控上位机组态软件或触摸屏与底层基于单片机组成的控制装置组成，上位机组态软件或触摸屏通过与单片机控制装置的串口通信来控制现场仪器设备，单片机采集数据和现场状态通过串口传送到上位机组态软件或触摸屏，由上位机组态软件对采集到的现场数据进行分析、存储或显示（触摸屏在数据分析、存储方面的功能没有上位机组态软件强大），以此对现场设备的运转情况进行监视与控制。

8.2.2　单片机的构成简介

单片机是一种集成电路芯片，又称单片微控制器，其主要包括 CPU、RAM（随机存储器）、ROM（只读存储器）、多种 I/O 口和中断系统、定时/计数器等，可能还包括显示驱动电路、脉宽调试电路、模拟多路转换器、A/D（模/数）转换器等电路。

1. CPU

CPU 包括三部分：运算器、控制器和专用寄存器。

1）运算器由一个算术逻辑部件（ALU）、一个布尔处理器和两个 8 位暂存器组成，能实现数据的四则运算（加、减、乘、除），逻辑运算（与、或、非、异或等），数据传递、移位、判断和程序转移等功能。

2）控制器由指令寄存器（IR）、指令译码器（ID）、定时和控制逻辑电路等组成。

3）专用寄存器主要用来指示当前要执行指令的内存地址，存放操作数，以及指示指令执行后的状态。

2. RAM

主要用于存放各种数据，可以随机读入或读出，读写速度快，读写方便，但电源断电后存储的信息会丢失。

3. ROM

一般用来存放固定程序和数据，特点是程序写入后能长期保存，断电后数据不会丢失。多种 I/O 端口也称为 I/O 接口或 I/O 通路，是单片机与外部实现控制和交换的通道，分为并行端口和串行端口。

1）并行端口：80C51 单片机有四个 I/O 端口，分别为 P0 ~ P3，它们都有双向功能，每个端口都有一个 8 位数据输出锁存器和一个 8 位数据输入缓冲器。

2）串行端口：80C51 单片机具有一个全双工可编程串行 I/O 端口，可由 TXD（发送数据）串行发出，又可由 RXD（接收数据）串行接收。

4. 定时/计数器

80C51 单片机可以处理五个中断源发出的中断请求，其中包括两个外部中断请求 INT0、INT1，两个内部定时/计数器中断请求 T0、T1，以及一个内部串口中断请求。

8.2.3　常用单片机

1. 8 位单片机

（1）51 系列　以英特尔公司的 MCS51 为核心，许多公司都购买了其核心，生产属于自己的 51 单片机。爱特梅尔（Atmel）公司（如 AT89S52 等）、宏晶科技（STC）（如 STC89C52RC）、华邦、摩托罗拉和意法半导体（ST）公司都有生产。

（2）AVR 系列　以爱特梅尔公司的 ATMEGA16 为代表。

（3）PIC 系列　以美国微芯科技（MICROCHIP）公司的 PIC16F877 为代表。

另外还有专用的工业单片机，平时比较少见到，例如合泰、义隆、三星，这些单片机往往体积小，功能很强且比较专一，价格很便宜。

2. 16 位单片机

16 位单片机比较常见的是 MSP430 和飞思卡尔系列的产品。

3. 32 位单片机

32 位的单片机也比较常见，不过一般都包含了 ARM 内核，并且已经开始向 ARM 过渡，如 STM32 等。

8.2.4　单片机的开发工具和编程语言

1. 开发工具

单片机程序的编写不需要任何特殊的软件，只要是文本编辑软件就可以，例如 Windows 自带的记事本、Word 等，不过用这些软件编写并不方便，有一些更好的文本编辑器可供选择，例如 UltraEdit、PE2 等。当然，最常用的还是开发软件自带的编辑器。以 80C51 系列单片机为例，最为流行的软件是 Keil 软件。Keil 软件是一款综合开发工具，内置编辑器、ASM 汇编器、C51 编译器和调试器等部分。

2. 编程语言

（1）汇编语言　用助记符表示的指令称为汇编语言指令，用助记符编写的程序称为汇编语言程序。汇编语言比机器语言更易懂。但单片机只能识别机器语言，所以汇编语言程序编写完成后要转换成机器语言程序，再写入单片机中。一般都是用软件自动将汇编语言翻译成机器语言。

（2）高级语言　高级语言是依据数学语言设计的，使用高级语言编程时不用过多考虑单片机的内部结构。与汇编语言相比，高级语言易学易懂，而且通用性很强。高级语言的种类很多，例如 B 语言、Pascal 语言、C 语言和 Java 语言等。单片机常用 C 语言作为高级编程语言。

8.3　系统设计说明

8.3.1　设计任务

利用 Keil C51 软件和汇编语言编写程序，实现单片机数据采集与控制；利用组态王编写程序，实现计算机与单片机自动化控制。

1. 模拟电压输入

将 0~5 V 电压送入单片机，组态王与单片机建立通信读取对应的电压值，并将此电压值转换成十进制，以数字、曲线的方式显示。

2. 数字量输入

在单片机的 P3.3~P3.6 口接入按钮（由程序设定），组态王与单片机建立通信后读取这两个按钮的状态（打开或关闭），并在界面中用指示灯表示。

3. 数字量输出

在组态王界面中用按钮表示输出的数字量，当按下组态王界面中的按钮时，接在单片机对应 I/O 端口的 LED 变亮。

8.3.2 硬件连接

数据采集与控制系统框图如图8-1所示。

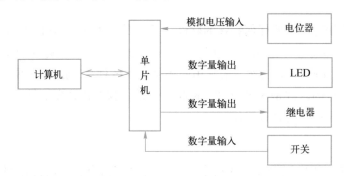

图8-1 数据采集与控制系统框图

8.3.3 组态王中的通信设置

用户只要按照单片机 ASCII（美国信息交换标准码）协议的规定编写单片机通信程序，就可以实现组态王与单片机的通信。

1. 定义组态王设备

单击"智能模块"→"单片机"→"通用单片机 ASCII"→"串口"命令，定义设备。

组态王的设备地址定义格式为"##. #"（与编写的程序有关），前面两个字符为设备地址，范围是 0~255，此地址为单片机地址；后面一个字符表示数据是否打包，"0"表示不打包，"1"表示打包，与单片机的程序无关。

2. 组态王通信设置

1) 通信方式：RS-232、RS-485 和 RS-422。本书采用 RS-232 通信方式。

2) 波特率：3600 bit/s。

3) 数据位：8 位。

4) 奇偶校验位：无校验。

5) 停止位：1 位。

3. 定义变量

组态王中单片机寄存器变量定义见表8-1。

表 8-1 组态王中单片机寄存器变量定义

寄存器名称	读写属性	变量类型	数据类型	占用字节	开始地址
X0~X99	读写	I/O 实数、I/O 整数	BYTE	1	0
X100~X200	读写	I/O 实数、I/O 整数	USHORT	2	100
X200 以后	读写	I/O 实数、I/O 整数	FLOAT	4	200

8.4 单片机数据采集与控制程序设计

8.4.1 单片机模拟量输入工程实例

视频 8-1

模拟量输入
工程实例

1. 功能概述

使用 STC 单片机片上 ADC（模数转换器）模块资源，根据组态王通用单片机通信协议（ASCII 协议），编写单片机下位机程序，并完成组态王与单片机的模拟量输入设计。

2. 软硬件要求

1）硬件：计算机、STC12C5A60S2 单片机。

2）软件：KingView 7.5、Keil C51、STC 单片机烧写软件。

具体程序请参考 8.3.3 节的单片机模拟量输入输出程序。

3. 原理简述

单片机片上集成 ADC 模块是单片机的发展趋势，许多流行单片机都在片上集成如 ADC、PWM（脉冲宽度调制）、SPI（串行外设接口）、I^2C（集成电路总线）等的基本功能模块。这些丰富的片上外设，也是衡量单片机性能的一项指标。

调用片上资源的方法与 51 单片机配置定时器、串口的操作类似，本质上就是操作其控制寄存器、模式寄存器和产生中断的寄存器、相关中断状态寄存器及中断向量。例如 STC12C5A60S2 单片机的 ADC 中断占用 5 号中断，用 "interrupt 5" 声明 ADC 中断服务函数。

STC12C5A60S2 单片机是宏晶科技生产的一款增强型 51 单片机，其指令、寄存器遵从 51 单片机架构，但处理性能有所提升。由于功能较丰富，相关控制器也有增设，其处理速度较快，51 指令集中部分指令的执行周期有所缩短，片上资源较丰富［包括 RAM、EEPROM（电擦除可编程只读存储器）、ADC、PWM、SPI］。

图 8-2 所示为 STC12C5A60S2 单片机引脚功能图。

	STC12C5A60S2	
CLKOUT2/ADC0/P1.0	1	40 VCC
ADC1/P1.1	2	39 P0.0
RXD2/ECI/ADC2/P1.2	3	38 P0.1
TXD2/CPP0/ADC3/P1.3	4	37 P0.2
SS/CPP1/ADC4/P1.4	5	36 P0.3
MOSI/ADC5/P1.5	6	35 P0.4
MISO/ADC6/P1.6	7	34 P0.5
SCLK/ADC7/P1.7	8	33 P0.6
$\overline{P4.7}$/RST	9	32 P0.7
$\overline{INT}$/RXD/P3.0	10	31 EX_LVD/P4.6/RST2
TXD/P3.1	11	30 ALE/P4.5
$\overline{INT0}$/P3.2	12	29 NA/P4.4
$\overline{INT1}$/P3.3	13	28 P2.7/A15
CLKOUT0/$\overline{INT}$/T0/P3.4	14	27 P2.6/A14
CLKOUT1/$\overline{INT}$/T1/P3.5	15	26 P2.5/A13
$\overline{WR}$/P3.6	16	25 P2.4/A12
$\overline{RD}$/P3.7	17	24 P2.3/A11
XTAL2	18	23 P2.2/A10
XTAL1	19	22 P2.1/A9
GND	20	21 P2.0A8

图 8-2　STC12C5A60S2 单片机引脚功能图

STC 单片机的官方手册里给出了具体的、可靠的模块使用代码，开发时可以参考一下这些官方例程。单片机烧写软件中也带有例程查找工能，直接按照需求找到相应代码，理解后略做修改即可使用，快捷准确。

硬件连接方面，根据编写的程序，可连接一个电位器，电位器上端接 5 V 电源，下端接地，中间那端接到 ADC 模拟量输入端口（本例程序使用单片机 P1.0 端口作为此端口）。硬件连接示意如图 8-3 所示。

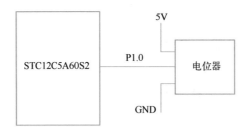

图 8-3　硬件连接示意

4. 单片机与计算机通信测试

打开计算机的设备管理器，查看串口号，并进行端口设置，如图 8-4 所示。

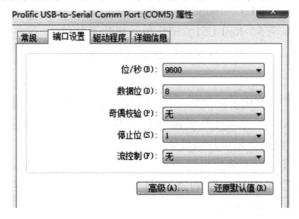

图 8-4　端口设置

读 AD（模数）寄存器，若校验、设备地址和寄存器地址正确，则返回采集到寄存器内的 AD 值；若错误，则返回 "40 30 46 2A 2A 37 36 0D"。将编写好的程序烧入单片机后，打开串口调试助手，设置通信参数：串口号为 "COM5"，波特率为 "9600"，校验位为 "None"，数据位为 "8"，停止位为 "1"；设置的参数与单片机参数一致。串口调试助手模拟量输入调试如图 8-5 所示。输入图 8-5 中的数字，单击 "发送" 按钮。向单片机发送

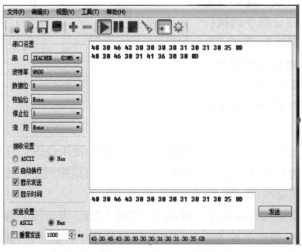

图 8-5　串口调试助手模拟量输入调试

"40 30 46 43 30 30 30 30 31 30 31 30 35 0D"，若单片机返回"40 30 46 30 31 41 36 30 30 0D"，则表示通信成功。

5. 组态王与单片机通信测试

新建组态王工程，在组态王工程浏览器中选择设备，双击右侧的"新建"命令，打开"设备配置向导"对话框，选择"设备驱动"→"智能模块"→"单片机"→"通用单片机 ASCII"→"串口"选项，如图 8-6 所示。

图 8-6 选择串口设备

单击"下一步"按钮，给设备指定唯一逻辑名称，命名为"MUC"；单击"下一步"按钮，选择串口号，如"COM5"（与计算机设备管理器一致）；再单击"下一步"按钮，安装 PLC 指定地址"15.0"；接着单击"下一步"按钮，弹出"通信故障恢复策略"对话框，设置试恢复时间为 30 s，最长恢复时间为 24 h；单击"下一步"按钮完成串口设备设置。然后设置串口通信参数，双击"设备"→"COM5"选项，弹出"设置串口"对话框，进行参数设置，如图 8-7 所示。

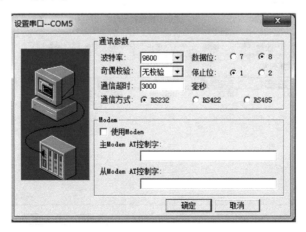

图 8-7 设置串口通信参数

完成串口设置后，选择已设置的单片机设备，右击并选择"测试 MUC"选项，弹出"串口设备测试"对话框，对照参数是否设置正确，若正确，则单击"设备测试"选项卡。单片机通信参数如图 8-8 所示。

图 8-8　单片机通信参数

寄存器写"X1"（由程序设定），数据类型为"BYTE"，单击"添加"→"读取"按钮；读出寄存器变量值。调节电位器，该值有明显变化，说明组态王已经与单片机通信成功。单片机寄存器通信测试如图 8-9 所示。

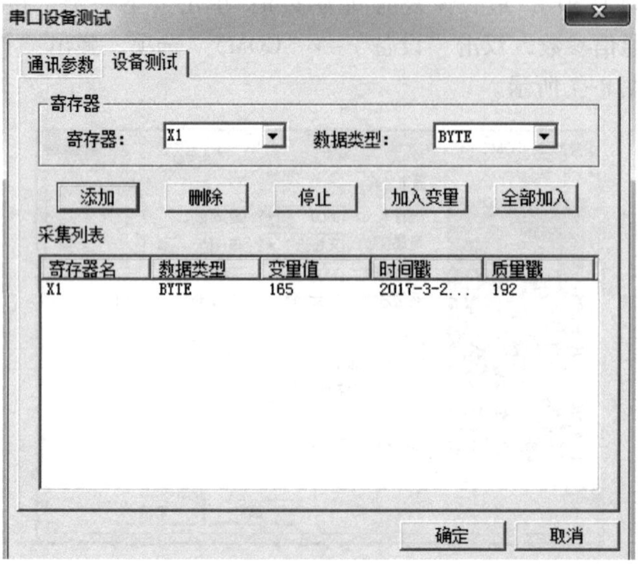

图 8-9　单片机寄存器通信测试

6. 组态王工程画面建立

定义模拟量输入变量"D2"，变量"D2"的基本属性如图 8-10 所示。需要注意的是，变量的读写属性为"只读"。

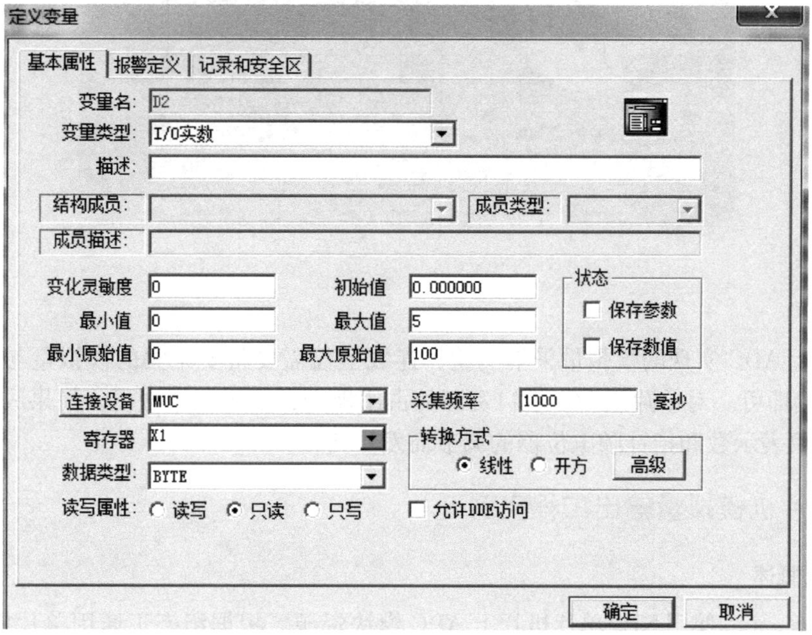

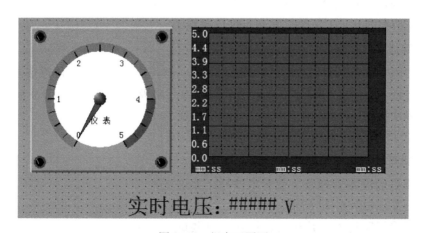

图 8-10　变量"D2"的基本属性

新建如图 8-11 所示的组态王画面，选择一个仪表，在工具箱中选择实时曲线，并将变量"D2"关联到仪表和曲线中。文本"#####"的"模拟量输出"动画连接关联到变量"D2"。

图 8-11　组态王画面

7. 运行画面调试

将组态王画面全部保存后，切换到运行画面，如图 8-12 所示。

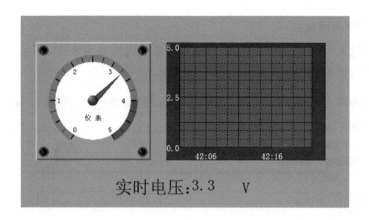

图 8-12　运行画面

　　此次片上 ADC 实现的模拟量采集实验，连线上仅需要将要采集的模拟量与单片机相应
I/O 端口连接即可。对单片机 I/O 端口资源的占用极少，使用相当方便。如果成功，可以观
察到组态王仪表示数和指针随电位器的调节而发生变化。

8.4.2　单片机模拟量输出工程实例

1. 功能概述

视频 8-2
模拟量输出
工程实例

　　使用 STC 单片机片上 ADC 模块资源，根据组态王通用单片机通信协议，
编写单片机下位机程序设计，并完成组态王与单片机的模拟量输出（PWM）
设计。

2. 软硬件要求

1）硬件：计算机、STC12C5A60S2 单片机。

2）软件：KingView 7.5、Keil C51、STC 单片机烧写软件。

具体程序请参照 8.4.1 节模拟量输入的 C 源程序。

3. 原理简述

前一个实例中已介绍了 STC12C5A60S2 单片机，这里不再细说。硬件连接方面，根据编
写的程序，可将一个串接 1 kΩ 左右电阻的共阴极或共阳极 LED 连接到 PWM 输出端口（本
例程序使用单片机 P1.3 端口作为此端口）。硬件连
接示意如图 8-13 所示。

4. 单片机与计算机通信测试

　　打开计算机的设备管理器，查看串口号，并进
行端口参数设置，如图 8-14 所示。

　　将编写好的程序烧入单片机后，打开串口调试
助手，设置通信参数：串口号为"COM5"，波特率
为"9600"，校验位为"None"，数据位为"8"，停

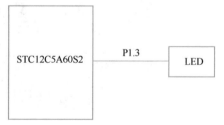

图 8-13　硬件连接示意

止位为"1"；设置的参数与单片机参数一致。写 DA（数模）寄存器时，若校验、设备地址
和寄存器地址正确，则电压数据信息写入到 DA 寄存器中。串口调试助手模拟量输入调试如

图 8-15 所示，若成功则返回"40 30 46 23 23 37 36 0D"，若错误则返回"40 30 46 2A 2A 37 36 0D"。

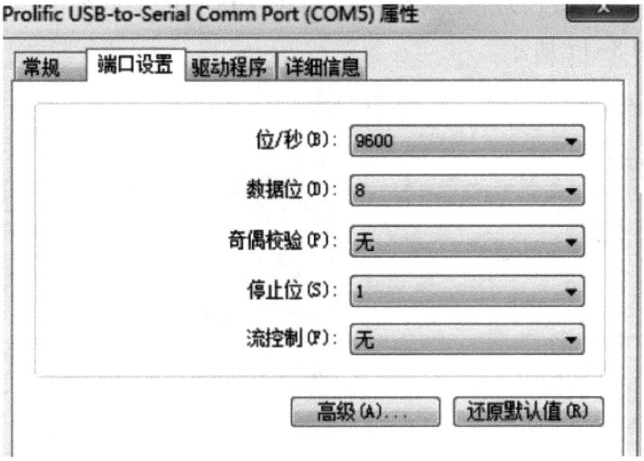

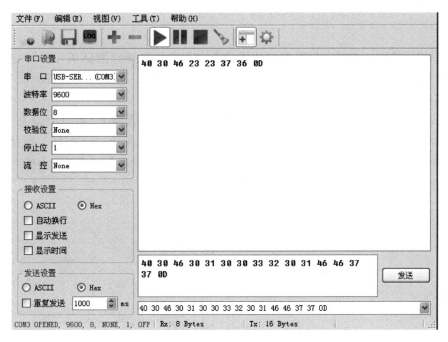

图 8-14　端口参数设置

图 8-15　串口调试助手模拟量输入调试

5. 组态王与单片机通信测试

新建组态王工程，在组态王工程浏览器中选择设备，双击右侧的"新建"命令，打开"设备配置向导"对话框，选择"设备驱动"→"智能模块"→"单片机"→"通用单片机 ASCII"→"串口"选项，如图 8-16 所示。

单击"下一步"按钮，给设备指定唯一逻辑名称，命名为"单片机"；单击"下一步"按钮，选择串口号，如"COM5"（与计算机设备管理器一致）；再单击"下一步"按钮，

安装 PLC 指定地址"15.0"；接着单击"下一步"按钮，弹出"通信故障恢复策略"对话框，设置试恢复时间为 30 s，最长恢复时间为 24 h；单击"下一步"按钮完成串口设备设置。然后设置串口通信参数，双击"设备"→"COM5"选项，弹出"设置串口"对话框，进行参数设置，如图 8-17 所示。

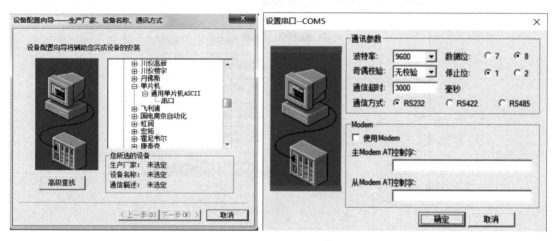

图 8-16　选择串口设备　　　　　　　　　　图 8-17　设置串口通信参数

完成串口设置后，选择已设置的单片机设备，右击并选择"测试单片机"选项，弹出"串口设备测试"对话框，对照参数是否设置正确，若正确，则单击"设备测试"选项卡。单片机通信参数如图 8-18 所示。

在"设备测试"选项卡中，寄存器选"X50"（由程序设定），数据类型为"BYTE"，单击"添加"按钮，再双击已添加寄存器"X50"，数据输入在 0～255 之间，寄存器变量值变为所添加的值。单片机寄存器数据测试如图 8-19 所示，若将单片机 P1.3 接上 LED，则可看到接在 P1.3 上的 LED 随着寄存器值的变化而变化。

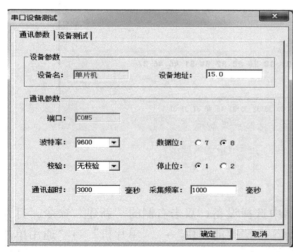

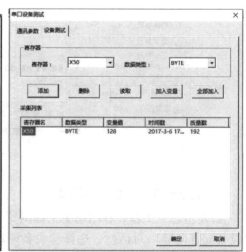

图 8-18　单片机通信参数　　　　　　　　　图 8-19　单片机寄存器数据测试

6. 组态王工程画面建立

定义模拟量输出变量"d1"，变量"d1"的基本属性如图 8-20 所示。需要注意的是，变量的读写属性为"只写"。

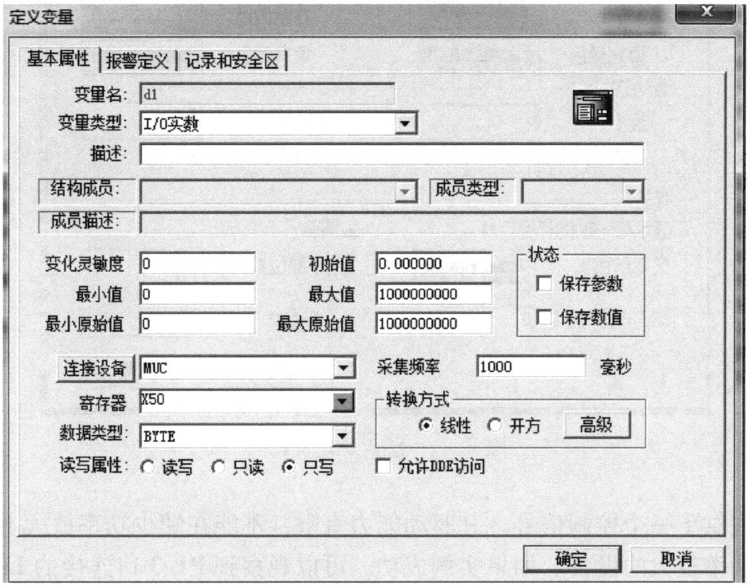

图 8-20　变量"d1"的基本属性

新建如图 8-21 所示的组态王画面，选择一个游标，在工具箱中选择实时曲线，并将变量"d1"关联到仪表和曲线中。文本"#####"的"模拟量输出"动画连接关联到变量"d1"。

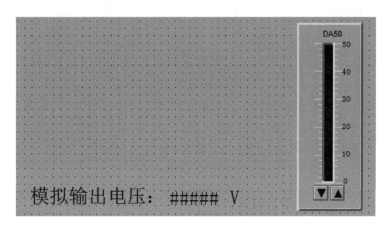

图 8-21　组态王画面

画面中游标的属性设置如图 8-22 所示。

7. 运行画面调试

将组态王画面全部保存后，切换到运行画面，如图 8-23 所示。此次片上 PWM 实现的模拟量采集实验，连线上仅需要将要受控对象与单片机相应 I/O 端口连接即可。需要注意的

图 8-22　游标的属性设置

是，单片机仅提供了一个控制信号，其驱动能力有限，不能在缺少功率放大电路的情况下直接推动电动机功率较大的设备。如果实例成功，可以观察到 P1.3 口连接的 LED 亮度会随组态王画面中游标的调节而发生变化。

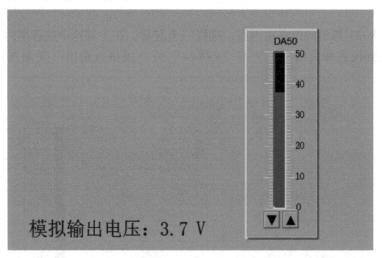

图 8-23　运行画面

8.4.3　单片机模拟量输入输出程序参考

```
/**************************************************************
晶振频率:22.1184MHz     线路->STC12C5A60S2 单片机
MCU:STC12C5A60S2
与组态王联机的 STC12C5A60S2 单片机地址为 15.0。
测试代码(通过串口调试助手以十六进制发送):40 30 46 30 31 30 30 33 32 30 31 46 46 37 37 0D。
```

采用组态王提供的"通用单片机 ASCII"协议。波特率:9600,8+1+无校验。
模拟量输出结果地址(STC 片上 ADC):X0(只读),对应单片机 P1.0 口;
PWM 输入地址:X50 和 51(只写),对应单片机 P1.3 和 P1.4;
模拟量输入:P1.0~P1.7(但 P1.3 和 P1.4 已作为 PWM 输出,不可再用于模拟量输入);
模拟量输出:P1.3 和 P1.4。
**/

```c
#include "STC12C5A60S2. H"
#include "intrins. h"
#include "string. h"
#include "stdio. h"
#include "main. h"
#include "stc_uart. h"
#include "stc_time. h"
#include "stc_adc. h"
#include "stc_pwm. h"
#define AD_TEST        0
#define DA_TEST        1
#define DEV_ADDR    15
#define WR_CFG_BIT      0x01
#define READ                    0x00
#define WRITE                   0x01
#define BYTE_BIT            0x03<<(2)
#define BYTE                    0x00<<(2)
#define WORD                   0x  01<<(2)              //用于调试
#define DEBUG 0
#define DEBUG_PRINTF(x)if(DEBUG)USART_Send_Str(x);if(DEBUG)USART_Send_Enter()
typedef struct
{uint8_t herd;
uint8_t        dev_addr;
uint8_t        flag;
uint16_t data_addr;
uint8_t        data_num;
uint16_t data_x;
uint8_t        cr_xor;
uint8_t end;}
ztw_packet_t;
ztw_packet_t xin;
ztw_packet_t * Ztw_Packet=&xin;
typedef struct
{ uint8_t         herd;
  uint8_t         dev_addr;
  uint8_t         data_num;
  uint8_t         data_x;
} ztw_read_byte_rsp_packet_t;
ztw_read_byte_rsp_packet_t  tx_byte_packet;
typedef struct
{ uint8_t         herd;
  uint8_t         dev_addr;
```

```
                  uint8_t          data_num;
                  uint16_t         data_x;}
        ztw_read_word_rsp_packet_t;
        ztw_read_word_rsp_packet_t   tx_word_packet;
        extern uint8_t USART_Rev_flag;                      //串口 1 接收数据完成标志
        extern uint8_t USART_Rev_Data[ ];                   //串口 1 接收数据缓存区
        uint8_t Rx_temp_Data[64];                           //缓存串口收到的整个数据包
        uint8_t Tx_temp_Data[64];                           //缓存串口收到的整个数据包
        uint8_t Q_AD[8]={0x00,0x00,0x00,0x00,0x00,0x00,0x00,0x00};//存放 8 路 AD 转换值
        uint8_t X_DA[2]={0x00,0x00};                        //存放 2 路 DA 转换值
        uint8_t Ascii_to_Hex(uint8_t asc);
        uint8_t Xor_checksum(uint8_t * position);
        void Analysis_Dat(ztw_packet_t * Destination, uint8_t * source);
        void Hex_to_Ascii(uint8_t * ascii_h,uint8_t * ascii_l,uint8_t hex);
        void main(void)
        {uint8_t len;
        Timer_Init();
        Uart_Init();
        //AD 初始化，除 P1.3、P1.4 外，其余 P1 口都作为 AD 输入
        //DA 初始化，将 P1.3、P1.4 口初始化为 PWM0、PWM1 口
        Adc_Init();
        Pwm_Init();
        Delay(500);
        Beep(100);
        DEBUG_PRINTF("Hello STC!!");
        while(1){
        Timer_Task_Poll();
        if(USART_Rev_flag == 1)
        {USART_Rev_flag=0;                                  //数据复制
        memcpy((uint8_t * )&Rx_temp_Data,(const uint8_t * )&USART_Rev_Data[0],20);
                                                            //数据校验
        len = strlen((uint8_t * )&Rx_temp_Data);
        if(Xor_checksum((uint8_t * )&Rx_temp_Data) == (Ascii_to_Hex(Rx_temp_Data[len-3]) * 16 +
        Ascii_to_Hex(Rx_temp_Data[len-2])))

        {                                                   //数据解包
        Analysis_Dat(Ztw_Packet, Rx_temp_Data);            //设备地址验证
        if(Ztw_Packet->dev_addr == DEV_ADDR)
        {DEBUG_PRINTF("The device address is correct");
        if((Ztw_Packet->flag & WR_CFG_BIT) == READ)        //读寄存器
        {DEBUG_PRINTF("Read register");
        if((Ztw_Packet->flag & BYTE_BIT) == BYTE)          //字节
        {DEBUG_PRINTF("Read bytes");
        if((0<=Ztw_Packet->data_addr) && (Ztw_Packet->data_addr<=7))
        //地址正确(0~49 为字节读，本程序中只使用 0~7 号地址，读 3 号和 4 号始终为 0)
        {uint8_t CRC;
         DEBUG_PRINTF("The register is correct");
         tx_byte_packet. herd=Ztw_Packet->herd;
```

```
        tx_byte_packet. dev_addr=Ztw_Packet->dev_addr;
        tx_byte_packet. data_num=Ztw_Packet->data_num;
        tx_byte_packet. data_x = Q_AD[Ztw_Packet->data_addr];
        Tx_temp_Data[0]=tx_byte_packet. herd;
Hex_to_Ascii((uint8_t ∗)&Tx_temp_Data[1],(uint8_t ∗)&Tx_temp_Data[2],tx_byte_packet.
dev_addr);
Hex_to_Ascii((uint8_t ∗)&Tx_temp_Data[3],(uint8_t ∗)&Tx_temp_Data[4],tx_byte_packet.
data_num);
Hex_to_Ascii((uint8_t ∗)&Tx_temp_Data[5],(uint8_t ∗)&Tx_temp_Data[6],tx_byte_packet.
data_x);
Hex_to_Ascii((uint8_t ∗)&Tx_temp_Data[7],(uint8_t ∗)&Tx_temp_Data[8],0x00);
                                              //临时校验值
                Tx_temp_Data[9]='\r';
                Tx_temp_Data[10]='\0';        //填充字符串尾部,串口发送数据时需要用到
                CRC=Xor_checksum((uint8_t ∗)&Tx_temp_Data);
Hex_to_Ascii((uint8_t ∗)&Tx_temp_Data[7],(uint8_t ∗)&Tx_temp_Data[8],CRC);
                                              //真实的校验值
USART_Send_Str((uint8_t ∗)&Tx_temp_Data);}
else                                          //地址错误
{uint8_t CRC;
DEBUG_PRINTF("Register error");
tx_byte_packet. herd=Ztw_Packet->herd;
tx_byte_packet. dev_addr=Ztw_Packet->dev_addr;
Tx_temp_Data[0]=tx_byte_packet. herd;
Hex_to_Ascii((uint8_t ∗)&Tx_temp_Data[1],(uint8_t ∗)&Tx_temp_Data[2],tx_byte_packet.
dev_addr);
                Tx_temp_Data[3]='∗';
                Tx_temp_Data[4]='∗';
Hex_to_Ascii((uint8_t ∗)&Tx_temp_Data[5],(uint8_t ∗)&Tx_temp_Data[6],0x00);
                                              //临时校验值
                Tx_temp_Data[7]='\r';
                Tx_temp_Data[8]='\0';         //填充字符串尾部,串口发送数据时需要用到

                CRC=Xor_checksum((uint8_t ∗)&Tx_temp_Data);
Hex_to_Ascii((uint8_t ∗)&Tx_temp_Data[5],(uint8_t ∗)&Tx_temp_Data[6],CRC);
                                              //真实的校验值
USART_Send_Str((uint8_t ∗)&Tx_temp_Data);    //回应上位机收到的数据错误
//USART_Send_Str("读字节地址错误");}}
else if((Ztw_Packet->flag & BYTE_BIT)==WORD)  //读字,不支持,直接返回错误
    {uint8_t CRC;
    DEBUG_PRINTF("No support to reading a word");
    tx_byte_packet. herd=Ztw_Packet->herd;
    tx_byte_packet. dev_addr=Ztw_Packet->dev_addr;
    Tx_temp_Data[0]=tx_byte_packet. herd;
Hex_to_Ascii((uint8_t ∗)&Tx_temp_Data[1],(uint8_t ∗)&Tx_temp_Data[2],tx_byte_packet. dev_addr);
                Tx_temp_Data[3]='∗';
                Tx_temp_Data[4]='∗';
```

```
Hex_to_Ascii((uint8_t *)&Tx_temp_Data[5],(uint8_t *)&Tx_temp_Data[6],0x00);//临时校验值
                    Tx_temp_Data[7]='\r';
                    Tx_temp_Data[8]='\0';//填充字符串尾部，串口发送数据时需要用到
        CRC=Xor_checksum((uint8_t *)&Tx_temp_Data);
Hex_to_Ascii((uint8_t *)&Tx_temp_Data[5],(uint8_t *)&Tx_temp_Data[6],CRC);
                                                    //真实的校验值
        USART_Send_Str((uint8_t *)&Tx_temp_Data);  //回应上位机收到的数据错误
        //USART_Send_Str("不支持读字");}
        else                                       //读浮点，不支持，直接返回错误
            {uint8_t CRC;
            DEBUG_PRINTF("No support to reading a float");
            tx_byte_packet.herd=Ztw_Packet->herd;
                    tx_byte_packet.dev_addr=Ztw_Packet->dev_addr;
                    Tx_temp_Data[0]=tx_byte_packet.herd;
Hex_to_Ascii((uint8_t *)&Tx_temp_Data[1],(uint8_t *)&Tx_temp_Data[2],tx_byte_packet.
dev_addr);
                    Tx_temp_Data[3]='*';
                    Tx_temp_Data[4]='*';
Hex_to_Ascii((uint8_t *)&Tx_temp_Data[5],(uint8_t *)&Tx_temp_Data[6],0x00);
                                                        //临时校验值
                    Tx_temp_Data[7]='\r';
                    Tx_temp_Data[8]='\0';    //填充字符串尾部，串口发送数据时需要用到
        CRC=Xor_checksum((uint8_t *)&Tx_temp_Data);
Hex_to_Ascii((uint8_t *)&Tx_temp_Data[5],(uint8_t *)&Tx_temp_Data[6],CRC);
                                                        //真实的校验值
USART_Send_Str((uint8_t *)&Tx_temp_Data);  //回应上位机收到的数据错误
//USART_Send_Str("不支持读浮点");}}

else                                              //写寄存器
{DEBUG_PRINTF("Write register");
if((Ztw_Packet->flag & BYTE_BIT)==BYTE)                    //字节
{ DEBUG_PRINTF("Write bytes");
if((50<=Ztw_Packet->data_addr) && (Ztw_Packet->data_addr<=51))      //地址正确
{uint8_t CRC;
DEBUG_PRINTF("The register is correct");
                    tx_byte_packet.herd=Ztw_Packet->herd;
                    tx_byte_packet.dev_addr=Ztw_Packet->dev_addr;
                    Tx_temp_Data[0]=tx_byte_packet.herd;
Hex_to_Ascii((uint8_t *)&Tx_temp_Data[1],(uint8_t *)&Tx_temp_Data[2],tx_byte_packet.dev_addr);
                    Tx_temp_Data[3]='#';                //0x23
                    Tx_temp_Data[4]='#';
Hex_to_Ascii((uint8_t *)&Tx_temp_Data[5],(uint8_t *)&Tx_temp_Data[6],0x00);
                                                        //临时校验值
                    Tx_temp_Data[7]='\r';
                    Tx_temp_Data[8]='\0';  //填充字符串尾部，串口发送数据时需要用到
        CRC=Xor_checksum((uint8_t *)&Tx_temp_Data[0]);
Hex_to_Ascii((uint8_t *)&Tx_temp_Data[5],(uint8_t *)&Tx_temp_Data[6],CRC);
                                                        //真实的校验值
```

```
USART_Send_Str((uint8_t *)&Tx_temp_Data);                      //回应上位机已成功收到数据
X_DA[Ztw_Packet->data_addr-50]=(uint8_t)Ztw_Packet->data_x;   //存储上位机发送的 DA 值
                    Pwm_out(1,0xFF-X_DA[0]);
                    Pwm_out(2,0xFF-X_DA[1]);}
    else                                                       //地址不正确
{uint8_t CRC;
DEBUG_PRINTF("Register error");
tx_byte_packet. herd=Ztw_Packet->herd;
tx_byte_packet. dev_addr=Ztw_Packet->dev_addr;
                    Tx_temp_Data[0]=tx_byte_packet. herd;
Hex_to_Ascii((uint8_t *)&Tx_temp_Data[1],(uint8_t *)&Tx_temp_Data[2],tx_byte_packet.
dev_addr);
                    Tx_temp_Data[3]='*';                       //0x2A
                    Tx_temp_Data[4]='*';
Hex_to_Ascii((uint8_t *)&Tx_temp_Data[5],(uint8_t *)&Tx_temp_Data[6],0x00);
                                                               //临时校验值
                    Tx_temp_Data[7]='\r';
                    Tx_temp_Data[8]='\0';   //填充字符串尾部,串口发送数据时需要用到
            CRC=Xor_checksum((uint8_t *)&Tx_temp_Data);
Hex_to_Ascii((uint8_t *)&Tx_temp_Data[5],(uint8_t *)&Tx_temp_Data[6],CRC);
                                                               //真实的校验值
USART_Send_Str((uint8_t *)&Tx_temp_Data);   //回应上位机收到的数据错误}}
else if((Ztw_Packet->flag & BYTE_BIT) == WORD)                 //字
{DEBUG_PRINTF("Write word");
if((150<=Ztw_Packet->data_addr) && (Ztw_Packet->data_addr<=199))//地址正确
    {uint8_t CRC;
    DEBUG_PRINTF("The register is correct");
    tx_byte_packet. herd=Ztw_Packet->herd;
    tx_byte_packet. dev_addr=Ztw_Packet->dev_addr;
    Tx_temp_Data[0]=tx_byte_packet. herd;
Hex_to_Ascii((uint8_t *)&Tx_temp_Data[1],(uint8_t *)&Tx_temp_Data[2],tx_byte_packet.
dev_addr);
                    Tx_temp_Data[3]='#';
                    Tx_temp_Data[4]='#';
Hex_to_Ascii((uint8_t *)&Tx_temp_Data[5],(uint8_t *)&Tx_temp_Data[6],0x00);
                                                               //临时校验值
                    Tx_temp_Data[7]='\r';
                    Tx_temp_Data[8]='\0';                      //填充字符串尾部,串口发送
                                                                 数据时需要用到
CRC=Xor_checksum((uint8_t *)&Tx_temp_Data);
Hex_to_Ascii((uint8_t *)&Tx_temp_Data[5],(uint8_t *)&Tx_temp_Data[6],CRC);
                                                               //真实的校验值
USART_Send_Str((uint8_t *)&Tx_temp_Data);                      //回应上位机已成功收到数据
//这里添加存储上位机发送的数据语句//--------------------}
    else                                                       //地址不正确
{uint8_t CRC;
DEBUG_PRINTF("Register error");
                    tx_byte_packet. herd=Ztw_Packet->herd;
```

```
                        tx_byte_packet. dev_addr=Ztw_Packet->dev_addr;
                        Tx_temp_Data[0]=tx_byte_packet. herd;
Hex_to_Ascii((uint8_t *)&Tx_temp_Data[1],(uint8_t *)&Tx_temp_Data[2],tx_byte_packet.
dev_addr);
                        Tx_temp_Data[3]='*';
                        Tx_temp_Data[4]='*';
Hex_to_Ascii((uint8_t *)&Tx_temp_Data[5],(uint8_t *)&Tx_temp_Data[6],0x00);
                                        //临时校验值
                        Tx_temp_Data[7]='\r';
                        Tx_temp_Data[8]='\0';//填充字符串尾部，串口发送数据时需要用到
                        CRC=Xor_checksum((uint8_t *)&Tx_temp_Data);
Hex_to_Ascii((uint8_t *)&Tx_temp_Data[5],(uint8_t *)&Tx_temp_Data[6],CRC);
                                        //真实的校验值
USART_Send_Str((uint8_t *)&Tx_temp_Data);//回应上位机收到的数据错误}}
        else                            //写浮点，不支持，直接返回错误
{uint8_t CRC;
DEBUG_PRINTF("No support to write a float");
                        tx_byte_packet. herd=Ztw_Packet->herd;
                        tx_byte_packet. dev_addr=Ztw_Packet->dev_addr;
                        Tx_temp_Data[0]=tx_byte_packet. herd;
Hex_to_Ascii((uint8_t *)&Tx_temp_Data[1],(uint8_t *)&Tx_temp_Data[2],tx_byte_packet.
dev_addr);
                        Tx_temp_Data[3]='*';
                         Tx_temp_Data[4]='*';
Hex_to_Ascii((uint8_t *)&Tx_temp_Data[5],(uint8_t *)&Tx_temp_Data[6],0x00);
                                        //临时校验值
                        Tx_temp_Data[7]='\r';
                        Tx_temp_Data[8]='\0';//填充字符串尾部，串口发送数据时需要用到
                        CRC=Xor_checksum((uint8_t *)&Tx_temp_Data);
Hex_to_Ascii((uint8_t *)&Tx_temp_Data[5],(uint8_t *)&Tx_temp_Data[6],CRC);
                                        //真实的校验值
USART_Send_Str((uint8_t *)&Tx_temp_Data);//回应上位机收到的数据错误}}}
        else                                    //设备地址校验失败
{//因为不是发给自己的数据，不作任何回应}}
else                                    //CRC 校验失败
{DEBUG_PRINTF("CRC Verification failed");}}}}
//秒任务回调函数
void S_Task_Callback(void)
{//打印 012567 通道的打样值
//  USART_Send_Str("-----------------");
//  USART_Send_Enter();//
//  USART_Send_Str("CH0=:");
//  USART_Put_Num((uint16_t)Q_AD[0]);
//  USART_Send_Enter();//
//  USART_Send_Str("CH1=:");
//  USART_Put_Num((uint16_t)Q_AD[1]);
//  USART_Send_Enter();//
//  USART_Send_Str("CH2=:");
```

```
//    USART_Put_Num((uint16_t)Q_AD[2]);
//    USART_Send_Enter();//
//    USART_Send_Str("CH5=:");
//    USART_Put_Num((uint16_t)Q_AD[5]);
//    USART_Send_Enter();//
//    USART_Send_Str("CH6=:");
//    USART_Put_Num((uint16_t)Q_AD[6]);
//    USART_Send_Enter();//
//    USART_Send_Str("CH7=:");
//    USART_Put_Num((uint16_t)Q_AD[7]);
//    USART_Send_Enter();}
//分任务回调函数
void M_Task_Callback(void)
{//Beep(100);}
//ASCII 转十六进制
uint8_t Ascii_to_Hex(uint8_t asc)
{uint8_t hex;
    if(asc<0x40)
    {hex=asc-0x30;}
    else if(asc<0x47)
    {hex=asc-0x37;}
    else if(asc<67)
    {    hex=asc-0x57;}
    else
    {    hex = 255;}
    return hex;}
//16 进制转 ASCII
void Hex_to_Ascii(uint8_t * ascii_h,uint8_t * ascii_l,uint8_t hex)
{if( ((hex>>4) & 0x0F) < 0x0a )
    {*ascii_h = ((hex>>4) & 0x0F)+0x30;}
    else
    {*ascii_h = ((hex>>4) & 0x0F)+0x37;}
    if( (hex & 0x0F) < 0x0a )
    {*ascii_l = (hex & 0x0F)+0x30;}
    else
    {*ascii_l = (hex & 0x0F)+0x37;}}    //异或校验
uint8_t Xor_checksum(uint8_t * position)    //整个数据包,自动去除头和 CRC 位进行校验(可
                                              修改为输入参数为指针+长度的方式,可通用)
{uint8_t i;
 uint8_t len=0;
 uint8_t crc;
len = strlen(position);
crc = *(++position);                        //指针+1,跳过'@'
for(i=2;i<=len-4;i++)                        //还需要校验 len-4
{crc ^= *(++position);}
return crc;}
//Ascii 包解析
void Analysis_Dat(ztw_packet_t * Destination, uint8_t * source)
```

```
{   Destination->herd = '@';
    Destination->dev_addr = Ascii_to_Hex( * (source+1)) * 16 + Ascii_to_Hex( * (source+2));
    Destination->flag = Ascii_to_Hex( * (source+3)) * 16 + Ascii_to_Hex( * (source+4));
    Destination->data_addr = Ascii_to_Hex( * (source+5)) * 16 * 16 * 16 + \
        Ascii_to_Hex( * (source+6)) * 16 * 16 + \
        Ascii_to_Hex( * (source+7)) * 16 + \
        Ascii_to_Hex( * (source+8));

    Destination->data_num = Ascii_to_Hex( * (source+9)) * 16 + Ascii_to_Hex( * (source+10));
    if((Destination->flag & WR_CFG_BIT) == WRITE)       //如果是写,还需要解析数据长度
                                                                后面的 2 或 4 个字节
    {if((Destination->flag & BYTE_BIT) == BYTE)         //字节
    {Destination->data_x = Ascii_to_Hex( * (source+11)) * 16 + Ascii_to_Hex( * (source+12));}
    else if( (Destination->flag & BYTE_BIT) == WORD)    //字
{Destination->data_x = Ascii_to_Hex( * (source+11)) * 16 * 16 * 16 + \
                        Ascii_to_Hex( * (source+12)) * 16 * 16 + \
                        Ascii_to_Hex( * (source+13)) * 16 + \
                        Ascii_to_Hex( * (source+14));}
    else                                                //浮点{//暂时不支持浮点数}}}
```

8.4.4 单片机数字量输入工程实例

1. 功能概述

使用 STC 单片机，根据组态王通用单片机通信协议，编写组态王单片机下位机程序设计，并完成组态王与单片机的数字量输入设计。

2. 软硬件要求

1）硬件：计算机、单片机 STC89C51 或 STC89C52。

2）软件：KingView 7.5、Keil C51、STC 单片机烧写软件。

在单片机的 P3.3~P3.6 口接入按钮（由程序设定），组态王与单片机建立通信后读取这四个按钮的状态（打开或关闭），并在画面中用指示灯表示。

参考程序如下。

```
/ * * * * * * * * * * * * * * * * * * * * * * * * * * * * * * * * * * * * * * * * * *
** 晶振频率:11.0592MHz
** 线路->STC 单片机
与组态王联机的 STC 单片机地址为 15.0,开关量存储地址为 15.0。
测试代码(通过串口调试助手以十六进制发送):40 30 46 30 30 30 30 46 30 32 37 31 0d。
* * * * * * * * * * * * * * * * * * * * * * * * * * * * * * * * * * * * * * * * * * /
    #include <REG51.H>
/ * * * * * * * * * * * * * * 开关端口定义 * * * * * * * * * * * * * * * * * * * * * * * /
    sbit sw_0 = P3^3;
    sbit sw_1 = P3^4;
    sbit sw_2 = P3^5;
    sbit sw_3 = P3^6;
/ * * * * * * * 数码显示 键盘接口定义 * * * * * * * * * * * * * * * * * * * * * * /
```

```
    sbit PS0 = P2^4;                              //数码管个位
    sbit PS1 = P2^5;                              //数码管十位
    sbit PS2 = P2^6;                              //数码管百位
    sbit PS3 = P2^7;                              //数码管千位
    sfr  P_data = 0x80;                           //P0 口为显示数据输出口
    sbit P_K_L = P2^2;                            //键盘列
Unsigned
char
code
tab[ ] = {0xfc,0x60,0xda,0xf2,0x66,0xb6,0xbe,0xe0,0xfe,0xf6,0xee,0x3e,0x9c,0x7a,0x9e,0x8e};
                                                  //字段转换表
unsigned char rec[50];//用于接收组态王发送来的数据, 发送过来的数据不能超过此数组长度
unsigned char code error[ ] = {0x40,0x30,0x46,0x2a,0x2a,0x37,0x36,0x0d};  //数据不正确
unsigned char send[ ] = {0x40,0x30,0x46,0x30,0x32,0x00,0x00,0x00,0x00,0x00,0x0d};
                                                  //正确的数据
unsigned char i;
unsigned char temp;                               //温度
unsigned int sw_in(void);                         //开关量输入采集
    void display(unsigned int);                   //显示函数
    void delay(unsigned int);                     //延时函数
    unsigned int dth(unsigned int);               //十六进制转换为十进制
    unsigned char ath(unsigned char,unsigned char); //ASCII 码转换为十六进制数
    unsigned int hta(unsigned char);              //十六进制数转换为 ASCII 码
    void uart(void);                              //串口中断程序
    void main(void)
    {unsigned int a,b,c,temp;
        TMOD = 0x20;                              //定时器 1, 方式 2
        TL1 = 0xfd;
        TH1 = 0xfd;                               //11.0592MHz 晶振, 波特率为 9600bit/s
        SCON = 0x50;                              //方式 1
        TR1 = 1;                                  //启动定时
        IE = 0x90;                                //EA = 1, ES = 1: 打开串口中断
while(1){
        c = sw_in();
        temp = dth(c);
        a = hta(temp>>8);
        send[5] = a>>8;
        send[6] = (unsigned char)a;
        a = hta(temp);
        send[7] = a>>8;
        send[8] = (unsigned char)a;
        b = 0;
        for(a = 1;a<9;a++)                        //产生异或值
            b^= send[a];
        b = hta(b);
        send[9] = b>>8;
        send[10] = (unsigned char)b;
        for(a = 0;a<100;a++)                      //显示, 兼有延时作用
```

```
                        display(c);}}
/************************* 数码管显示函数 *******************/
/* 函数原型:void display(void)/* 函数功能:数码管显示/* 输入参数:无
/* 输出参数:无/* 调用模块:delay()
/***********************************************************/
unsigned int sw_in(void)
{ unsigned int a=0;
   if(sw_0)
   a=a+1;
   if(sw_1)
   a=a+0x10;
   if(sw_2)
   a=a+0x100;
   if(sw_3)
   a=a+0x1000;
      return a;}
/************************* 数码管显示函数 *******************/
  /* 函数原型:void display(void)
  /* 函数功能:数码管显示
  /* 输入参数:无
  /* 输出参数:无
  /* 调用模块:delay()
  /***********************************************************/
void display(unsigned int a)
{bit b=P_K_L;
     P_K_L=1;                        //防止按键干扰显示
     P_data=tab[a&0x0f];             //显示个位
     PS0=0;
     PS1=1;
     PS2=1;
     PS3=1;
     delay(200);
     P_data=tab[(a>>4)&0x0f];        //显示十位
     PS0=1;
     PS1=0;
     delay(200);
     P_data=tab[(a>>8)&0x0f];        //显示百位
     PS1=1;
     PS2=0;
     delay(200);
     P_data=tab[(a>>12)&0x0f];       //显示千位
     PS2=1;
     PS3=0;
     delay(200);
     PS3=1;
     P_K_L=b;                        //恢复按键
     P_data=0xff;}                   //恢复数据口
/***************** 十进制转换为十六进制函数 *****************/
```

8章 基于单片机的控制应用 ▶▶▶ **169**

/＊函数原型:uint dth(uint a) /＊函数功能:十进制转换为十六进制 /＊输入参数:要转换的数据

/＊输出参数:转换后的数据 /＊调用模块:无

/＊＊/

```c
unsigned int dth(unsigned int a)
{ unsigned int b,c;
  b=a%16;
  if(b>9)
  c=b+6;
else
  c=b;
  a=a/16;
  b=a%16;
  if(b>9)
  c+=(b+6)*10;
  else
  c=c+b*10;
    a=a/16;
    b=a%16;
    if(b>9)
    c+=(b+6)*100;
  else
      c=c+b*100;
  a=a/16;
  b=a%16;
  if(b>9)
      c+=(b+6)*1000;
  else
      c=c+b*1000;
  return c;}
```

/＊＊＊＊＊＊＊＊＊＊＊＊＊＊＊＊＊＊＊延时函数＊＊＊＊＊＊＊＊＊＊＊＊＊＊＊＊＊＊＊＊＊＊/
/＊函数原型:delay(unsigned int delay_time) /＊函数功能:延时函数 /＊输入参数:delay_time（输入要延时的时间）/＊输出参数:无 /＊调用模块:无

/＊＊/

```c
void delay(unsigned int delay_time)       //延时子程序
{for(;delay_time>0;delay_time--)
{}}
```

/＊＊＊＊＊＊＊＊＊＊＊＊＊＊＊＊ASCII 码转换为十六进制函数＊＊＊＊＊＊＊＊＊＊＊＊＊＊＊＊/
/＊函数原型:unsigned char ath(unsigned char a,unsigned char b) /＊函数功能:ASCII 码转换为十六进制 /＊输入参数:要转换的数据 /＊输出参数:转换后的数据 /＊调用模块:无

/＊＊/

```c
unsigned char ath(unsigned char a,unsigned char b)
{ if(a<0x40)
    a-=0x30;
    else if(a<0x47)
        a-=0x37;
    else if(a<67)
        a-=0x57;
```

```
        if(b<0x40)
            b-=0x30;
        else if(b<0x47)
            b-=0x37;
        else if(a<67)
            b-=0x57;
        return((a<<4)+b);}
```

/************** 十六进制转换为 ASCII 码函数 ***********************/
/* 函数原型:unsigned int hta(unsigned char a) /* 函数功能:十六进制转换为 ASCII 码
/* 输入参数:要转换的数据 /* 输出参数:转换后的数据 /* 调用模块:无
/**/

```
unsigned int hta(unsigned char a)
{
    unsigned int b;
    b=a>>4;
    a&=0x0f;
    if(a<0x0a)
        a+=0x30;
    else
        a+=0x37;
    if(b<0x0a)
        b+=0x30;
    else
        b+=0x37;
    b=((b<<8)+a);
    return b;}
```

/****************** 串口中断函数 **************************/
/* 函数原型:void uart(void) /* 函数功能:串口中断处理 /* 输入参数:无 /* 输出参数:无
/* 调用模块:无
/**/

```
void uart(void) interrupt 4
{
    unsigned char a,b;
    if(RI)
    {  a=SBUF;
        RI=0;
        if(a==0x40)                                            //接收到字头
            i=0;
        rec[i]=a;
        i++;
        if(a==0x0d)                                            //接收到字尾,开始输入数据
        { if(ath(rec[1],rec[2])==15)                           //判断是否为本机地址
            {  b=0;
                for(a=1;a<i-3;a++)                             //产生异或值
                    b^=rec[a];
                if(b==ath(rec[i-3],rec[i-2]))                  //接收到正确数据
                { if((ath(rec[3],rec[4])&0x01)==0)             //读操作
```

```
                              {   for(a=0;a<12;a++)
                                  {SBUF=send[a];
                                  while(TI!=1);
                                    TI=0;}}   }
                        else        //接收到错误数据
                        {   for(a=0;a<8;a++)
                            {   SBUF=error[a];
                                while(TI!=1);
                                    TI=0;}   }}}   }
        else
                {TI=0;}}
```

3. 单片机与计算机通信测试

打开计算机的设备管理器，查看串口号，并进行端口参数设置，如图 8-24 所示。

图 8-24　端口参数设置

将程序烧入单片机后，打开串口调试助手，设置通信参数：串口号为"COM5"，波特率为"9600"，校验位为"None"，数据位为"8"，停止位为"1"；设置的参数与单片机参数一致。串口调试助手数字量输入调试如图 8-25 所示。输入图 8-25 中的数字，单击"发送"按钮。向单片机发送"40 30 46 30 30 30 30 46 30 32 37 31 0d"，若返回"40 30 46 2A 2A 37 36 0D"，则表示通信成功。

4. 组态王与单片机通信测试

(1) 设置新设备　新建组态王工程，在组态王工程浏览器中选择设备，双击右侧的"新建"命令，打开"设备配置向导"对话框，选择"设备驱动"→"智能模块"→"单片机"→"通用单片机 ASCII"→"串口"选项，如图 8-26 所示。

单击"下一步"按钮，给设备指定唯一逻辑名称，命名为"单片机"；单击"下一步"按钮，选择串口号，如"COM5"（与计算机设备管理器一致）；再单击"下一步"按钮，

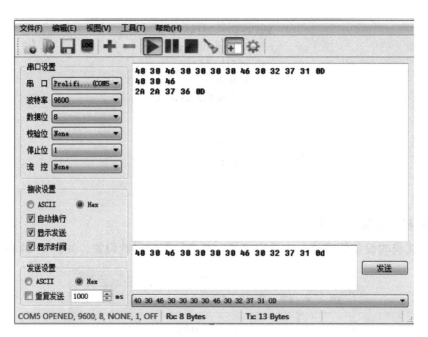

图 8-25　串口调试助手数字量输入调试

图 8-26　选择串口设备

安装 PLC 指定地址"15.0"；接着单击"下一步"按钮，弹出"通信故障恢复策略"对话框，设置试恢复时间为 30 s，最长恢复时间为 24 h；单击"下一步"按钮完成串口设备设置。

（2）单片机通信测试　设置串口通信参数，双击"设备"→"COM5"选项，弹出"设置串口"对话框，进行参数设置，如图 8-27 所示。

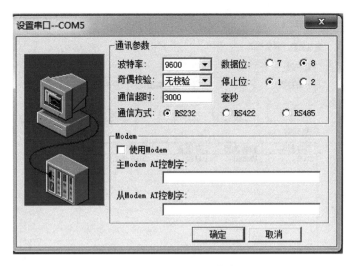

图 8-27　设置串口通信参数

完成串口设置后，选择已设置的单片机设备，右击并选择"测试单片机"选项，弹出"串口设备测试"对话框，对照参数是否设置正确，若正确，则单击"设备测试"选项卡。单片机通信参数如图 8-28 所示。

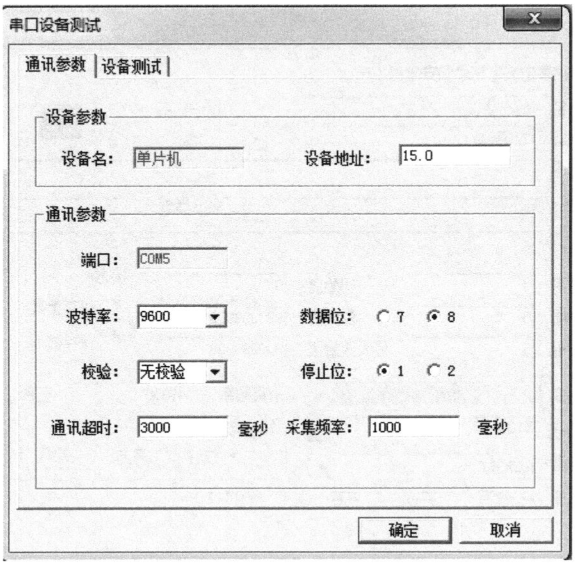

图 8-28　单片机通信参数

寄存器选"X100"，数据类型为"USHORT"，单击"添加"→"读取"按钮，寄存器变量值为"1111"。若将单片机 P3.3~P3.6 口接上按钮，按下按钮，对应位变为 0，例如当按下 P3.3 时，变量值变为 1110，这说明组态王已经与单片机通信成功。单片机寄存器通信测试如图 8-29 所示。

5. 组态王工程画面建立

定义"数字量输入"变量，其基本属性如图 8-30 所示。需要注意的是，变量的读写属性为"读写"。

图 8-29　单片机寄存器通信测试

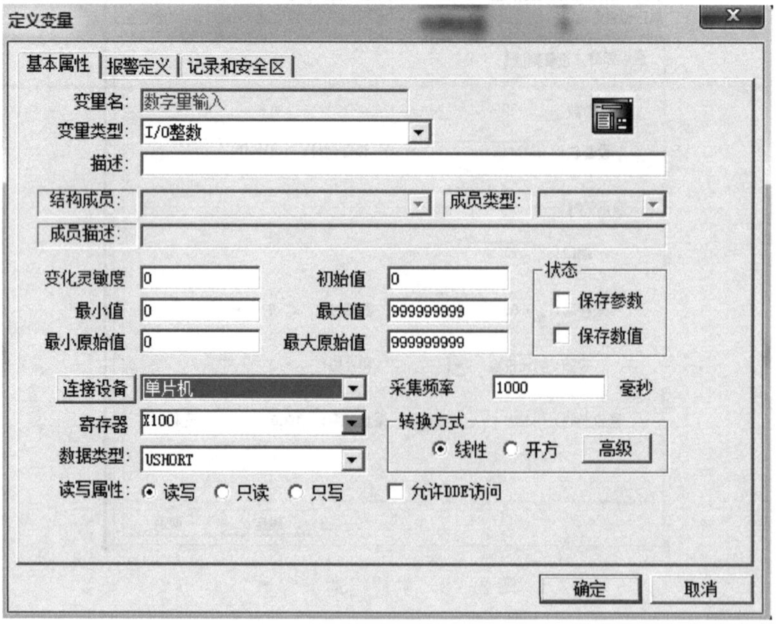

图 8-30　"数字量输入"变量的基本属性

另外设置四个内存离散变量，命名为"灯1"~"灯4"。

新建如图 8-31 所示的组态王画面，并将灯关联到变量"灯1"~"灯4"，文本"######"关联到变量"数字量输入"。

6. 画面命令语言写入

右击组态王画面，单击"命令语言"命令，进入画面命令语言窗口，选择"运行时"

标签，写入如下程序：

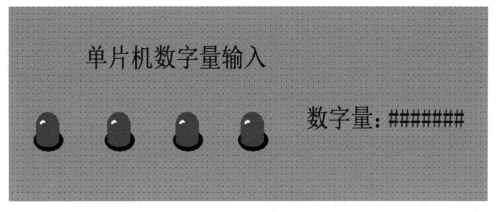

图 8-31　组态王画面

```
if(\\local\数字量输入==1111)
{
\\local\灯1=0;
\\local\灯2=0;
\\local\灯3=0;
\\local\灯4=0;
}
if(\\local\数字量输入==1110)
{
\\local\灯1=1;
\\local\灯2=0;
\\local\灯3=0;
\\local\灯4=0;
}
if(\\local\数字量输入==1101)
{
\\local\灯1=0;
\\local\灯2=1;
\\local\灯3=0;
\\local\灯4=0;
}
if(\\local\数字量输入==1011)
{
\\local\灯1=0;
\\local\灯2=0;
\\local\灯3=1;
\\local\灯4=0;
}
if(\\local\数字量输入==0111)
{
\\local\灯1=0;
\\local\灯2=0;
```

```
\\local\灯3=0;
\\local\灯4=1;
}
```

7. 运行系统调试

切换至运行系统，按下单片机 P3. 3～P3. 6 所接的按钮，组态王运行系统画面中对应的灯亮。组态王运行系统画面如图 8-32 所示。

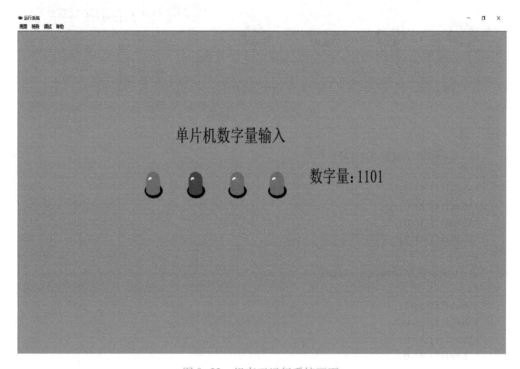

图 8-32　组态王运行系统画面

8. 4. 5　单片机数字量输出工程实例

视频 8-4
单片机数字
量输出工程
实例

1. 功能概述

使用 STC 单片机，根据组态王通用单片机通信协议，编写单片机下位机程序设计，并完成组态王与单片机的数字量输出设计。

2. 软硬件要求

1）硬件：计算机、单片机 STC89C51 或 STC89C52。

2）软件：KingView 7. 5、Keil C51、STC 单片机烧写软件。

在组态王画面中，用按钮表示输出的数字量，当按下组态王画面中的按钮时，接在单片机对应 P2. 0 和 P2. 1 口的 LED 变亮。

参考程序如下。

```
/******************************************************
数字量输出：**  晶振频率为 11. 0592MHz  **  线路->STC 单片机系统
```

与组态王联机的单片机地址为 15.0。

测试代码(通过串口调试助手以十六进制发送):40 30 46 43 35 30 30 30 46 30 31 30 41 30 36 0d。

```
*********************************************************/
#include   <REG51.H>
/ ********************** 开关端口定义 *********************/
sbit sw_0 = P3^3;
sbit sw_1 = P3^4;
sbit sw_2 = P3^5;
sbit sw_3 = P3^6;
sbit jdq1 = P2^0;                    //灯 1
sbit jdq2 = P2^1;                    //灯 2
unsigned char rec[50];   //用于接收组态王发送来的数据,发送过来的数据不能超过此数组长度
unsigned char code error[ ] = {0x40,0x30,0x46,0x2a,0x2a,0x37,0x36,0x0d};//数据不正确
unsigned char code send[ ] = {0x40,0x30,0x46,0x23,0x23,0x37,0x36,0x0d};//正确的数据
unsigned char i;
unsigned char sw;                    //开关值
void sw_out(unsigned char);          //开关量输出
unsigned int htd(unsigned int);      //进制转换函数
unsigned char ath(unsigned char,unsigned char);  //ASCII 码转换为十六进制数
void uart(void);   //串口中断程序       *********************/
void   main(void)
{    unsigned char a = 0;
     TMOD = 0x20;                     //定时器 1,方式 2
     TL1 = 0xfd;
     TH1 = 0xfd;                      //11.0592MHz 晶振,波特率为 9600bit/s
     SCON = 0x50;                     //方式 1
     TR1 = 1;                         //启动定时
     IE = 0x90;                       //EA = 1, ES = 1:打开串口中断
     while(1)
     {sw_out(sw);}}                   //输出开关量
void sw_out(unsigned char a)
{ if(a == 0x00)
     { jdq1 = 1;     //接收到计算机发来的数据 00,关闭继电器 1 和继电器 2
       jdq2 = 1;}
     else if(a == 0x01)
     { jdq1 = 1;                                //接收到计算机发来的数据 01,继电器 1 关闭,
                                                  继电器 2 打开
       jdq2 = 0;}
     else if(a == 0x10)
     { jdq1 = 0;                                //接收到计算机发来的数据 10,继电器 1 打开,
                                                  继电器 2 关闭
       jdq2 = 1;}
     else if(a == 0x11)
     {   jdq1 = 0;                              //接收到计算机发来的数据 11,打开继电器 1 和
                                                  继电器 2
       jdq2 = 0;}}
/ ****************** 十六进制转十进制函数 *********************/
/ * 函数原型:uint htd(uint a) / * 函数功能:十六进制转十进制 / * 输入参数:要转换的数据
/ * 输出参数:转换后的数据 / * 调用模块:无
```

```
/***************************************************************/
unsigned int htd(unsigned int a)
{ unsigned int b,c;
    b=a%10;
    c=b;                                    // * 16^0
    a=a/10;
    b=a%10;
    c=c+(b<<4);                             // * 16^1
    a=a/10;
    b=a%10;
    c=c+(b<<8);                             // * 16^2
    a=a/10;
    b=a%10;
    c=c+(b<<12);                            // * 16^3
    return c;}
/***************** ASCII 码转换为十六进制函数 *********************/
/* 函数原型:unsigned char ath(unsigned char a,unsigned char b)/* 函数功能:ASCII 码转换为十
六进制
/* 输入参数:要转换的数据/* 输出参数:转换后的数据/* 调用模块:无 ***********/
unsigned char ath(unsigned char a,unsigned char b)
{ if(a<0x40)
    a-=0x30;
    else if(a<0x47)
        a-=0x37;
    else if(a<67)
        a-=0x57;
    if(b<0x40)
        b-=0x30;
    else if(b<0x47)
        b-=0x37;
    else if(a<67)
        b-=0x57;
    return((a<<4)+b);}
/******************** 串口中断函数 **************************/
/* 函数原型:void uart(void)/* 函数功能:串口中断处理/* 输入参数:无/* 输出参数:无
/* 调用模块:无    *****************/
void uart(void) interrupt 4
{ unsigned char a,b;
    if(RI)
    { a=SBUF;
        RI=0;
        if(a==0x40)                         //接收到字头
            i=0; rec[i]=a;i++;
        if(a==0x0d)                         //接收到字尾, 开始输入数据
        { if(ath(rec[1],rec[2])==15)        //判断是否为本机地址
            {b=0;
                for(a=1;a<i-3;a++)          //产生异或值
                    b^=rec[a];
```

```
if(b==ath(rec[i-3],rec[i-2]))                  //接收到正确数据
{  if((ath(rec[3],rec[4])&0x01)==1)            //写操作
   { sw=ath(rec[11],rec[12]);sw=htd(sw);
      for(a=0;a<8;a++)
        {SBUF=send[a]; while(TI! =1);
          TI=0; } }   }
else                                           //接收到错误数据
{  for(a=0;a<8;a++)
   { SBUF=error[a];
      hile(TI! =1);
       TI=0; }  } } }  } else{TI=0;} }
```

3. 单片机与计算机通信测试

打开计算机的设备管理器，查看串口号，并进行端口参数设置，如图 8-33 所示。

图 8-33　端口参数设置

将程序烧入单片机后，打开串口调试助手，设置通信参数：串口号为"COM5"，波特率为"9600"，校验位为"无"，数据位为"8"，停止位为"1"；设置的参数与单片机参数一致。

串口调试助手数字量输入调试如图 8-34 所示。输入图 8-34 中的数字，单击"发送"按钮。向单片机发送"40 30 46 43 35 30 30 30 46 30 31 30 41 30 36 0d"，若单片机返回"40 30 46 23 23 37 36 0D"，则表示通信成功。

4. 组态王与单片机通信测试

（1）设置新设备　新建组态王工程，在组态王工程浏览器中选择设备，双击右侧的"新建"命令，打开"设备配置向导"对话框，选择"设备驱动"→"智能模块"→"单片机"→"通用单片机 ASCII"→"串口"选项，如图 8-35 所示。

单击"下一步"按钮，给设备指定唯一逻辑名称，命名为"单片机"；单击"下一步"按钮，选择串口号，如"COM5"（与计算机设备管理器一致）；再单击"下一步"按钮，

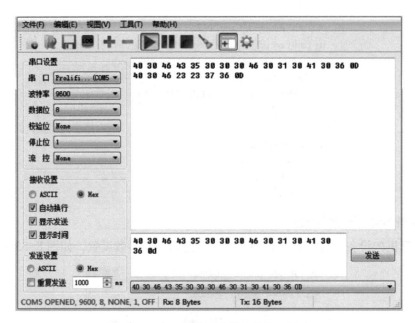

图 8-34 串口调试助手数字量输入调试

图 8-35 选择串口设备

安装 PLC 指定地址"15.0"；接着单击"下一步"按钮，弹出"通信故障恢复策略"对话框，设置试恢复时间为 30 s，最长恢复时间为 24 h；单击"下一步"按钮完成串口设备设置。

（2）单片机通信测试 设置串口通信参数，双击"设备"→"COM5"选项，弹出"设置串口"对话框，进行参数设置，如图 8-36 所示。

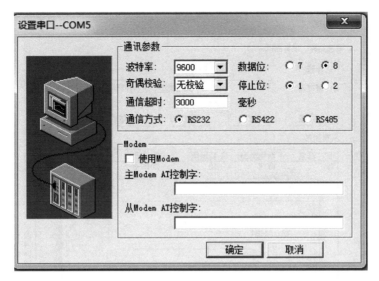

图 8-36　设置串口通信参数

完成串口设置后，选择已设置的单片机设备，右击并选择"测试单片机"选项，弹出"串口设备测试"对话框，对照参数是否设置正确，若正确，则单击"设备测试"标签。单片机通信参数如图 8-37 所示。

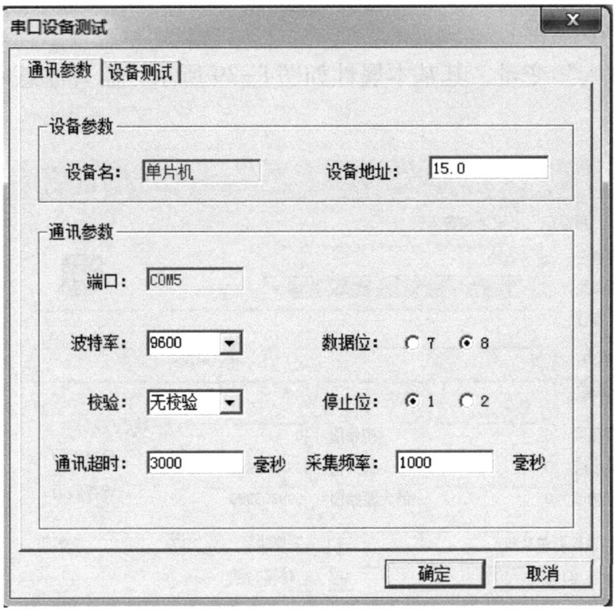

图 8-37　单片机通信参数

寄存器写"X0"，数据类型为"BYTE"，单击"添加"按钮，然后双击寄存器"X0"，数据输入"10"，单击"读取"按钮，寄存器变量值变为"10"。若将单片机 P2.0 和 P2.1接上共阴极 LED，可看到接 P2.1 的 LED 亮，这说明组态王已经与单片机通信成功。单片机通信测试如图 8-38 所示。

图 8-38　单片机通信测试

5. 组态王工程画面建立

定义"数字量输入"变量，其基本属性如图 8-39 所示。需要注意的是，变量的读写属性为"只写"。

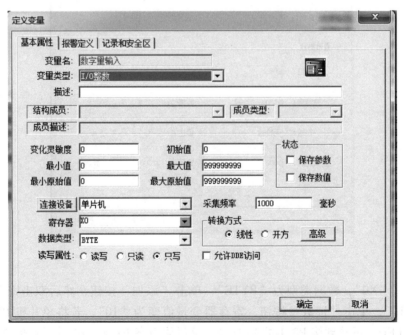

图 8-39　"数字量输入"变量的基本属性

另外设置两个内存离散变量，命名为"开关 1"和"开关 2"。

新建如图 8-40 所示的组态王画面，并将开关关联到变量"开关 1"和"开关 2"，将文本"#####"关联到变量"数字量输入"。

图 8-40　组态王画面

6. 画面命令语言写入

右击组态王画面，单击"命令语言"命令，进入画面命令语言窗口，选择"运行时"选项卡写入如下程序：

```
if( \\local\开关 1 = = 1 &&\\local\开关 2 = = 1)
{
\\local\数字量输入 = 00;
}
if( \\local\开关 1 = = 0 &&\\local\开关 2 = = 1)
{
\\local\数字量输入 = 10;
}
if( \\local\开关 1 = = 1 &&\\local\开关 2 = = 0)
{
\\local\数字量输入 = 01;
}
if( \\local\开关 1 = = 0 &&\\local\开关 2 = = 0)
{
\\local\数字量输入 = 11;
}
```

7. 运行系统调试

切换至运行系统，组态王运行系统画面如图 8-41 所示。在组态王画面中按下按钮，可以看到接在单片机 P2.0 和 P2.1 口对应的 LED 亮。

图 8-41   组态王运行系统画面

8.5 本章小结

　　本章列举了组态王与单片机的模拟量输入、模拟量输出、数字量输入和数字量输出工程实例，较详细地讲解了实施步骤，具体程序设计需要读者自行专研。在组态王与单片机通信测试，组态王画面绘制，变量定义，组态王与单片机的连接和数据交换，按钮和画面命令语言写入，以及运行系统调试等方面，可按步骤练习。

8.6 课后习题

　　1. 单片机的构成主要包括哪几个部分？
　　2. 随着工业自动化的发展，单片机有哪些优势？
　　3. 单片机的编程语言有哪些？分别有哪些优势？
　　4. 单片机与组态王软件如何建立通信？
　　5. 单片机数据采集与控制程序设计的原理是什么？

第 9 章 基于 PLC 的控制应用

9.1 本章导学

本章将深入探讨 PLC（可编程序逻辑控制器）在工业控制系统中的应用，特别是其在高可靠性和抗干扰能力方面的优势。通过本章的学习，读者将掌握使用组态王软件与三菱 PLC 进行通信和数据交换的方法。本章具体内容包括串口设备的连接、通信设置、PLC 参数配置、组态王工程画面的建立及变量的设置，并通过画面命令语言实现对 PLC 的控制。本章还将介绍 PLC 的基本构成、特点以及串口通信的相关标准，帮助读者全面理解 PLC 在工业控制中的应用。

9.2 PLC 概述

PLC 是数字运算操作的电子系统，在工业环境中有广泛应用。PLC 采用一类可编程的存储器，用于其内部存储程序、执行逻辑运算、顺序控制、定时、计数与算术操作等面向用户的指令，并通过数字或模拟式 I/O 控制各种类型的机械或生产过程。

9.2.1 组态软件与 PLC

上位计算机通过运行组态软件实现集中监控，并与 PLC 进行通信以交换数据。然而，设备的实际运行控制仍然由 PLC 负责。上位机可以通过通信访问 PLC 的相关地址，改变 PLC 程序中的数据状态，从而实现对设备的直观控制，取代传统的按钮手动控制和仪表显示功能。虽然设备在脱离上位机后仍能继续运行，但其操作的直观性和人性化程度会有所下降。因此，在工业控制现场，组态软件与 PLC 的结合显得尤为重要。

9.2.2 PLC 的构成简介

PLC 分为固定式和模块式（组合式）两种。固定式 PLC 包括 CPU 板、I/O 板、显示面板、内存块和电源等。模块式 PLC 包括 CPU 模块、I/O 模块、内存、电源模块、底板或机架。PLC 构成如图 9-1 所示。

1. CPU

CPU 主要由运算器、控制器及实现它们之间联系的数据总线、控制总线和状态总线构

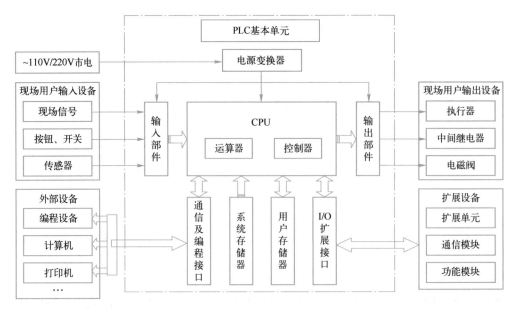

图 9-1 PLC 构成

成，CPU 单元还包括外围芯片、总线接口及有关电路。内存主要用于存储程序及数据，是 PLC 不可缺少的组成单元。

2. 存储器

PLC 中有两种存储器，一种是系统存储器，用于存放系统工作程序（监控程序）、模块化应用功能子程序和命令解释功能子程序的调用管理程序，以及对应定义 I/O、内部继电器、计时器、计数器和移位寄存器等存储系统的参数等功能。另一种是用户存储器，用于存放用户程序，即存放通过编程器输入的用户程序。PLC 的用户存储器通常以字为单位表示存储容量。通常 PLC 产品资料中所指的存储器形式或存储方式及容量，是对用户存储器而言。

3. I/O 模块

I/O 模块是 CPU 与现场 I/O 装置或其他外部设备之间的连接部件。PLC 提供了具有各种操作电平与驱动能力的 I/O 模块和各种用途的 I/O 组件供用户选用。I/O 模块将外界输入信号变成 CPU 能接收的信号，或将 CPU 的输出信号变成需要的控制信号（包括开关量和模拟量）去驱动控制对象。

4. 外部编程设备

外部编程设备又称为编程器，分为简易型和智能型两类，简易型只能联机编程，而智能型既可联机编程又可脱机编程；同时简易型输入梯形图的语言键符，智能型可以直接输入梯形图。根据 PLC 产品档次的不同，选配相应的编程器。编程器用于用户程序的编制、编辑、调试检查和监视等。它通过通信端口与 CPU 联系，完成人机对话连接。编程器上有供编程用的各种功能键和显示灯，以及编程、监控转换开关。现在计算机已取代编程器的作用。

5. 电源

PLC 对电源并无特别要求，可使用一般工业电源。

9.2.3 PLC 的特点

1) 可靠性高，抗干扰能力强。工业生产一般对控制设备要求很高，控制设备应具有很强的抗干扰能力和很高的可靠性，能在恶劣的环境中可靠地工作，平均故障间隔时间长，平均修复时间短。PLC 的可靠性高，抗干扰能力强，是 PLC 控制优于微机控制的一大特点。PLC 控制系统的故障通常有两种：一种是偶发性故障，是由于恶劣环境（如电磁干扰、超高温、过电压、欠电压）引起的，这类故障只要不引起系统部件的损坏，待环境条件恢复正常，系统应随之恢复正常；另一种是永久性故障，是由于元器件不可恢复的损坏引起的。

2) 编程简单，使用方便。PLC 在这一点上优于微机。目前大多数 PLC 采用继电器控制形式的梯形图编程方式，既有传统控制线路的清晰直观，又适合电气技术人员的读图习惯和微机应用水平，易于接受，进一步简化编程，一般只要很短时间的训练就能学会使用，而微机控制系统则要求操作人员具有一定知识。

3) 控制程序可变，具有很好的柔性。在生产工艺流程改变或生产线设备更新的情况下，不必改变 PLC 的硬件设备，只要改变程序就可以满足要求。所以 PLC 控制可以取代继电器控制，而且具有继电器所不具备的优点。

4) 功能完善。现代 PLC 具有数字和模拟量 I/O、逻辑和算术运算、定时、计数、顺序控制、功率驱动、通信、人机对话、自检、记录和显示功能。

5) 扩充方便，组合灵活。PLC 产品具有各种扩充单元，可以方便地适应不同工业控制需要的不同 I/O 点及不同 I/O 方式的系统。

6) 减少了控制系统设计及施工的工作量。由于 PLC 控制采用软件编程来达到控制功能，而不同于继电器控制采用接线来达到控制功能，同时 PLC 又能进行模拟调试，并且操作化功能和监视化功能很强，这样就减少了许多工作量。

7) 体积小、重量轻，是"机电一体化"特有的产品。由于 PLC 是工业控制的专用计算机，其结构紧密、坚固、体积小巧，并且由于具备很强的抗干扰能力，使之易于装入机械设备内部，因而成为实现"机电一体化"较理想的控制设备。

9.2.4 知名的 PLC 产品

1. 美国 PLC 产品

1) AB（Allen-Bradley）公司：SLC500、PLC-5、PLC-3 等。

2) 通用电气（GE）公司：GE-Ⅰ、GE-Ⅲ系列等。

3) 莫迪康（MODICON）公司：M84、M484 等。

2. 德国 PLC 产品

西门子（SIEMENS）公司：S5、S7 系列等。

3. 日本 PLC 产品

1) 三菱公司：A、FX、Q 系列等。

2) 欧姆龙（OMRON）公司：P、CQM1、C200 等。

组态王软件提供以上品牌各系列 PLC 产品的驱动，可通过配置方式快速与 PLC 建立可靠的通信连接。

9.2.5　计算机与 PLC 的通信方式

PLC 与计算机的通信方式有以下三种。

1）通过计算机串口，使用计算机的 RS-232C 端口（或 RS-422 端口）与 PLC 的编程口直接相连。

2）通过网络，与其他站点的 PLC 进行通信。

3）通过调制解调器，与远程的 PLC 进行通信。

为了方便读者可靠快捷地搭建实验环境，建立起组态王与 PLC 之间的通信，本章实例中的组态王软件通过计算机串口与 PLC 通信。

9.3　串口总线概述

RS-232 总线和 RS-422 总线是目前比较常用的与 PLC 通信的串口总线，因两者并无太大差别，本书中的实例采用 RS-422 总线通信。

RS-232C 标准（协议）即 EIA-RS-232C 标准，其中 EIA（Electronic Industries Association）为美国电子工业协会，RS（Recommended Standard）为推荐标准，232 为标识号，C 代表 RS-232 的最新一次修改（1969 年），在这之前，有 RS-232B、RS-232A。

9.3.1　RS-232 串口通信标准

1. 串口连接器的机械特性

目前出现了 DB-25 和 DB-9 各种类型的连接器，各个引脚的定义也有所不同；但现在计算机只提供 DB-9 头（分为公头和母头）。DB-9 的引脚如图 9-2 所示。

DB-9 各个引脚的定义说明如下。

1 脚（DCD）：数据载波输出口。2 脚（RXD）：接收数据。3 脚（TXD）：发送数据。4 脚（DTR）：数据终端设备准备就绪。5 脚（GND）：参考地。6 脚（DSR）：数据通信设备准备就绪。7 脚（RTS）：请求发送。8 脚（CTS）：清除发送。9 脚（RI）：振铃指令。

RS-232C 的每个引脚都有其作用，也有它的信号流动方向。原来的 RS-232C 是设计连接调制解调器用于传输，因此它的引脚意义通常也与调制解调器传输有关。

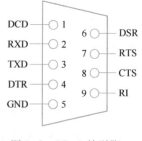

图 9-2　DB-9 的引脚

全部的信号线分为三类，即数据线、地线和联络控制线。

2. 串口的电气特性

1）RS-232C 对电气特性、逻辑电平和各种信号线的功能都做了规定。

在 TXD 和 RXD 上：逻辑"1"（Mark，传号）为 $-15 \sim -3\,\mathrm{V}$；逻辑"0"（Space，空号）为 $3 \sim 15\,\mathrm{V}$。

在 RTS、CTS、DSR、DTR 和 DCD 等控制线上：信号有效〔接通（ON）状态为正电压〕为 $3 \sim 15\,\mathrm{V}$；信号无效〔断开（OFF）状态为负电压〕为 $-15 \sim -3\,\mathrm{V}$。

以上规定说明了 RS-323C 标准对逻辑电平的定义。对于数据（信息码），逻辑"1"的电平低于 $-3\,\mathrm{V}$；逻辑"0"的电平高于 $3\,\mathrm{V}$。对于控制信号，接通状态即信号有效的电平高于 3 V；断开状态即信号无效的电平低于−3 V。也就是当传输电平的绝对值大于 3 V 时，电路可以有效地检查出来。实际工作时，应保证电平在±(3~15) V 之间。

2）RS-232C 与 TTL（晶体管-晶体管逻辑）转换。EIA-RS-232C 用正负电压表示逻辑状态，与 TTL 用高低电平表示逻辑状态的规定不同。因此，为了能够同计算机串口或终端的 TTL 器件连接，必须在 EIA-RS-232C 与 TTL 电路之间进行电平和逻辑关系的转换。实现这种转换可用分立器件，也可用集成电路芯片。目前较为广泛地使用集成电路转换器件，例如 MC1488、SN75150 芯片可完成 TTL 电平到 EIA 电平的转换，而 MC1489、SN75154 可实现 EIA 电平到 TTL 电平的转换，MAX232 芯片可完成 TTL 与 EIA 之间的双向电平转换。

9.3.2　RS-422 串口通信标准

RS-422 由 RS-232 发展而来，它是为了弥补 RS-232 通信距离短、速率低的缺点而提出的。RS-422 定义了一种平衡通信接口，将传输速率提高到 10 Mbit/s，传输距离延长到约 1219 m（速度低于 100 kbit/s 时），并允许在一条平衡总线上连接最多 10 个接收器。RS-422 是一种单机发送、多机接收的单向、平衡传输规范，被命名为 TIA/EIA-422-A 标准。为了扩展应用范围，EIA 又于 1983 年在 RS-422 基础上制定了 RS-485 标准，增加了多点、双向通信能力，即允许多个发送器连接到同一条总线上，同时增加了发送器的驱动能力和冲突保护特性，扩展了总线共模范围，后命名为 TIA/EIA-485-A 标准。由于 EIA 提出的建议标准都是以 "RS" 作为前缀的，所以在通信工业领域，仍然习惯将上述标准加上 "RS" 前缀。

1. RS-422 的平衡传输

RS-422 与 RS-232 不一样，数据信号采用差分传输方式，也称为平衡传输。它使用一对双绞线，将其中一线定义为 A，另一线定义为 B。通常情况下，发送驱动器 A、B 之间的正电平在 2~6 V 之间，是一个逻辑状态；负电平在−6~−2 V 是另一个逻辑状态；另外还有一个信号地 C。在 RS-485 中还有一个使能端，这是可用可不用的。使能端用于控制发送驱动器与传输线的切断和连接。当使能端起作用时，发送驱动器为高阻态。

2. RS-422 的电气规定

由于接收器采用高输入阻抗，且发送驱动器的驱动能力比 RS-232 更强，故允许在相同传输线上连接多个接收节点，最多可接 10 个节点，即一个为主设备（Master），其余为从设备（Salve），从设备之间不能通信，所以 RS-422 支持点对多的双向通信。RS-422 四线接口由于采用单独的发送和接收通道，因此不必控制数据方向，各装置之间任何必需的信号交换均可以按软件方式（XON/XOFF 握手）或硬件方式（一对单独的双绞线）实现。RS-422 的最大传输距离为 4000 in（约 1219 m），最大传输速率为 10 Mbit/s。其平衡双绞线的长度与传输速率成反比，在 100 kbit/s 速率以下才可能达到最大传输距离，只有在很短的距离下才能获得最高速率传输。

9.3.3　计算机中的串口

右击计算机桌面上的 "计算机" 图标，单击 "属性" → "设备管理器" 命令，弹出 "设备管理器" 对话框。双击该对话框中的 "端口（COM 和 LPT）" 选项，显示出端口的串口号 COM5，如图 9-3 所示。

　　再双击串口选项，打开串口属性设置对话框，单击"端口设置"选项卡，即可对已连接的串口进行参数设置，如图 9-4 所示。

图 9-3　端口的串口号　　　　　　　　　　图 9-4　"端口设置"选项卡

9.3.4　串口通信调试

　　进行串口开发前一般要进行串口通信调试，常使用串口调试助手进行调试，其是一个适用于 Windows 平台的串口监视和串口调试程序，可在线设置各种通道速率、通信端口参数，也可设置自动发送或手动发送方式，可以十六进制显示接收到的数据等。

9.3.5　组态王中虚拟串口的使用

　　组态王中有专门的虚拟模拟串口，定义设备时可使用模拟串口，如图 9-5 所示。

图 9-5　模拟串口

9.4　系统设计说明

9.4.1　设计任务

1. 模拟量输入

用 PLC 检测模拟电压变化（范围为 0～5 V）；计算机接收 PLC 发送的电压值，以数字和曲线方式显示。

2. 模拟量输出

在组态王中产生一个变化的电压值（范围为 0～10），绘制数据变化曲线，在 PLC 输出端也应测得相应的电压值。

3. 数字量输入

利用按钮改变 PLC 某个输入口的状态（打开或关闭），在组态王中也读取出此状态。

4. 数字量输出

组态王画面中指定输出口的状态（打开或关闭）与 PLC 对应的输出口一致，且在组态王画面中可以控制 PLC 对应的输出口。

9.4.2　硬件连接说明

三菱 FX 系列 PLC 可以通过自身的编程口与计算机通信，也可以通过通信口与计算机通信。通过编程口通信，一台计算机只能与一台 PLC 通信，并实现对 PLC 中软元件的间接访问；通过通信口通信，一台计算机可与多台 PLC 通信，并实现对 PLC 中软元件的直接访问，但两者通信协议不同。

1）模拟量输入：将模拟量输入模块 FX2N-4AD 与 PLC 相连，在模拟量输入通道 1 的 V+与 V-之间输入电压 0～10 V。

2）模拟量输出：将模拟量输出模块 FX2N-4DA 与 PLC 相连，在 PLC 输出口可以连接一个 LED 来表示电压变化。

3）数字量输入：按钮、行程开关等常用触点接 PLC 输入口，X0、X1、…、X17 与 COM 之间接开关。

4）数字量输出：不需要连线，直接使用 PLC 提供的输出信号指示灯，也可通过外接指示灯或继电器等装置来显示开关输出状态。

9.4.3　组态王中的通信设置

如果将三菱 FX 系列 PLC 与计算机相连，需要一根编程电缆。

当 PLC 使用 RS-232 与计算机上位机相连时，其参数设置如下：波特率为 9600；数据位长度为 7；停止位长度为 1；奇偶校验位为偶校验。

组态王定义设备时选择"PLC"→"三菱"→"FX2N"→"编程口"。

组态王的设备地址与 PLC 的地址（0～15）保持一致。

9.4.4　仿真 PLC

进行组态王程序调试时，可以使用仿真 I/O 设备，用来模拟实际设备向程序提供数据。以下是组态王中的内部寄存器。

1）自动加一寄存器 INCREA：最大变化范围是 0~1000，寄存器变量的编号原则是在寄存器名后加数值，此数值表示变量从 0 开始递增的变化范围。

2）自动减一寄存器 DECREA：最大变化范围是 0~1000，寄存器变量的编号原则是在寄存器名后加数值，此数值表示变量从 0 开始递减的变化范围。

3）随机寄存器 RADOM：变量值是一个随机值，此变量只能读，无法写入；寄存器变量的编号原则是在寄存器名后加数值，此数值表示变化最大值的范围。

4）常量寄存器 STATIC：是一个静态变量寄存器，可保存用户的数据，并且可以读出。

5）常量字符串寄存器 STRINC：也是一个静态变量，可保存用户的字符，并且可以读出。

6）CommEr 寄存器：可读写离散变量，用户通过控制 CommEr 寄存器状态来控制运行系统与仿真 PLC 通信。

9.5　PLC 数据采集与控制程序设计

9.5.1　PLC 模拟量输入工程实例

1. 功能概述

实现组态王对三菱 PLC 的 FX2N-4AD 模拟量输入模块电压的采集。

2. 硬件连接

模拟量输入 PLC 硬件连接如图 9-6 所示，使用分压电路（滑动变阻器）将 0~5 V 电压接到模拟输入通道 1。

图 9-6　模拟量输入 PLC 硬件连接

3. 三菱 PLC 模拟量输入梯形图程序

在三菱 PLC 中输入如图 9-7 所示的模拟量输入梯形图程序。

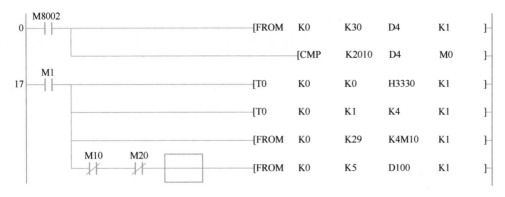

图 9-7　模拟量输入梯形图程序

4. 在组态王中实现三菱 PLC 模拟量输入

（1）串口设备连接及测试

1）打开计算机的设备管理器，查看串口连接，并进行端口参数设置，端口参数设置如图 9-8 所示。

2）在组态王中设置新设备。新建组态王工程，在组态王工程浏览器中选择设备，双击右侧的"新建"命令，打开"设备配置向导"对话框，单击"设备驱动"→"PLC"→"三菱"→"FX2"→"编程口"选项，如图 9-9 所示。

图 9-8　端口参数设置

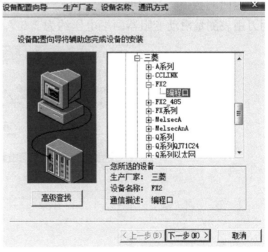

图 9-9　选择编程口

单击"下一步"按钮，给设备指定唯一逻辑名称，命名为"PLC"；单击"下一步"按钮，选择串口号，如"COM5"（与计算机设备管理器一致）；再单击"下一步"按钮，安装 PLC 指定地址"0"；接着单击"下一步"按钮，弹出"通信故障恢复策略"对话框，设置试恢复时间为 30 s，最长恢复时间为 24 h；单击"下一步"按钮完成串口设备设置。

3）PLC 通信测试。设置串口通信参数，双击"设备"→"COM5"选项，弹出"设置串口"对话框，进行参数设置，如图 9-10 所示。

完成串口设置后，选择已设置的 PLC 设备，右击并选择"测试 PLC"选项，弹出"串口设备测试"对话框，对照参数是否设置正确，若正确，则单击"设备测试"标签。PLC 通信参数如图 9-11 所示。

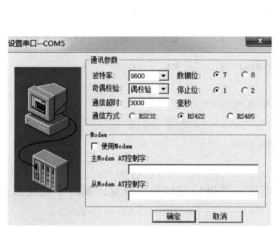

图 9-10　设置串口通信参数

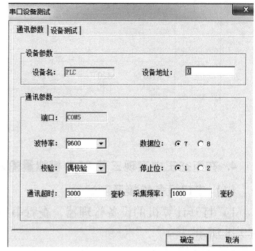

图 9-11　PLC 通信参数

寄存器输入"D100"，数据类型为"SHORT"，单击"添加"→"读取"按钮可以看到 PLC 返回的数值，这说明组态王已经与三菱 PLC 的 FX2N-4AD 模拟量输入模块通信成功，用万用表测量滑动变阻器两端电压约为 2.3 V。PLC 寄存器通信测试如图 9-12 所示。

图 9-12　PLC 寄存器通信测试

（2）组态王工程画面建立　定义"PLC 模拟量输入"变量，其基本属性如图 9-13 所示。需要注意的是，变量的读写属性为"只读"。

定义"时间"变量，其基本属性如图 9-14 所示。

再定义一个内存实数变量"电压"，最小值为 0，最大值为 6。新建"PLC 模拟量输入"

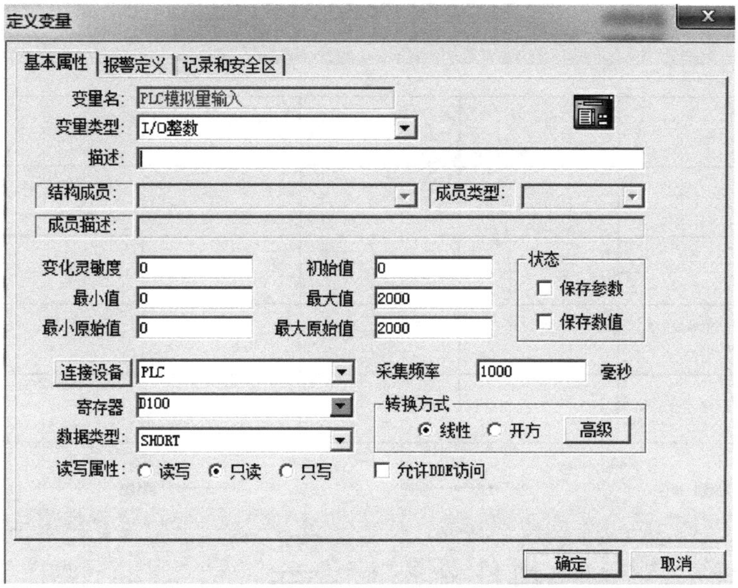

图 9-13 "PLC 模拟量输入"变量的基本属性

画面，如图 9-15 所示。在"模拟值输入"和"模拟值输出"动画连接中将文本"####"关联到"电压"变量。

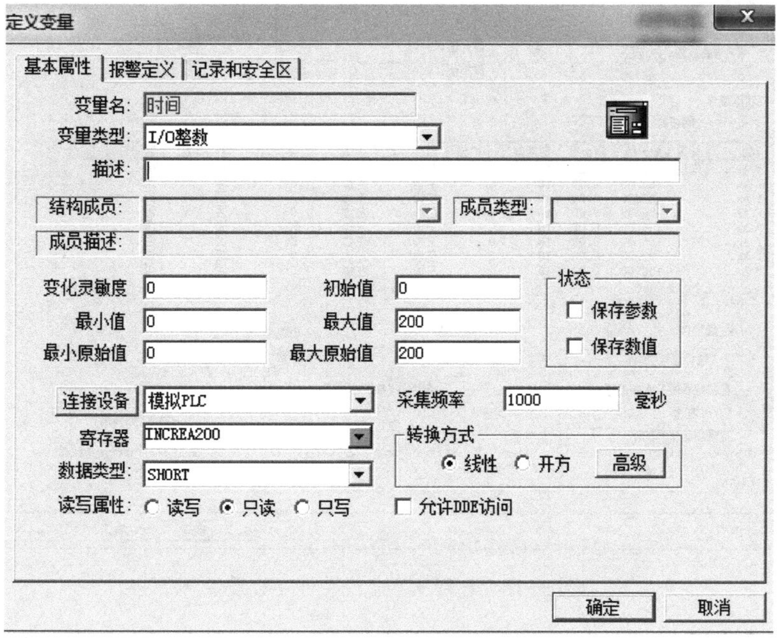

图 9-14 "时间"变量的基本属性

在工具箱的"插入通用控件"列表中插入超级 XY 曲线，打开控件属性对话框，控件参数设置如图 9-16 所示。

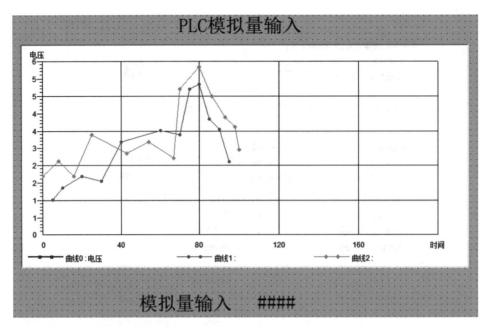

图 9-15　"PLC 模拟量输入"画面

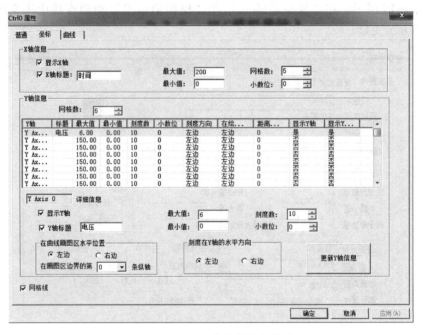

图 9-16　超级 XY 曲线控件参数设置

（3）画面命令写入　进入画面命令语言窗口，选择"存在时"标签，将"每 3000 毫秒"改为"每 1000 毫秒"，写入如下程序：

```
\\local\电压＝\\local\PLC 模拟量输入/200;
Ctrl0. AddNewPoint(\\local\时间,\\local\电压,0);
```

（4）运行系统调试　调节滑动变阻器，可看到组态王画面中超级 XY 曲线的变化，运行系统画面如图 9-17 所示。

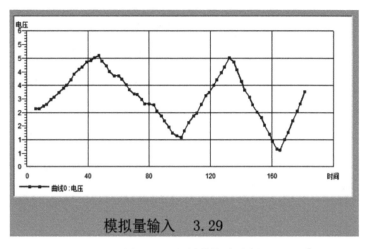

图 9-17　运行系统画面

9.5.2　PLC 模拟量输出工程实例

1. 功能概述

实现组态王与三菱 PLC 的 FX2N-4DA 模拟量输出模块电压的采集。

2. 硬件连接

模拟量输出 PLC 硬件连接如图 9-18 所示。在 FX2N-4DA 模拟输出通道 1 输出 0~10 V 电压。

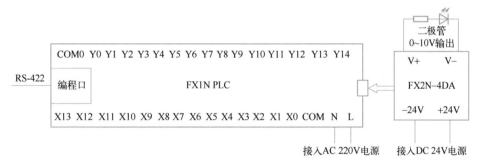

图 9-18　模拟量输出 PLC 硬件连接

3. 三菱 PLC 模拟量输出梯形图程序

在三菱 PLC 中输入如图 9-19 所示的模拟量输出梯形图程序。

4. 在组态王中实现三菱 PLC 模拟量输出

(1) 串口设备连接及测试

1) 打开计算机的设备管理器，查看串口连接，并进行端口参数设置，如图 9-20 所示。

2) 在组态王中设置新设备。新建组态王工程，在组态王工程浏览器中选择设备，双击右侧的 "新建" 命令，打开 "设备配置向导" 对话框，单击 "设备驱动" → "PLC" → "三菱" → "FX2" → "编程口" 选项，如图 9-21 所示。

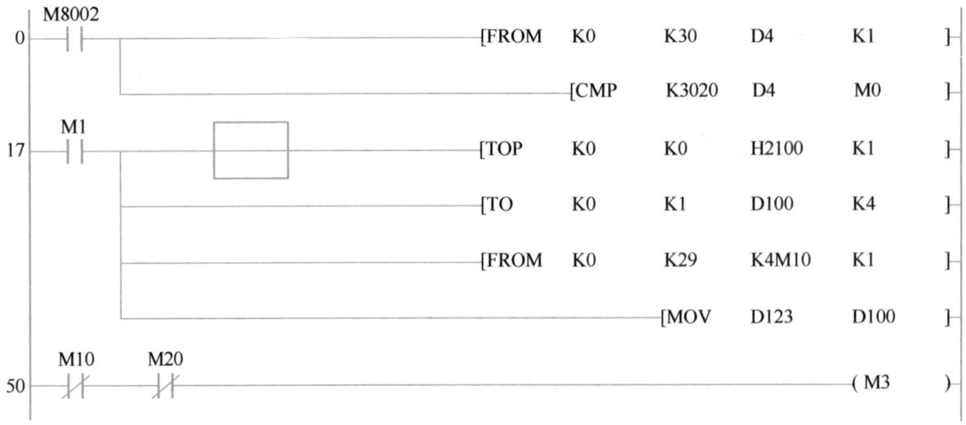

```
     M8002
0     ┤├                              ─────────[FROM    K0       K30     D4      K1   ]

                                      ─────────[CMP     K3020    D4      M0           ]

     M1
17    ┤├        ┌────┐                 ────────[TOP     K0       K0      H2100   K1   ]
                │    │
                └────┘                 ────────[TO      K0       K1      D100    K4   ]

                                       ────────[FROM    K0       K29     K4M10   K1   ]

                                       ────────[MOV     D123     D100         ]

     M10    M20
50    ┤/├    ┤/├                                                            ( M3 )
```

图 9-19　模拟量输出梯形图程序

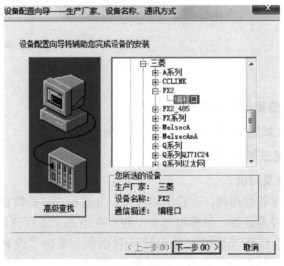

图 9-20　端口参数设置

图 9-21　选择编程口

　　单击"下一步"按钮，给设备指定唯一逻辑名称，命名为"PLC"；单击"下一步"按钮，选择串口号，如"COM5"（与计算机设备管理器一致）；再单击"下一步"按钮，安装 PLC 指定地址"0"；接着单击"下一步"按钮，弹出"通信故障恢复策略"对话框，设置试恢复时间为 30 s，最长恢复时间为 24 h；单击"下一步"按钮完成串口设备设置。

　　3）PLC 通信测试。设置串口通信参数，双击"设备"→"COM5"选项，弹出"设置串口"对话框，进行参数设置，如图 9-22 所示。

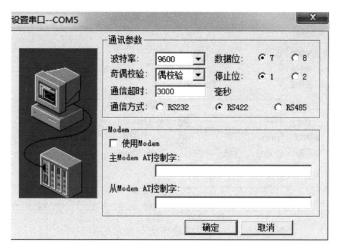

图 9-22　设置串口通信参数

　　完成串口设置后，选择已设置的 PLC 设备，右击并选择"测试 PLC"选项，弹出"串口设备测试"对话框，对照参数是否设置正确，若正确，则单击"设备测试"标签。PLC 通信参数如图 9-23 所示。

　　寄存器写"D123"，数据类型为"SHORT"，单击"添加"按钮，寄存器变量值为"600"。用万用表测量通道 V+和 V-两端，电压约为 3 V，这表明组态王已经与 PLC 的 FX2N-4DA 通信成功。PLC 寄存器通信测试如图 9-24 所示。

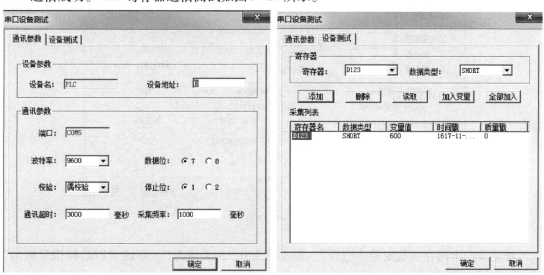

图 9-23　PLC 通信参数　　　　　　　　图 9-24　PLC 寄存器通信测试

（2）组态王工程画面建立　定义"PLC 模拟量输出"变量，其基本属性如图 9-25 所示。需要注意的是，变量的读写属性为"只写"。

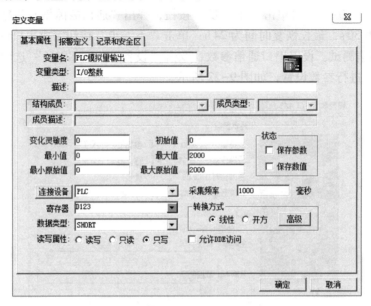

图 9-25　"PLC 模拟量输出"变量的基本属性

定义"时间"变量，在"连接设备"处新建仿真设备"模拟 PLC"，"时间"变量的基本属性如图 9-26 所示。

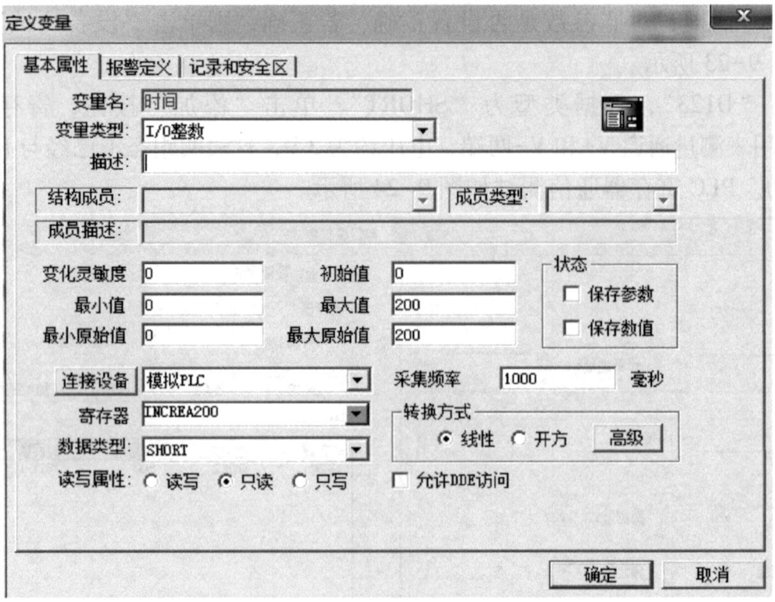

图 9-26　"时间"变量的基本属性

再定义一个内存实数变量"电压"，最小值为 0，最大值为 5。新建"PLC 模拟量输出"画面，如图 9-27 所示。

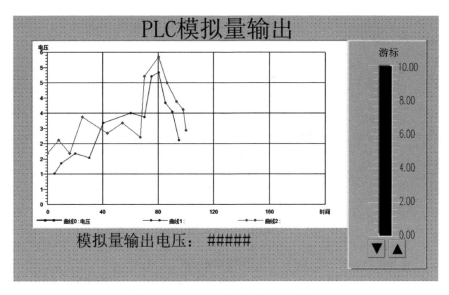

图 9-27　"PLC 模拟量输出" 画面

在图库中选择一个游标插入画面中,将游标关联到"电压"变量,双击游标可设置其参数,游标参数如图 9-28 所示。

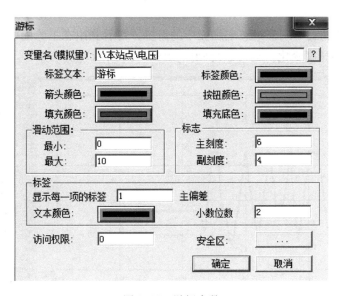

图 9-28　游标参数

将文本"#####"的"模拟值输出"动画连接与"电压"变量相关联。在画面中插入超级 XY 曲线,打开控件属性,控件参数设置如图 9-29 所示。

(3)画面命令写入　进入画面命令语言窗口,选择"运行时"标签,写入如下程序:

```
\\local\ PLC 模拟量输出 = \\local\电压 * 200;
Ctrl0. AddNewPoint( \\local\时间, \\local\电压, 0 );
```

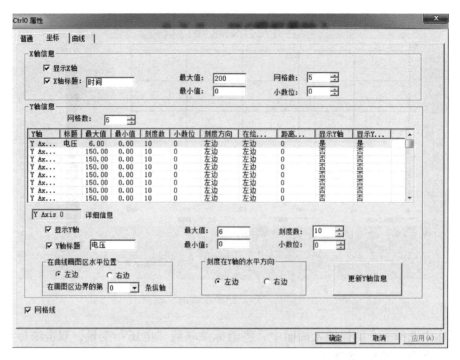

图 9-29　超级 XY 曲线控件参数设置

（4）运行系统调式　调节组态王画面中的游标，可看到组态王画面中超级 XY 曲线的变化和硬件上 LED 的亮度变化。运行系统画面如图 9-30 所示。

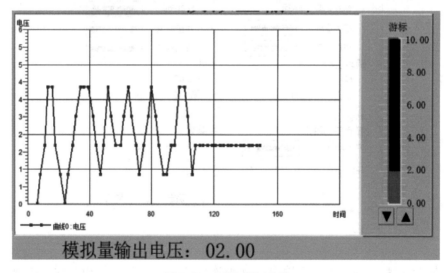

图 9-30　运行系统画面

9.5.3　PLC 数字量输入工程实例

1. 功能概述

实现组态王与三菱 PLC 的 FX-2N 数字量输入模块通信，当 PLC 某个端口有输入时，组态王画面中显示对应的端口编号。

2. 三菱 PLC 数字量输入梯形图程序

在三菱 PLC 中输入如图 9-31 所示的 PLC 通信参数设置梯形图程序，这段程序用于设置 PLC 的通信参数：波特率为 9600 bit/s，数据位为 7 位，停止位为 1 位，偶校验。

图 9-31　PLC 通信参数设置梯形图程序

3. 在组态王中实现三菱 PLC 数字量输入

（1）串口设备连接及测试

1）打开计算机的设备管理器，查看串口连接，并进行端口参数设置，如图 9-32 所示。

2）在组态王中设置新设备。新建组态王工程，在组态王工程浏览器中选择设备，双击右侧的"新建"命令，打开"设备配置向导"对话框，单击"设备驱动"→"PLC"→"三菱"→"FX2"→"编程口"选项，如图 9-33 所示。

图 9-32　端口参数设置

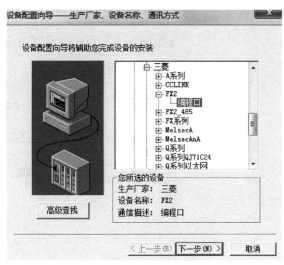

图 9-33　选择串口设备

单击"下一步"按钮，给设备指定唯一逻辑名称，命名为"PLC"；单击"下一步"按钮，选择串口号，如"COM5"（与计算机设备管理器一致）；再单击"下一步"按钮，安装 PLC 指定地址"0"；接着单击"下一步"按钮，弹出"通信故障恢复策略"对话框，设置试恢复时间为 30 s，最长恢复时间为 24 h；单击"下一步"按钮完成串口设备设置。

3）PLC 通信测试。设置串口通信参数，双击"设备"→"COM5"选项，弹出"设置串口"对话框，进行参数设置，如图 9-34 所示。

　　完成串口设置后，选择已设置的 PLC 设备，右击并选择"测试 PLC"选项，弹出"串口设备测试"对话框，对照参数是否设置正确，若正确，则单击"设备测试"标签。PLC 通信参数如图 9-35 所示。

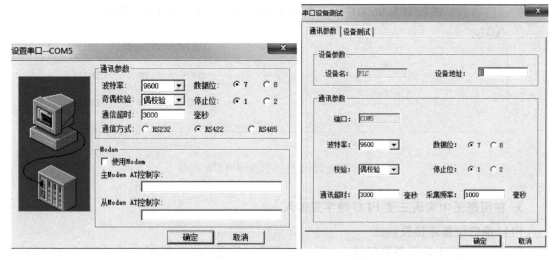

图 9-34　设置串口通信参数　　　　　　　　　图 9-35　PLC 通信参数

　　寄存器写"X1"，数据类型为"Bit"，单击"添加"→"读取"按钮，寄存器变量值为"关闭"；若将 PLC 硬件上 X1 输入端与 COM 端连接，则显示打开，这表明组态王已经与 PLC 通信成功。PLC 寄存器通信测试如图 9-36 所示。

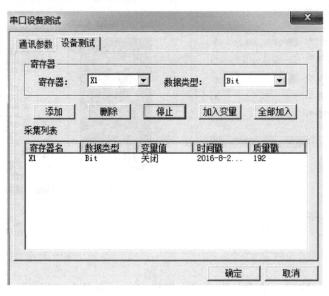

图 9-36　PLC 寄存器通信测试

　　（2）组态王工程画面建立　定义"PLC 输入 0"变量，其基本属性如图 9-37 所示。同样定义七个"PLC 输入 1"~"PLC 输入 7"变量，对应寄存器为"X1"~"X7"，其他属性相同。需要注意的是，变量的读写属性为"只读"。

另外设置一个内存整数变量，命名为"数码管填充"，初始值为 0，最小值为 0，最大值为 8。新建如图 9-38 所示的组态王画面，选择工具箱中的"圆角矩形"工具绘制数码管。

图 9-37　"PLC 输入 0"变量的基本属性　　　　　　图 9-38　组态王画面

数码管填充属性连接设置，图 9-39 所示。以数码第一段为例。双击第一段弹出"动画连接"对话框，选择"填充属性"选项，弹出"填充属性连接"对话框，单击"?"按钮，选择"数码管填充"变量关联，规定红色为亮，蓝色为灭，所以当数码管显示"0""2""3""4""5""6""7"时，数码管第一段应为亮，即将其设置为红色；反之数码管显示"1""4"时，数码管第一段应为灭，即将其设置为蓝色。另外，设置一个初始状态值"8"，当变量"数码管填充"为"8"时，数码管应为不显示状态，即将其设置为蓝色。数码管其余各段的填充属性连接设置请参考第一段。

图 9-39　数码管填充属性连接设置

（3）在画面命令语言中写入程序

1）"存在时"命令语言如下：

　　\\local\数码管填充=8;　　　　　　　　　　　　//使进入运行系统时，数码管初始状态为关闭状态

2）"运行时"命令语言如下：

```
if( \\local\PLC 输入 0 = = 1)                    //当 PLC 的 X0 端接通，数码管显示 0。
{\\local\数码管填充=0;}
if( \\local\PLC 输入 1 = = 1)
{\\local\数码管填充=1;}
if( \\local\PLC 输入 2 = = 1)
{\\local\数码管填充=2;}
if( \\local\PLC 输入 3 = = 1)
{\\local\数码管填充=3;}
if( \\local\PLC 输入 4 = = 1)
{\\local\数码管填充=4;}
if( \\local\PLC 输入 5 = = 1)
{\\local\数码管填充=5;}
if( \\local\PLC 输入 6 = = 1)
{\\local\数码管填充=6;}
if( \\local\PLC 输入 7 = = 1)
{\\local\数码管填充=7;}
if( \\local\PLC 输入 0 = = 0 &&\\local\PLC 输入 1 = = 0   //当 PLC 无输入时，数码管无显示
&&\\local\PLC 输入 2 = = 0 &&\\local\PLC 输入 3 = = 0
&&\\local\PLC 输入 4 = = 0 &&\\local\PLC 输入 5 = = 0
&&\\local\PLC 输入 6 = = 0 &&\\local\PLC 输入 7 = = 0
)
{\\local\数码管填充=8;}
```

（4）运行系统调试　切换至运行系统，连接 PLC 输入端 X4，数码管显示如图 9-40 所示。

9.5.4　PLC 数字量输出工程实例

1. 功能概述

实现组态王与三菱 PLC 的 FX-2N 数字量输出模块通信。在组态王界面中可控制三菱 PLC FX-2N 输出 Y0 至 Y7 的跑马灯控制，实现开始，暂停，停止功能。另外，也可对 Y0 至 Y7 进行手动开关控制。

图 9-40　数码管显示

2. 三菱 PLC 数字量输出梯形图程序

在三菱 PLC 中输入如图 9-41 所示的 PLC 通信参数设置梯形图程序，这段程序用于设置 PLC 的通信参数：波特率为 9600 bit/s，数据位为 7 位，停止位为 1 位，偶校验。

3. 在组态王中实现三菱 PLC 数字量输入

（1）串口设备连接及测试

1）打开计算机的设备管理器，查看串口连接，并进行端口参数设置，如图 9-42 所示。

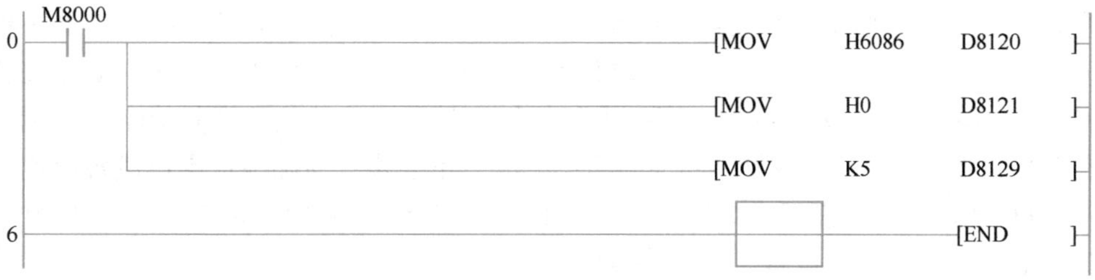

图 9-41　PLC 通信参数设置梯形图程序

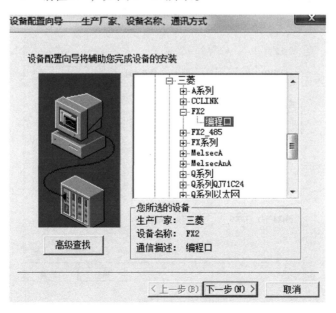

图 9-42　端口参数设置

2）在组态王中设置新设备。新建组态王工程，在组态王工程浏览器中选择设备，双击右侧的"新建"命令，打开"设备配置向导"对话框，单击"设备驱动"→"PLC"→"三菱"→"FX2"→"编程口"，如图 9-43 所示。

图 9-43　选择编程口

单击"下一步"按钮，给设备指定唯一逻辑名称，命名为"PLC"；单击"下一步"按钮，选择串口号，如"COM5"（与计算机设备管理器一致）；再单击"下一步"按钮，安装 PLC 指定地址"0"；接着单击"下一步"按钮，弹出"通信故障恢复策略"对话框，设置试恢复时间为 30 s，最长恢复时间为 24 h；单击"下一步"按钮完成串口设备设置。

3）PLC 通信测试。设置串口通信参数，双击"设备"→"COM5"选项，弹出"设置串口"对话框，进行参数设置，如图 9-44 所示。

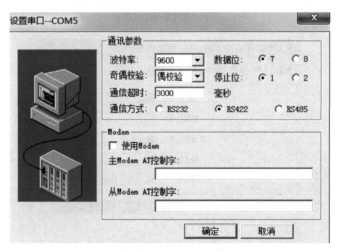

图 9-44　设置串口通信参数

完成串口设置后，选择已设置的 PLC 设备，右击并选择"测试 PLC"选项，弹出"串口设备测试"对话框，对照参数是否设置正确，若正确，则单击"设备测试"标签。PLC 通信参数如图 9-45 所示。

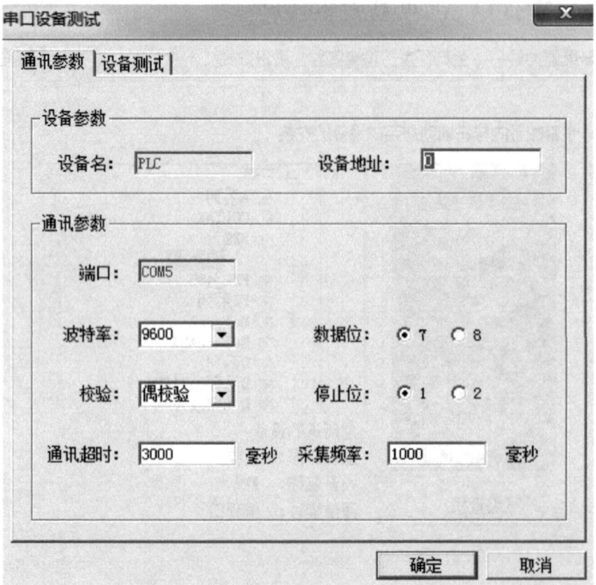

图 9-45　PLC 通信参数

寄存器写"Y0"，数据类型为"Bit"，单击"添加"→"读取"按钮，寄存器变量值为"关闭"；若将 PLC 硬件上 Y0 输入端与 COM 端连接，则显示打开，这表明组态王已经与 PLC 通信成功。PLC 寄存器通信测试如图 9-46 所示。

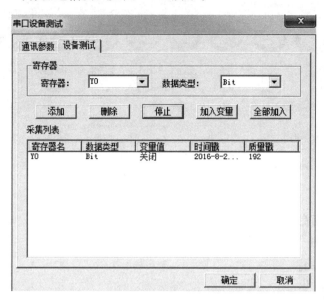

图 9-46　PLC 寄存器通信测试

（2）组态王工程画面建立　定义"PLC 输出 0"变量，其基本属性如图 9-47 所示。同样定义七个变量"PLC 输出 1"～"PLC 输出 7"，对应寄存器为"Y1"～"Y7"，其他属性相同。需要注意的是，变量的读写属性为"读写"。

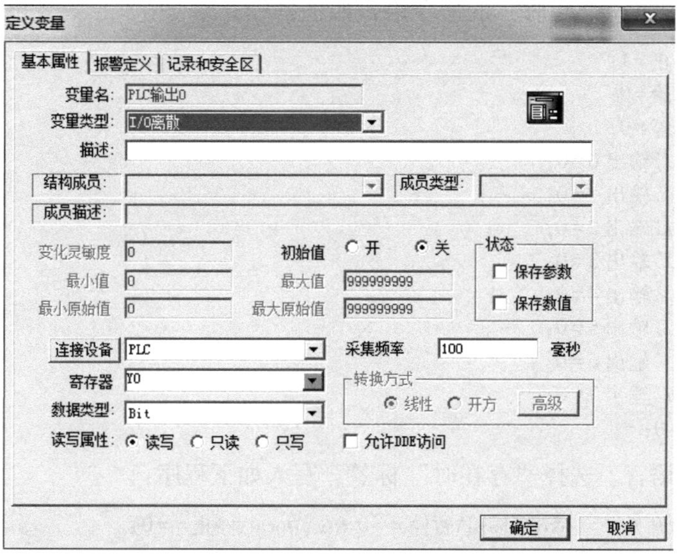

图 9-47　"PLC 输出 0"变量的基本属性

另外设置一个内存整数变量，命名为"a"，初始值为 0，最小值为 0，最大值为 8。再设置三个内存离散变量，分别命名为"开始""暂停""停止"，初始值均为"关"。

新建如图 9-48 所示的组态王画面，打开图库，选择"指示灯/开关"选项，即可找到画面中所需的灯和开关。绘制完画面后将对应的变量进行关联。

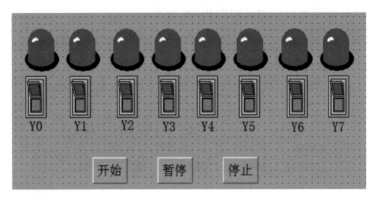

图 9-48　组态王画面

（3）按钮和画面命令语言写入

1）"开始"按钮"弹起时"的命令语言如下：

```
\\local\开始=1;
\\local\暂停=0;
\\local\停止=0;
```

2）"暂停"按钮"弹起时"的命令语言如下：

```
\\local\暂停=1;
\\local\开始=0;
\\local\停止=0;
```

3）"停止"按钮"弹起时"的命令语言如下：

```
\\local\停止=1;
\\local\开始=0;
\\local\暂停=0;
\\local\PLC 输出 0=0;
\\local\PLC 输出 1=0;
\\local\PLC 输出 2=0;
\\local\PLC 输出 3=0;
\\local\PLC 输出 4=0;
\\local\PLC 输出 5=0;
\\local\PLC 输出 6=0;
\\local\PLC 输出 7=0;
\\local\a=0;
```

4）画面命令语言。选择"存在时"标签，写入如下程序：

```
if(\\local\开始==1 &&\\local\暂停==0 &&\\local\停止==0)
{\\local\a=\\local\a+1;}
if(\\local\a==0)
{\\local\PLC 输出 0=0;
\\local\PLC 输出 1=0;
\\local\PLC 输出 2=0;
```

```
\\local\PLC 输出 3=0;
\\local\PLC 输出 4=0;
\\local\PLC 输出 5=0;
\\local\PLC 输出 6=0;
\\local\PLC 输出 7=0;}
if( \\local\a= =1)
{\\local\PLC 输出 0=1;
\\local\PLC 输出 1=0;
\\local\PLC 输出 2=0;
\\local\PLC 输出 3=0;
\\local\PLC 输出 4=0;
\\local\PLC 输出 5=0;
\\local\PLC 输出 6=0;
\\local\PLC 输出 7=0;}
if( \\local\a= =2)
{\\local\PLC 输出 0=0;
\\local\PLC 输出 1=1;
\\local\PLC 输出 2=0;
\\local\PLC 输出 3=0;
\\local\PLC 输出 4=0;
\\local\PLC 输出 5=0;
\\local\PLC 输出 6=0;
\\local\PLC 输出 7=0;}
if( \\local\a= =3)
{\\local\PLC 输出 0=0;
\\local\PLC 输出 1=0;
\\local\PLC 输出 2=1;
\\local\PLC 输出 3=0;
\\local\PLC 输出 4=0;
\\local\PLC 输出 5=0;
\\local\PLC 输出 6=0;
\\local\PLC 输出 7=0;}
if( \\local\a= =4)
{\\local\PLC 输出 0=0;
\\local\PLC 输出 1=0;
\\local\PLC 输出 2=0;
\\local\PLC 输出 3=1;
\\local\PLC 输出 4=0;
\\local\PLC 输出 5=0;
\\local\PLC 输出 6=0;
\\local\PLC 输出 7=0;}
if( \\local\a= =5)
{\\local\PLC 输出 0=0;
\\local\PLC 输出 1=0;
\\local\PLC 输出 2=0;
\\local\PLC 输出 3=0;
\\local\PLC 输出 4=1;
\\local\PLC 输出 5=0;
```

```
\\local\PLC 输出 6=0;
\\local\PLC 输出 7=0;}
if( \\local\a = =6)
{\\local\PLC 输出 0=0;
\\local\PLC 输出 1=0;
\\local\PLC 输出 2=0;
\\local\PLC 输出 3=0;
\\local\PLC 输出 4=0;
\\local\PLC 输出 5=1;
\\local\PLC 输出 6=0;
\\local\PLC 输出 7=0;}
if( \\local\a = =7)
{\\local\PLC 输出 0=0;
\\local\PLC 输出 1=0;
\\local\PLC 输出 2=0;
\\local\PLC 输出 3=0;
\\local\PLC 输出 4=0;
\\local\PLC 输出 5=0;
\\local\PLC 输出 6=1;
\\local\PLC 输出 7=0;}
if( \\local\a = =8)
{\\local\PLC 输出 0=0;
\\local\PLC 输出 1=0;
\\local\PLC 输出 2=0;
\\local\PLC 输出 3=0;
\\local\PLC 输出 4=0;
\\local\PLC 输出 5=0;
\\local\PLC 输出 6=0;
\\local\PLC 输出 7=1;
\\local\a=0;}    }
```

需要注意的是，在画面命令语言对话框中设置"每 1000 毫秒"为跑马灯的间隔时间。

（4）运行系统调试　切换至运行系统，打开画面中的一个开关，观察 PLC 对应输出端是否有输出；再按下对应按钮，观察 PLC 输出端 Y0~Y7 是否实现跑马灯的开始、暂停和停止。运行系统画面如图 9-49 所示。

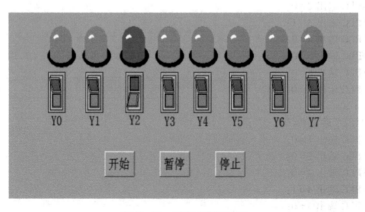

图 9-49　运行系统画面

9.6　本章小结

PLC 是一种专为在工业环境中运用而设计的数字运算操作的电子系统，采用可编程的存储器，执行逻辑运算、顺序控制、定时、计数与算术运算等操作指令，并通过数字或模拟式 I/O 控制各种类型的机械或生产过程。

上位机运行组态软件，实现集中监控功能，上位机与 PLC 通信，进行数据交换，但最终还是由 PLC 控制设备运行。上位机通过通信连接到 PLC 的相应地址，从而改变 PLC 程序数据状态。上位机可以直观地控制设备，可以代替按钮的手动控制功能和仪表显示功能。设备离开上位机仍可以运行，但没那么直观及人性化。所以在工控现场，组态与 PLC 的联合提升了生产的自动化水平。

本章列举了组态王与 PLC 的模拟量输入、模拟量输出、数字量输入、数字量输出工程实例，详细讲解了实施步骤，包括 PLC 硬件连接，组态王与三菱 PLC 通信测试，组态王画面绘制，变量定义，组态王与 PLC 的连接和数据交换，按钮和画面命令语言写入，以及运行系统调试，可依步骤练习。

9.7　课后习题

1. 什么是 PLC？
2. 请简单介绍 PLC 的构成。
3. PLC 有哪些特点？
4. 计算机与 PLC 如何进行连接。
5. 请归纳总结 RS-232 串口通信标准。
6. 请归纳总结 RS-422 串口通信标准。

10.1　本章导学

本章将前面章节所学习的内容进行综合，并通过几个有趣的实例，加深读者对组态王操作的理解，体会组态王中各个功能的组合使用。

10.2　小区供水系统实例

本实例为某居民小区供水系统，为了简化设计，模拟 5 个用户。蓄水池由自来水公司供水，假设蓄水池高度为 3 m，通过一台水泵给用户供水，供水管正常压力为 0.35 MPa。测量信号包括 5 个用户用水量、供水管压力、蓄水池水位。需要计算每个用户每个月的水费，并且保存到数据库以便查询和打印。通过该实例，可以加深学习者对组态王画图工具和动画效果设计的理解。

10.2.1　变量定义

变量定义见表 10-1。

表 10-1　变量定义

变　量　名	变 量 类 型	初始值	最大值
蓄水池阀	内存离散	关	—
水泵阀	内存离散	关	—
用户 1 阀~用户 5 阀	内存离散	关	—
用户 1 用水量~用户 5 用水量	内存整数	—	—
用户 1 费用~用户 5 费用	内存整数	—	—
蓄水池水位	内存整数	300	300
日期	内存字符串	—	—
供水管压力	内存实数	—	—
DeviceID	内存整数	—	—

10.2.2 楼房设计

新建"小区供水系统模拟"画面并打开，绘制 5 层楼房，先画出需要的单楼层分离图块，如图 10-1 所示。

再将图块进行组合，楼层总图如图 10-2 所示。

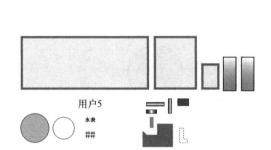

图 10-1 单楼层分离图块

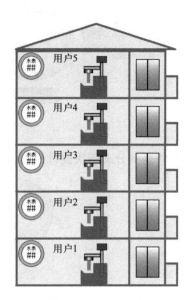

图 10-2 楼层总图

从用户 5 到用户 1，对每个楼层的文本、水柱和水阀图形进行动画连接设置，动画连接设置部位如图 10-3 所示，具体设置方法如下。

（1）文本"##"的设置

1）"模拟值输出"动画连接：表达式为"\\local\用户 5 用水量"~"\\local\用户 1 用水量"，整数位数为 3，小数位数为 0，居中，十进制。

2）"模拟值输入"动画连接：变量名为"\\local\用户 5 用水量"~"\\local\用户 1 用水量"，最大为 999999999。

图 10-3 动画连接设置部位

（2）水柱图形的设置

1）"隐含"动画连接：表达式为"\\local\水泵阀 * \\local\用户 5 用水量"~"\\local\水泵阀 * \\local\用户 1 用水量"，表达式为真时显示。

2）"缩放"动画连接：表达式为"\\local\$毫秒"；最小时，对应值为 0，百分比为 0；最大时，对应值为 1000，百分比为 100%；方向选择上。

（3）水阀图形的设置

1）"填充属性"动画连接：表达式为"\\local\用户 5 阀"~"\\local\用户 1 阀"；刷属性中 0 为红，1 为绿。

2）"按下时"命令语言如下（以用户 5 为例）：

```
\\local\用户 5 阀 = !\\local\用户 5 阀;
```

3）等价键为〈5〉~〈1〉。

10.2.3 水泵设计

进行水泵设计时，首先需要设计分离图块，水泵分离图块如图 10-4 所示。

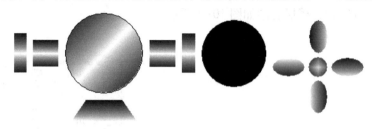

图 10-4　水泵分离图块

然后将这些分离图块设计成组合图块，如图 10-5 所示。

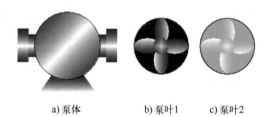

a) 泵体　　　　b) 泵叶1　　　c) 泵叶2

图 10-5　组合图块

接下来，双击图块，进行动画连接设置，具体内容如下。

（1）泵叶 1

1）"隐含"动画连接：表达式为"\\local\水泵阀"，表达式为真时隐含。

2）"按下时"命令语言如下：

```
\\local\水泵阀 = !\\local\水泵阀；
```

（2）泵叶 2

1）"隐含"动画连接：表达式为"\\local\水泵阀"，表达式为真时显示。

2）"旋转"动画连接：表达式为"\\local\$毫秒"；最大逆时针角度为 0，对应值为 0；最大顺时针角度为 360，对应值为 1000。

（3）"按下时"命令语言

```
\\local\水泵阀 = !\\local\水泵阀；
```

（4）等价键命令语言

```
Space；
```

最后再将图块进行组合，水泵组合图块如图 10-6 所示。

单击"图库"→"打开图库"命令，在左侧单击"创建新图库"命令，名称为"个人"，完成后确认保存并关闭。回到画面，选中画好的水泵后合并单元。再次选中水泵，单击"图库"→"创建图库精灵"命令，名称为"水泵"，确认后先单击左侧已创建的"个人"，然后再单击右侧空白处，确认保存并关闭。这一步不是必需的，这样做的目的是让读者能够积累自己常用的图形，在进行其他工程设计时就不需要再次绘画，从图库中选取出来就可以用，而且当读者从图库中选出来用时，其大小可以缩放。

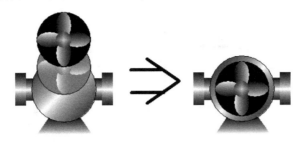

图 10-6 水泵组合图块

10.2.4 蓄水池设计

从图库的反应器中选择一个加到画面中，通过工具箱中的"直线"和"文本"按钮，画出刻度。蓄水池设计图如图 10-7 所示。

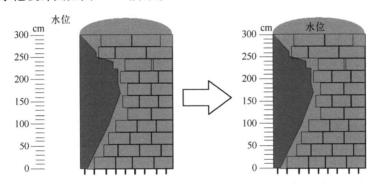

图 10-7 蓄水池设计图

双击进行动画连接设置，具体内容如下。

（1）文本"水位"

1）"模拟值输出"动画连接：表达式为"\\local\蓄水池水位"，整数位数为 3，小数位数为 0，居中，十进制。

2）"模拟值输入"动画连接：变量名为"\\local\蓄水池水位"，最大值为 300，最小值为 50。

（2）反应器 变量名为"\\local\蓄水池水位"；填充颜色与之前选的水颜色相同；最小值为 0，占据百分比为 0；最大值为 300，占据百分比为 100%。

10.2.5 供水管设计

将前面设计的所有图块进行合理的位置排布，从图库中选取一个阀门作为蓄水池阀，单击工具箱的"立体管道"按钮，按流水的方向进行绘制。供水管排布图如图 10-8 所示。

双击进行动画连接设置，具体内容如下。

（1）水管 1~水管 5 "流动"动画连接：流动条件为"\\local\水泵阀 * \\local\用户 1 阀 * 2"~"\\local\水泵阀 * \\local\用户 5 阀 * 2"。

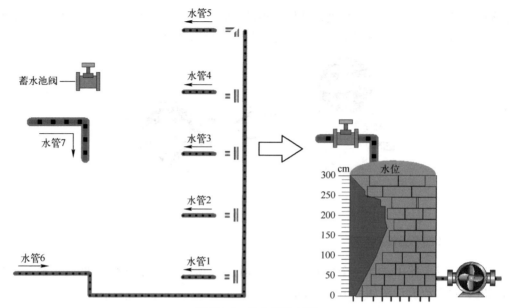

图 10-8　供水管排布图

（2）水管 6 "流动"动画连接：流动条件为"\\local\水泵阀 * (1 + (\\local\用户 1 阀 + \\local\用户 2 阀 + \\local\用户 3 阀 + \\local\用户 4 阀 + \\local\用户 5 阀) * 1.8)"。

（3）水管 7

1）"流动"动画连接：流动条件为"\\local\蓄水池阀 * 10"。

2）蓄水池阀：变量名为"\\local\蓄水池阀"，关闭颜色为红，打开颜色为绿。

10.2.6　供水管压力显示设计

从图库的仪表中选择一个加到画面中，双击进行设置。

添加文本"供水管压力"，双击进行动画连接设置，"模拟值输出"动画连接的表达式为"\\local\供水管压力"，整数位数为 1，小数位数为 2，居左，十进制。供水管压力表如图 10-9 所示，供水管压力表动画连接设置如图 10-10 所示。

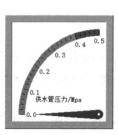

图 10-9　供水管压力表

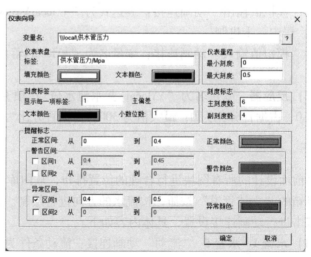

图 10-10　供水管压力表动画连接设置

10.2.7　数据库设置

把用户的用水量和水费保存到数据库中。

新建一个 Access 数据库，名称为"用水量.mdb"。在数据库中新建一个表格，名称为"用水量"。在表格的第一行添加字段，如图 10-11 所示。

图 10-11　添加字段

完成后保存并关闭，将数据库"用水量.mdb"放到工程文件夹中，例如"C:\Program Files(x86)\kingview\小区供水系统实例"。

10.2.8　设置 ODBC 数据源

打开计算机的控制面板，单击"管理工具"选项，双击"ODBC 数据源"选项，在"用户 DSN"标签下单击"添加"按钮，选择"Microsoft Access Driver(*.mdb)"选项，并单击"完成"按钮，进行下一步设置：数据源名为"用水量"，单击"选择"按钮，从工程文件夹中选择"用水量.mdb"数据库，完成后单击"确定"按钮关闭。ODBC 数据源设置如图 10-12 所示。

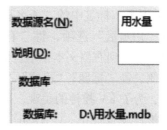

图 10-12　ODBC 数据源设置

10.2.9　记录体设置

在工程浏览器中新建一个记录体，记录体设置如图 10-13 所示。

字段名称	变量名
日期	\\local\日期
用户1用水量	\\local\用户1用水量
用户1费用	\\local\用户1费用
用户2用水量	\\local\用户2用水量
用户2费用	\\local\用户2费用
用户3用水量	\\local\用户3用水量
用户3费用	\\local\用户3费用
用户4用水量	\\local\用户4用水量
用户4费用	\\local\用户4费用
用户5用水量	\\local\用户5用水量
用户5费用	\\local\用户5费用

图 10-13　记录体设置

在工程浏览器左侧的命令语言中，双击"应用程序命令语言"选项，在对应的选项卡下写入以下程序。

1）"启动时"命令语言如下：

```
// * 用于连接数据库 * //
SQLConnect(DeviceID,"dsn=用水量;uid=;pwd=");
```

2)"停止时"命令语言如下：

```
// * 用于断开数据库 * //
SQLDisconnect( DeviceID );
```

10.2.10 KVADODBGrid 控件设置

新建"保存与查询"画面并打开。单击工具箱中的"插入通用控件"按钮，选择"KVADODBGrid Class"放到画面中，将控件名改为"KV"，确定后保存画面。

右击 KV 控件，单击"控制属性"命令，进入"KV 属性"对话框。在"数据源"标签下单击"浏览"按钮，打开"数据连接属性"对话框，接着在"连接"标签中"使用数据源名称"的下拉列表框中选择"用水量"选项，然后单击"测试连接"按钮，成功后单击"确定"按钮，返回"KV 属性"对话框。在"数据源"标签中的"表名称"下拉列表框中选择"用水量"选项，将"有效字段"里的内容全部添加到右侧文本框中。添加完成后，可以在右侧设置"标题""格式""对齐""字段宽度"等，为了 KV 控件的美观，可以适当增加字段宽度推荐设置如下："日期""用户 1 费用"～"用户 5 费用"为"100"，"用户 1 用水量"～"用户 5 用水量"为"120"。KVADODBGrid 控件设置如图 10-14 所示。

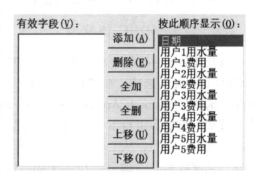

图 10-14 KVADODBGrid 控件设置

设置完成后单击"确定"按钮返回，保存画面。为了按月份查询用户的用水情况，可以使用日历控件来实现对月份的选择。单击工具箱中的"插入通用控件"按钮，选择"Microsoft Date and Time Picker Control"放到画面中。双击此控件，将控件名改为"RQ"，确定后保存画面。

10.2.11 程序设计

程序设计主要包括动画程序、数据变化程序、数据库读写程序的设计。

首先，在工程浏览器左侧的命令语言中，双击"应用程序命令语言"选项，单击"存在时"标签，将时间改为"每 55 毫秒"，并写入如下程序：

```
// * 动画效果设计 * //
long a=a+1;
long b=\\local\用户 1 阀+\\local\用户 2 阀+\\local\用户 3 阀+\\local\用户 4 阀+\\local\用户 5 阀；
long c=2 * (6-b);
if( \\local\蓄水池水位>50 && \\local\水泵阀==1 && ( \\local\用户 1 阀+\\local\用户 2 阀+\\local\用户 3 阀+\\local\用户 4 阀+\\local\用户 5 阀)!=0)
{
    if ( a>=c)
    {
```

```
            a=0;
            \\local\蓄水池水位=\\local\蓄水池水位-1;
        }
    }
    else
    {
        if( \\local\蓄水池水位>=300)
            \\local\蓄水池阀=0;
        else
        {
            \\local\蓄水池阀=1;
            \\local\蓄水池水位=\\local\蓄水池水位+1;
        }
    }


// * 用水量模拟 * //
long d=d+1;
if( d==18)
{
    d=0;
    if( \\local\用户 1 阀+\\local\水泵阀==2)
        \\local\用户 1 用水量=\\local\用户 1 用水量+1;
    if( \\local\用户 2 阀+\\local\水泵阀==2)
        \\local\用户 2 用水量=\\local\用户 2 用水量+1;
    if( \\local\用户 3 阀+\\local\水泵阀==2)
        \\local\用户 3 用水量=\\local\用户 3 用水量+1;
    if( \\local\用户 4 阀+\\local\水泵阀==2)
        \\local\用户 4 用水量=\\local\用户 4 用水量+1;
    if( \\local\用户 5 阀+\\local\水泵阀==2)
        \\local\用户 5 用水量=\\local\用户 5 用水量+1;
}


// * 水费计算 * //
//第一阶梯:每户每月用水量 26 吨及以下, 2 元/吨。
//第二阶梯:每户每月用水量 27~34 吨, 含 34 吨, 3 元/吨。
//第三阶梯:每户每月用水量 34 吨以上, 4 元/吨。
if( \\local\用户 1 用水量>34)
    \\local\用户 1 费用=( \\local\用户 1 用水量-34) * 4+73;
else
{
    if( \\local\用户 1 用水量>26)
        \\local\用户 1 费用=( \\local\用户 1 用水量-26) * 3+52;
    else
        \\local\用户 1 费用=\\local\用户 1 用水量 * 2;
}
if( \\local\用户 2 用水量>34)
    \\local\用户 2 费用=( \\local\用户 2 用水量-34) * 4+73;}
```

```
else
{
        if( \\local\用户 2 用水量>26)
            \\local\用户 2 费用 = ( \\local\用户 2 用水量-26) * 3+52;
        else
            \\local\用户 2 费用 = \\local\用户 2 用水量 * 2;
}
if( \\local\用户 3 用水量>34)
        \\local\用户 3 费用 = ( \\local\用户 3 用水量-34) * 4+73;
else
{
        if( \\local\用户 3 用水量>26)
            \\local\用户 3 费用 = ( \\local\用户 3 用水量-26) * 3+52;
        else
            \\local\用户 3 费用 = \\local\用户 3 用水量 * 2;
}
if( \\local\用户 4 用水量>34)
        \\local\用户 4 费用 = ( \\local\用户 4 用水量-34) * 4+73;
else
{
        if( \\local\用户 4 用水量>26)
            \\local\用户 4 费用 = ( \\local\用户 4 用水量-26) * 3+52;
        else
            \\local\用户 4 费用 = \\local\用户 4 用水量 * 2;
}
if( \\local\用户 5 用水量>34)
        \\local\用户 5 费用 = ( \\local\用户 5 用水量-34) * 4+73;
else
{
        if( \\local\用户 5 用水量>26)
            \\local\用户 5 费用 = ( \\local\用户 5 用水量-26) * 3+52;
        else
            \\local\用户 5 费用 = \\local\用户 5 用水量 * 2;
}

// * 供水管压力模拟 * //
//F=ρgh * S;P( h=300,b=0) = 0. 35 Mpa;P( h=50,b=5) = 0 Mpa。//
\\local\供水管压力 = ( 0. 35 * ( \\local\蓄水池水位/300) - 0. 35 * (50/300) * (b/5)) * \\local\
水泵阀;
```

然后，进入"小区供水系统模拟"画面，从工具箱中添加以下按钮。

1）"保存与查询"按钮，动画连接"按下时"的命令语言如下：

```
ShowPicture("保存与查询");                //转至"保存与查询"画面//
```

2）"缴费"按钮，动画连接"按下时"的命令语言如下：

```
\\local\用户 1 用水量 = 0;
\\local\用户 2 用水量 = 0;
\\local\用户 3 用水量 = 0;
```

第 10 章　综合实例 ▶▶▶　　**223**

> \\local\用户 4 用水量=0;
>
> \\local\用户 5 用水量=0;

接下来，进入"保存与查询"画面，从工具箱中添加以下按钮。

1)"保存"按钮，动画连接"按下时"的命令语言如下：

```
\\local\日期=StrFromInt(RQ. Year,10)+"-"+StrFromInt(RQ. Month,10);  //月份选择//
string whe="日期='"+\\local\日期+"'";                         //按日期查询的条件//
SQLDelete(DeviceID,"用水量",whe);                           //如果之前有数据则先删除//
SQLInsert(DeviceID,"用水量","Bind");                         //然后再保存新的数据//
```

2)"删除"按钮，动画连接"按下时"的命令语言如下：

```
\\local\日期=StrFromInt(RQ. Year,10)+"-"+StrFromInt(RQ. Month,10);  //月份选择//
string whe="日期='"+\\local\日期+"'";                         //按日期删除的条件//
SQLDelete(DeviceID,"用水量",whe);                           //删除数据//
```

3)"查询"按钮，动画连接"按下时"的命令语言如下：

```
KV. FetchData();                       //查询数据库表格的内容并显示在 KV 控件里//
KV. FetchEnd();                        //停止查询//
```

4)"打印"按钮，动画连接"按下时"的命令语言如下：

```
KV. Print();                          //将 KV 控件显示的内容进行打印//
```

5)"返回"按钮，动画连接"按下时"的命令语言如下：

```
ShowPicture("小区供水系统模拟");          //转至"小区供水系统模拟"画面//
```

10. 2. 12　进入运行系统

在工程浏览器中双击"设置运行系统"命令，在"主画面配置"下选择"小区供水系统模拟"，在"特殊"下设置运行系统基准频率为 55 ms，单击"确定"按钮完成设置。在工程浏览器的菜单栏中单击"VIEW"图标，进入运行系统。

当按下空格键时，可以看到水泵开始旋转，供水管内有水，供水管压力显示为 3.5。当按下数字键〈1〉~〈5〉时，对应用户的水管就会有水，并且水表处开始计数，蓄水池水位下降。用水的用户越多，供水管流速就越快，蓄水池水位下降也越快。随着蓄水池水位下降，或者用水的用户增多，供水管压力会下降。当 5 个用户全部用水导致蓄水池水位下降到 50 时，供水管压力变为 0。当所有用户关闭用水，或者蓄水池水位下降到 50 时，蓄水池阀打开，蓄水池水管开始进水，直至满水后蓄水池阀关闭。

当全部用户停止用水时，单击"保存与查询"按钮。在"保存与查询"画面中，单击日历控件选择月份，单击"保存"按钮就会将数据存到数据表里，单击"查看"按钮就会在 KV 控件里看到数据表里的数据。同样，如果想要删除某个月份的数据，先单击日历控件选择月份，然后单击"删除"按钮即可。如果要模拟多个月份的数据，可以在保存当前月份后，单击"返回"按钮，在"小区供水系统模拟"画面中单击"缴费"按钮，这样所有用户的水表就会清零，方便再次操作。用户用水量查询如图 10-15 所示，运行系统画面如图 10-16 所示。

日期	用户1用水量	用户1费用	用户2用水量	用户2费用	用户3用水量	用户3费用	用户4用水量	用户4费用	用户5用水量	用户5费用
2016-8	33	73	16	32	57	165	20	40	11	22
2016-9	20	40	35	77	51	141	47	125	16	32

图 10-15 用户用水量查询

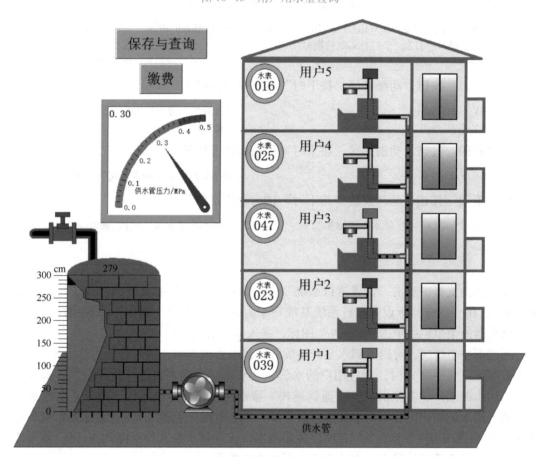

图 10-16 运行系统画面

10.3 混合配料监控系统实例

为了提高产品质量，加速生产流程，适应产品迅速更新换代的要求，产品生产正向缩短生产周期、降低成本、提高生产质量等方向发展。在炼油、化工、制药等行业，多种液体混合是必不可少的工序，而且也是其生产过程中十分重要的组成部分。该实例总体功能主要包括两个方面。一方面为混合配料监控系统，主要是实现实例要求中将两种液体按照 1:3 的比例放入混合罐中进行搅拌，然后将混合好的液体以交替输出的方式输出到两个半成品罐中。

当所有罐液位达上限时，自动关进液阀、停泵；当低于满量程的 10% 时，自动关出液阀、停泵。当混合罐液位超过满量程的 50% 时，开启搅拌机搅拌，直到出液使液位低于 40% 时停止。另一方面为监控部分，包括趋势曲线、报警窗口、实时数据查询、历史数据查询和报警查询。

10.3.1　变量定义

首先新建一个工程并打开，然后在数据词典中新建 25 个变量，变量定义见表 10-2。

表 10-2　变量定义

变 量 名	变 量 类 型	初　始　值
进料泵 1~进料泵 2	内存离散	关
进料阀 1~进料阀 2	内存离散	关
出料阀	内存离散	关
进液泵	内存离散	关
进液阀 1~进液阀 2	内存离散	关
出液阀 1~出液阀 2	内存离散	关
出液泵	内存离散	关
开关	内存离散	关
混合罐灯	内存离散	关
半成品罐 1 灯~半成品罐 2 灯	内存离散	关
温度灯	内存离散	关
进料 1 液位~进料 2 液位	内存实数	—
混合罐	内存实数	—
半成品罐 1~半成品罐 2	内存实数	—
温度	内存实数	—
旋转	内存实数	—
选择日期	内存字符串	—
查询日期	内存字符串	—

10.3.2　新建画面

如图 10-17 所示，新建"混合配料监控系统"画面，然后进行画面的绘制。在工具箱中找到按钮控件和文本控件，对画面中各仪器进行标注。由于组态中的柱状图不能实现功能，因此利用工具箱中的直线画出柱状图。右上角为实时趋势曲线，双击工具箱中的"实时趋势曲线"按钮，即可在画面中创建实时趋势曲线。

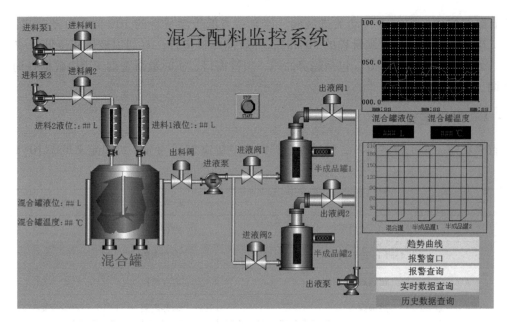

图 10-17 "混合配料监控系统"画面

10.3.3 关联变量

1. 阀门、泵等仪器的关联

双击仪器，弹出"动画连接属性"对话框，选择对应的变量进行关联。图 10-18 所示为混合罐的动画连接设置，其他仪器的关联操作与混合罐一致。

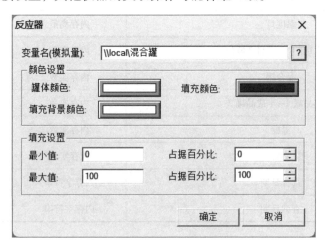

图 10-18 混合罐的动画连接设置

2. 风扇关联

画面中风扇是用工具箱中的多边形画出来的，因为图库中的风扇不能进行动画连接，所以需要手动画。画好以后合成组合图素，双击风扇，设置"旋转"动画连接如下。

1）表达式为"\\local\旋转"。

2）最大逆时针方向：对应角度为 0，对应值为 0。

3）最大顺时针方向：对应角度为 360，对应值为 100。

4）旋转圆心偏离图素中心大小：水平方向为 0，垂直方向为 0。

3. 立体图关联

在立体图上，双击矩形框，设置"填充"动画连接如下。

1）表达式为"\\local\混合罐"。

2）最小填充高度：对应数值为 0，占据百分比为 0。

3）最大填充高度：对应数值为 0，占据百分比为 0。

4）填充方向：向下。

4. 实时趋势曲线关联

双击实时趋势曲线，弹出"实时趋势曲线"对话框，在"曲线定义"选项卡的"曲线"选项组中添加变量，变量添加完后单击"标识定义"标签，在此选项卡中选择"实际值"选项。在这个对话框内可以对实时趋势曲线的属性进行设置，具体设置如图 10-19 所示。

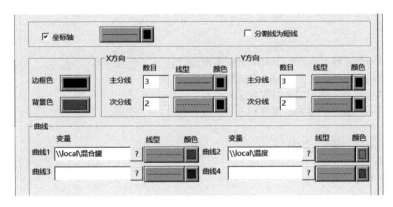

图 10-19　实时趋势曲线的属性设置

5. 各个按钮的程序

1）"趋势曲线"按钮：

ShowPicture("趋势曲线");

2）"报警窗口"按钮：

ShowPicture("报警窗口");

3）"报警查询"按钮：

ShowPicture("报警查询");

4）"实时数据查询"按钮：

ShowPicture("实时数据查询");

5）"历史数据查询"按钮：

ShowPicture("历史数据查询");

10.3.4　程序设计

右击风扇图形，单击"画面属性"→"命令语言"命令，在"存在时"标签中写入风扇旋转的限制条件：

```
If( \\local\旋转 == 7)
    \\local\旋转;
If( \\local\混合罐>40)
    \\local\旋转 = \\local\旋转+1;
```

在工程浏览器的"系统"菜单中单击"命令语言"命令，双击"应用程序命令语言"选项，写入整个画面的运行程序，程序如下：

```
if( \\local\开关 == 1)
{
    \\local\进料阀 1 = 1;
    \\local\进料阀 2 = 1;
    \\local\进料泵 1 = 1;
    \\local\进料泵 2 = 1;
}
if( \\local\进料泵 1 == 1 && \\local\进料泵 2 == 1 && \\local\进料阀 1 == 1 && \\local\进料阀
2 == 1)
{
    \\local\进料 1 液位 = \\local\进料 1 液位+1;
    \\local\进料 2 液位 = \\local\进料 2 液位+3;
    \\local\混合罐 = \\local\混合罐+4;
    \\local\温度 = \\local\温度+1;
}
if( \\local\混合罐 == 200)
    \\local\出料阀 = 1;
if( \\local\出料阀 == 1)
{
    \\local\进料泵 1 = 0;
    \\local\进料泵 2 = 0;
    \\local\进料阀 1 = 0;
    \\local\进料阀 2 = 0;
    \\local\进液泵 = 1;
}
if( \\local\进料泵 1 == 0 && \\local\进料泵 2 == 0 && \\local\进料阀 1 == 0 && \\local\进料阀
2 == 0)
{
    \\local\进料 1 液位 = \\local\进料 1 液位-\\local\进料 1 液位;
    \\local\进料 2 液位 = \\local\进料 2 液位-\\local\进料 2 液位;
}
if( \\local\进液泵 == 1 && \\local\进液阀 2 == 0 && \\local\出液阀 1 == 0)
    \\local\进液阀 1 = 1;
if( \\local\出料阀 == 1 && \\local\进液泵 == 1)
{
```

```
        \\local\温度=\\local\温度-1;
        \\local\混合罐=\\local\混合罐-5;
        if( \\local\混合罐==20)
        {
            \\local\出料阀=0;
            \\local\进液泵=0;
            \\local\进液阀 1=0;
            \\local\进液阀 2=0;
            \\local\温度=20;
        }
        if( \\local\出料阀==0 && \\local\进液泵==0 && \\local\进液阀 1==0 &&\\local\进液阀
2==0)
        {
            \\local\进料阀 1=1;
            \\local\进料阀 2=1;
            \\local\进料泵 1=1;
            \\local\进料泵 2=1;
        }
        if( \\local\进液阀 1==1)
            \\local\半成品罐 1=\\local\半成品罐 1+1;
        if( \\local\进液阀 2==1)
            \\local\半成品罐 2=\\local\半成品罐 2+1;
}
if( \\local\半成品罐 1==50)
{
        \\local\出液阀 1=1;
        \\local\进液阀 1=0;
        if( \\local\进液阀 2==0 && \\local\出液阀 2==0)
            \\local\进液阀 1=1;
        if( \\local\出液阀 2==0 && \\local\进液阀 2==0)
            \\local\进液阀 2=1;
}
if( \\local\出液阀 1==1)
{
        \\local\进液阀 1=0;
        \\local\半成品罐 1=\\local\半成品罐 1-1;
        if( \\local\半成品罐 1==10)
        {
            \\local\出液阀 1=0;
            \\local\进液阀 1=0;
        }
}
if( \\local\半成品罐 2==50)
{
        \\local\出液阀 2=1;
        \\local\进液阀 2=0;
}
if( \\local\出液阀 2==1)
```

```
    {
        \\local\半成品罐2=\\local\半成品罐2-1;
    if( \\local\半成品罐2= =10)
        {
            \\local\出液阀2=0;
            \\local\进液阀2=0;
        }
    }
    if( \\local\出液阀1= =1 || \\local\出液阀2= =1)
        \\local\出液泵=1;
```

10.3.5　运行结果

运行系统画面如图 10-20 所示。

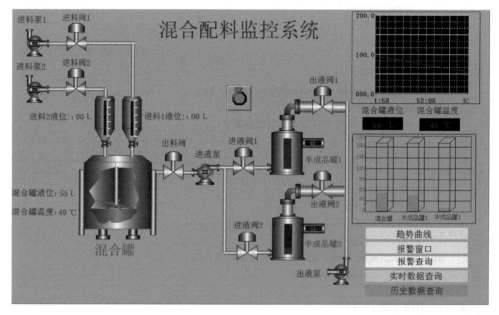

图 10-20　运行系统画面

10.3.6　趋势曲线

在画面中插入实时趋势曲线控件和历史趋势曲线控件，并关联"混合罐""半成品罐1液位""半成品罐2液位""温度"变量。用工具箱的文本控件对实时趋势曲线、历史趋势曲线进行标注。画面设计如图 10-21 所示。

双击实时趋势曲线，弹出"实时趋势曲线"对话框，在"曲线定义"标签中添加变量，并对线型和线颜色进行设置；在"标识定义"标签中选择"实际值"选项，具体设置如图 10-22 所示。历史趋势曲线的设置操作步骤与实时趋势曲线一致，需要注意的是历史趋势曲线必须要写名称。

趋势曲线运行画面如图 10-23 所示。

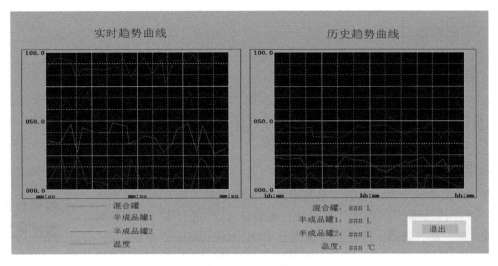

图 10-21　画面设计

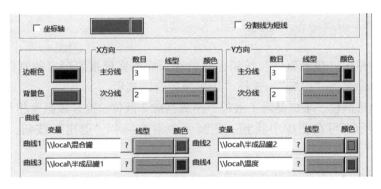

图 10-22　趋势曲线设置

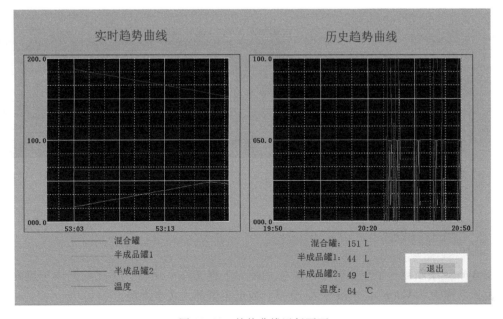

图 10-23　趋势曲线运行画面

10.3.7　报警窗口

1. 定义报警组

在工程浏览器的"数据库"选项中选择"报警组"选项，双击添加"液位报警""温度报警"两个报警组，添加后单击"确定"按钮，完成报警组定义，如图 10-24 所示。

2. 进行报警定义

在"定义变量"对话框的"报警定义"标签中对"混合罐""半成品罐 1""半成品罐 2""温度"变量进行报警定义。"混合罐"的报警限为低低、低、高、高高，报警值分别为 0、20、160、180；"半成品罐"的报警限为低低、低、高、高高，报警值分别为 0、10、45、50；"温度"的报警限为低低、低、高、高高，报警值分别为 0、10、40、60。

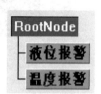

图 10-24　报警
组定义

10.3.8　新建"实时报警"画面

在工具箱中单击"报警窗口"按钮，然后在画面上完成报警窗口的制作。双击报警窗口，将报警窗口命名为"报警"，选择"历史报警窗"选项。

关联与混合罐液位、半成品罐 1 液位、半成品罐 2 液位、混合罐温度相对应的指示灯进行报警。四个指示灯可在图库中找到。在画面中添加一个"退出"按钮，按钮的命令语言为：

```
ShowPicture("反应车间");
```

报警窗口运行画面如图 10-25 所示。

事件日期	事件时间	报警日期	报警时间	变量名	报警类型
----	----	16/07/21	20:51:16.850	混合罐	高
16/07/21	20:51:16.850	16/07/21	20:51:16.845	混合罐	高高
----	----	16/07/21	20:51:16.845	混合罐	高高
16/07/21	20:51:16.845	16/07/21	20:51:16.348	混合罐	高
----	----	16/07/21	20:51:16.348	混合罐	高
16/07/21	20:51:16.348	16/07/21	20:51:16.341	混合罐	高高
----	----	16/07/21	20:51:16.341	混合罐	高高
16/07/21	20:51:16.341	16/07/21	20:51:15.845	混合罐	高
16/07/21	20:51:15.845	16/07/21	20:51:15.838	混合罐	高高

报警窗口

混合罐液位	163.00
半成品罐1液位	33.00
半成品罐2液位	0.00
混合罐温度	49.00

图 10-25　报警窗口运行画面

10.3.9　新建数据库

在 Access 中新建一个空数据库，保存路径为工程文件夹路径。在此数据库中创建一个数据表，名称为"Alarm"，字段见表 10-3，数据类型都为文本类型。

表 10-3　数据表字段

字段名称	数据类型	说　明	字段名称	数据类型	说　　明
AlarmDate	文本	报警日期	AcrDate	文本	事件日期
AlarmTime	文本	报警时间	AcrTime	文本	事件时间
VarName	文本	变量名	OperatorName	文本	操作员名
GroupName	文本	报警组名	VarComment	文本	变量描述
AlarmValue	文本	报警值	ResumeValue	文本	恢复值
LimitValue	文本	限值	EventType	文本	事件类型
AlarmType	文本	报警类型	MachineName	文本	工作站名称
Pri	文本	优先级	IOServerName	文本	报警服务器名称
Quality	文本	质量位			

10.3.10　设置 ODBC 数据源

建立 ODBC 数据源，选择"Microsoft Access Driver（∗.mdb）"驱动。数据源名为"报警"，数据库选择文件"报警数据库.mdb"。ODBC 数据源设置如图 10-26 所示。

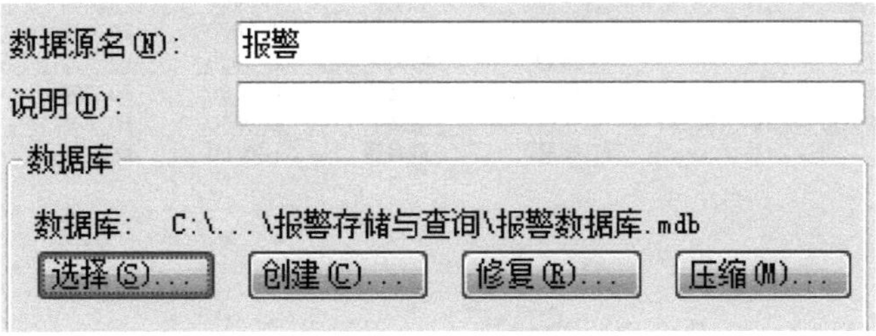

图 10-26　ODBC 数据源设置

10.3.11　报警配置

双击组态王工程浏览器的"系统配置"中的"报警配置"选项，弹出"报警配置属性页"对话框，单击"数据库配置"标签，勾选"记录报警事件到数据库"选项，单击"报警格式"按钮，弹出如图 10-27 所示的对话框。需要注意的是，设置的报警格式要与新建的数据库格式一致。报警格式设置如图 10-27 所示。

报警格式设置好后单击"确定"按钮，回到"报警配置属性页"对话框，单击"数据源→用户 DSN"选项，选择之前定义的数据源"报警"，单击"确定"按钮。

画面编辑完成后保存画面，单击"打开"中的"切换到 view"命令，打开"实时报警"画面，当有报警产生时，会在报警画面中显示当前的报警信息，同时也会将报警信息存储到 Access 数据库中。我们可以打开新建的数据库，打开"Alarm"表，如图 10-28 所示，报警信息已经存储到数据库中。

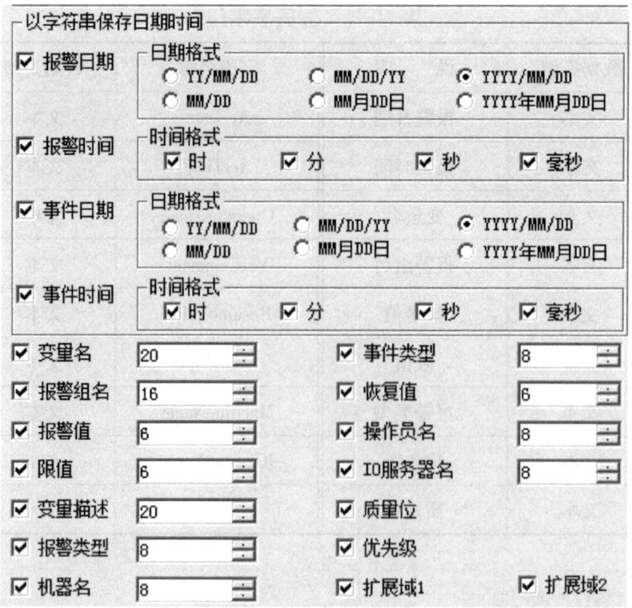

图 10-27　报警格式设置

AlarmType	AcrDate	AcrTime	EventType	VarName	AlarmValu	LimitValu	ResumeVal
低			报警	混合罐	4.0000	20.000	
低			报警	温度	1.0000	10.000	
低			报警	混合罐	4.0000	20.000	
低			报警	温度	1.0000	10.000	
低	2016/07/21	20:26:32　2	报警恢复	混合罐	4.0000	20.000	24.000
低	2016/07/21	20:26:34　8	报警恢复	温度	1.0000	10.000	11.000
高			报警	混合罐	160.00	160.00	

图 10-28　"Alarm" 表

10.3.12　创建 KVADODBGrid 控件

在工程中新建"报警查询"画面，在画面中插入"KVADODBGrid Class"控件，双击此控件，命名为"KV"后单击"确定"按钮回到画面。右击控件，单击"控件属性"命令，弹出"KV 属性"对话框。

在"数据源"选项卡下单击"浏览"按钮，弹出"数据链接属性"对话框，在"连接"选项卡下的"使用数据源名称"下拉列表框中选择"报警"选项，单击"确定"按钮回到"KV 属性"对话框。

在"表名称"下拉列表框中应选择"Alarm"表，将左侧需要查询的"有效字段"分别添加到右侧，并修改标题和格式。KV 控件属性设置如图 10-29 所示。

10.3.13　创建日历控件

单击工具箱中的"插入通用控件"按钮，选择"Microsoft Date and Time Picker Control 6.0（SP4）"控件放到画面上，双击控件，将其命名为"ADate"，保存后再次双击该控件，在"事件"选项卡中选择"CloseUp"选项，弹出"控件事件函数"对话框，在函数声明中将函数命名为"CloseUp1( )"，在编辑窗口中编写脚本程序如下：

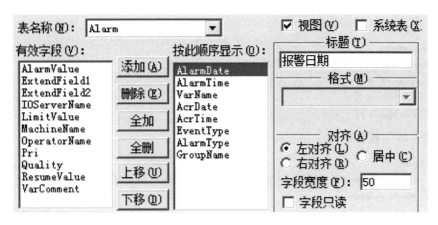

图 10-29　KV 控件属性设置

```
float Ayear;
float Amonth;
float Aday;
long x;
long y;
long Row;
long StartTime;
string temp;
Ayear = Date. Year;
Amonth = Date. Month;
Aday = Date. Day;
temp = StrFromInt( Ayear, 10);
if( Amonth<10)
    temp = temp+"/0" +StrFromInt( Amonth, 10);
else
    temp = temp+"/" +StrFromInt( Amonth, 10);
if( Aday<10)
    temp = temp+"/0" +StrFromInt( Aday, 10);
else
    temp = temp+"/" +StrFromInt( Aday, 10);
\\local\选择日期 = temp;
```

日历控件画面如图 10-30 所示，在画面中添加七个按钮，按钮的命令语言如下。

选择日期：2016/7/21

| 日期查询 | 半成品罐1 | 温度 |

| 混合罐 | 半成品罐2 | 液位 |

报警日期	报警时间	变量名称	恢复日期	恢复时间	事件类型	报警类型	报警组

| 退出 |

图 10-30　日历控件画面

1）"日期查询"按钮的命令语言：

```
string when;
when = " AlarmDate = '" +\\local\选择日期+"'";
KV. Where = when;
KV. FetchData( );
KV. FetchEnd( );
```

2）"混合罐"按钮的命令语言：

```
string when;
when = " AlarmDate = '" +\\local\选择日期+"'and VarName='混合罐'";
KV. Where = when;
KV. FetchData( );
KV. FetchEnd( );
```

3）"半成品罐 1"按钮的命令语言：

```
string when;
when = " AlarmDate = '" +\\local\选择日期+"'and VarName='半成品罐 1'";
KV. Where = when;
KV. FetchData( );
KV. FetchEnd( );
```

4）"半成品罐 2"按钮的命令语言：

```
string when;
when = " AlarmDate = '" +\\local\选择日期+"'and VarName='半成品罐 2'";
KV. Where = when;
KV. FetchData( );
KV. FetchEnd( );
```

5）"液位"按钮的命令语言：

```
string when;
when = " AlarmDate = '" +\\local\选择日期+"'and GroupName='液位报警'";
KV. Where = when;
KV. FetchData( );
KV. FetchEnd( );
```

6）"温度"按钮的命令语言：

```
string when;
when = " AlarmDate = '" +\\local\选择日期+"'and GroupName='温度报警'";
KV. Where = when;
KV. FetchData( );
KV. FetchEnd( );
```

7）"退出"按钮的命令语言：

```
ShowPicture("反应车间");
```

日历控件运行画面如图 10-31 所示。

图 10-31　日历控件运行画面

10.3.14　实时数据查询

新建一个名为"实时数据查询"的画面，在工具箱中找到报表，并插入报表控件、三个按钮和文本，对各个文本进行变量关联。按钮的命令语言如下。

1）"查询"按钮的命令语言：

```
ReportSetHistData2(2,1);
```

2）"打印"按钮的命令语言：

```
ReportPrintSetup("Report1");
```

3）"退出"按钮的命令语言：

```
ShowPicture("反应车间");
```

单击"文件"中"切换到 view"命令，切换到运行系统。运行时，单击"查询"按钮，弹出"报表历史查询"对话框，在"变量选择"标签下选择"从历史库中添加"，并添加需要查询的变量，具体设置如图 10-32 所示。

序号	数据来源	站点名.ID	站点名	变量名	变量全名	变量描述
0001	历史库	local.0023	local	半成品罐1	\\local\半成品罐1	
0002	历史库	local.0024	local	半成品罐2	\\local\半成品罐2	
0003	历史库	local.0021	local	混合罐	\\local\混合罐	
0004	历史库	local.0022	local	温度	\\local\温度	

图 10-32　"报表历史查询"对话框

实时数据查询结果如图 10-33 所示。

实时数据查询

混合罐液位：159 L

半成品罐1液位：36 L

半成品罐1液位：23 L

混合罐温度：64 ℃

日期	时间	半成品罐1	半成品罐2	混合罐	温度
16/07/21	20:35:07	----	----	----	----
16/07/21	20:36:07	0.00	0.00	68.00	17.00
16/07/21	20:37:07	20.00	29.00	117.00	49.00
16/07/21	20:38:07	12.00	47.00	94.00	49.00
16/07/21	20:39:07	----	----	----	----

图 10-33　实时数据查询结果

10.3.15   历史数据查询

新建一个名为"历史数据查询"的画面，插入日历控件"Microsoft Date and Time Picker Control 6.0（SP4）"，再插入报表和按钮控件，画面设计如图 10-34 所示。

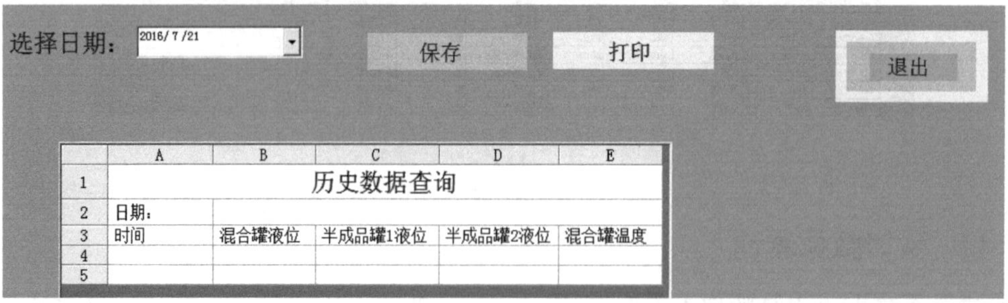

图 10-34   "历史数据查询"画面设计

双击日历控件，将控件名改为"ADate"，确定并全部存之后，双击日历控件，双击 CloseUp 对应的关联函数，进入"画面控件事件函数"对话框，编写如下程序：

```
float Ayear;
float Amonth;
float Aday;
long x;
long y;
long Row;
long StartTime;
string temp;
Ayear = ADate. Year;
Amonth = ADate. Month;
Aday = ADate. Day;
temp = StrFromInt( Ayear, 10);
if( Amonth<10)
    temp = temp+" -0" +StrFromInt( Amonth, 10);
else
    temp = temp+" -" +StrFromInt( Amonth, 10);
if( Aday<10)
    temp = temp+" -0" +StrFromInt( Aday, 10);
else
temp = temp+" -" +StrFromInt( Aday, 10);
\\local\查询日期 = temp;
ReportSetCellString2( "Report2", 4, 1, 51, 6," ");
ReportSetCellString( "Report2", 2,2, temp);
StartTime = HTConvertTime( Ayear, Amonth, Aday,0,0,0);
ReportSetHistData( "Report2", "\\local\混合罐", StartTime,1800, "B4:B51");
ReportSetHistData( "Report2", "\\local\半成品罐 1", StartTime,1800, "C4:C51");
ReportSetHistData( "Report2", "\\local\半成品罐 2", StartTime,1800, "D4:D51");
ReportSetHistData( "Report2", "\\local\温度", StartTime,1800, "E4:E51");
x = 0;
```

```
        while(x<48)
        {
            row=4+x;
            y=StartTime+x*1800;
            temp=StrFromTime(y,2);
            ReportSetCellString("Report2",row,1,temp);
            x=x+1;
        }
```

历史数据查询结果如图 10-35 所示。

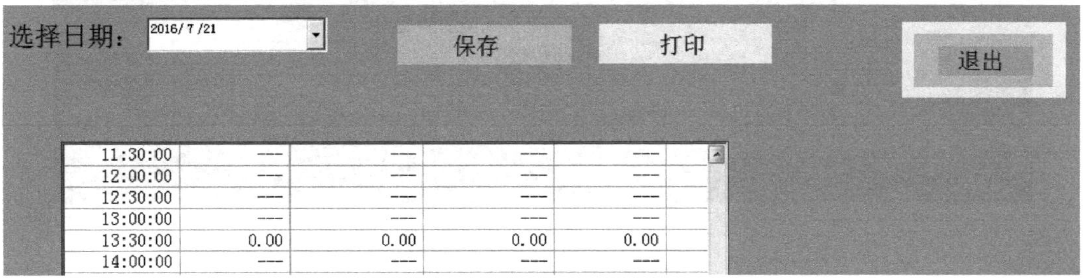

选择日期：2016/7/21   保存   打印   退出

11:30:00	——	——	——	——
12:00:00	——	——	——	——
12:30:00	——	——	——	——
13:00:00	——	——	——	——
13:30:00	0.00	0.00	0.00	0.00
14:00:00	——	——	——	——

图 10-35　历史数据查询结果

10.4　小区照明系统实例

某小区的住宅楼区域为住宅区，临街商铺为商铺区，地下车库单独为一个区域，小花园、中心广场、体育场及地面停车场分为同一个区域，均为地面照明区域。根据早晚、深夜、白昼时间段自动开启照明系统；可以手动开启和关闭灯；需要显示路灯开关状态、用电量、关键点光照度等实时数据；显示趋势曲线，包括分区电量、关键点光照度；设计日、月报表，汇总电量、关键点光照度等数据。为了使工程画面形象逼真，需在画面中添加一些图片，图片格式保存为 PNG 格式。

10.4.1　小区外景

新建"小区外景"画面。在工具箱中单击"点位图"按钮，拖动鼠标指针在画面中画出一个矩形框，选中矩形框并右击，单击"从文件中加载"命令，选择需要加载的背景图片。

使用工具箱中的"按钮"控件创建画面切换按钮"进入小区""商铺""小区用电情况"并设置"弹起时"的命令语言。

1）"进入小区"按钮"弹起时"命令语言：

```
ShowPicture("小区内景");
```

2）"商铺"按钮"弹起时"命令语言：

```
ShowPicture("商铺场景");
```

3）"小区用电情况"按钮"弹起时"命令语言：

```
ShowPicture("小区用电情况");
```

"小区外景"画面如图 10-36 所示。

图 10-36　"小区外景"画面

10.4.2　小区内景

新建"小区内景"画面，添加画面背景图片，在画面中添加按钮，并设置"弹起时"
的命令语言。

1）"住宅区"按钮"弹起时"命令语言：

```
ShowPicture("住宅区");
```

2）"地下车库"按钮"弹起时"命令语言：

```
ShowPicture("地下车库");
```

3）"小花园""中心广场""体育场和地面停车场"按钮"弹起时"命令语言：

```
ShowPicture("地面照明区域");
```

4）"小区外景"按钮"弹起时"命令语言：

```
ShowPicture("小区外景");
```

5）"小区用电情况"按钮"弹起时"命令语言：

```
ShowPicture("小区用电情况");
```

"小区内景"画面如图 10-37 所示。

10.4.3　住宅区

"住宅区"需要实现的功能有：住宅区照明手动总控、用电量实时监控、用电量实时报
表，以及住户电费查询。

（1）变量设置　在新建变量窗口中单击"连接设备"按钮，弹出"设备管理"对话
框，单击"新建"按钮，弹出"设备配置向导"对话框，选择"设备驱动"→"PLC"→
"亚控"→"仿真 PLC"→"COM"，单击"下一步"按钮，为设备命名"PLC1"，单击
"下一步"按钮，选择串口号"COM1"，单击"下一步"按钮，填写地址"50"，单击"下

一步"按钮,根据需要填写恢复间隔时间,填写"34"s 和"24"h,单击"下一步"按钮,完成设备配置。具体变量定义见表 10-4。

图 10-37 "小区内景"画面

表 10-4 变量定义

变量名	变量类型	初始值	最大值/最大原始值	采集频率	连接设备	寄存器	数据类型	数据变化记录
住宅 1 栋	I/O 实数	0.00	500	500	PLC1	INCREA100	SHORT	0
住宅 2 栋	I/O 实数	0.00	500	600	PLC1	INCREA101	SHORT	0
住宅 3 栋	I/O 实数	0.00	500	700	PLC1	INCREA102	SHORT	0
住宅 4 栋	I/O 实数	0.00	500	800	PLC1	INCREA103	SHORT	0
住宅 5 栋	I/O 实数	0.00	500	900	PLC1	INCREA104	SHORT	0
住宅 6 栋	I/O 实数	0.00	500	1000	PLC1	INCREA105	SHORT	0
住宅 7 栋	I/O 实数	0.00	500	1100	PLC1	INCREA106	SHORT	0
Day	I/O 整数	0	100	1000	PLC1	INCREA107	SHORT	0
主住宅区照明	内存离散	关	—	—	—	—	—	—
主住宅区开关	内存离散	关	—	—	—	—	—	—
电费查询	内存字符串	—	—	—	—	—	—	—

(2)"住宅区"画面设计 用点位图控件添加画面背景图片和住宅楼图片,"住宅区"画面设计如图 10-38 所示。

(3)设置主开关 在图库中选择一个开关放在画面中,此开关作为住宅楼照明的手动控制开关使用。双击开关,关联变量"\\local\主住宅区开关"。

(4)设置主住宅区照明 在工具箱中单击"圆角矩形"按钮,在画面中拖动鼠标指针画出一个合适大小的矩形方框,用来仿真楼层住户照明。双击矩形方框弹出"动画连接"对话框,单击"填充属性"按钮弹出"填充属性连接"对话框,关联表达式"\\local\主住宅区照明",刷属性增加 0(蓝)、1(天蓝),如图 10-39 所示。

图 10-38 "住宅区"画面设计

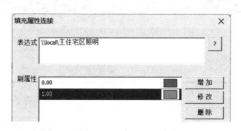

图 10-39 "填充属性连接"对话框

（5）住宅区照明的整体控制   通过复制、粘贴将小方框添加至住宅楼图片中，用于仿真住宅楼的住户。右击画面，单击"画面属性"命令，编辑画面命令语言，实现住宅区照明的整体控制。"存在时"命令语言如下：

```
if( \\local\主住宅区开关= =1)
    \\local\主住宅区照明=1;
else
    \\local\主住宅区照明=0;
```

（6）制作楼栋电费查询按钮   在工具箱中单击"多边形"按钮，画出一个菱形，并在菱形中间添加文字表示楼栋数，同时选中文字和菱形并右击，单击"组合拆分"→"合成组合图素"命令，将二者合成一个图素，制作 1 栋~7 栋的楼栋电费查询按钮。当需要查询某栋楼的电费情况时，单击相应楼栋按钮即可跳入电费查询界面进行查询。

（7）设置按钮命令语言   双击组合的查询按钮"1 栋"，在动画连接中选择"弹起时"，编辑按钮的命令语言如下，2 栋~7 栋按钮的命令语言只需将数字"1"改为对应的楼栋数字即可：

```
\\local\电费查询="1";
ShowPicture("住宅区用电情况");
```

（8）添加画面切换按钮   在工具箱中单击"按钮"控件，在画面中添加画面切换按钮，并设置动画连接"弹起时"的命令语言。

1）"小区外景"按钮的命令语言：

　　　ShowPicture("小区外景");

2）"小区内景"按钮的命令语言：

　　　ShowPicture("小区内景");

3）"住宅区用电情况"按钮的命令语言：

　　　ShowPicture("住宅区用电情况");

10.4.4 住宅区用电情况

"住宅区用电情况"画面的功能分为四个部分，分别是照明仿真手动控制、住宅区电费查询、住宅楼用电量实时报表、住宅楼用电量监控曲线。新建"住宅区用电情况"画面，如图 10-40 所示。

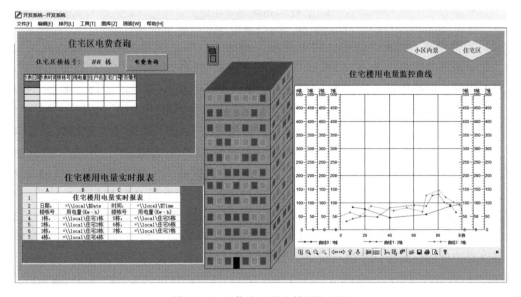

图 10-40 "住宅区用电情况"画面

在图库中选一个开关放在画面上，并关联表达式"\\local\主住宅区开关"。利用工具箱中的画图工具画出一个形象的住宅楼，用小方框表示住户，操作方法同"住宅区"画面中的方框一致，方框关联变量"\\local\主住宅区照明"。当开关打开时，方框变成亮色；当开关关闭时，方框变成暗色。

10.4.5 住宅区电费查询

电费查询功能是利用 KVADODBGird 控件实现对电费数据库的查询处理。工程文件夹中存在一个名为"小区电费.mdb"的 Access 数据库，此画面中需要用到数据库中的数据表"住宅区电费"，数据库查询的步骤如下。

（1）添加 ODBC 数据源　在"用户 DSN"下单击"添加"按钮，选择"Microsoft Access Driver(＊.mdb)"驱动并单击"完成"按钮，进行下一步设置。数据源名为"小区电费"，单击"选择"按钮，从工程文件夹中选择"小区电费.mdb"数据库，完成后单击"确定"按钮关闭。ODBC 数据源定义如图 10-41 所示。

图 10-41　ODBC 数据源定义

（2）控件设置　回到"住宅区用电情况"画面中，单击工具箱中的"插入通用控件"按钮，在对话框的列表中选择"KVADODBGird Class"控件，单击"确定"按钮放到画面中，双击控件，将控件命名为"ZZ"后保存画面。然后再选中并右击控件，单击"控件属性"命令，弹出控件属性对话框。在"数据源"选项卡中单击"浏览"按钮，弹出"数据链接属性"对话框；选择"连接"选项卡，在"指定数据源"处选择"使用数据源名称"选项，单击"刷新"按钮；在下拉列表框中选择数据源"小区电费"，单击"测试连接"按钮，显示测试连接成功后，单击"确定"按钮完成数据源的连接。回到控件属性对话框，在"表名称"处选择"住宅区电费"，将"有效字段"处的字段按照数据表中的字段顺序依次添加在右侧文本框内，单击"应用"按钮，再单击"确定"按钮。控件属性设置如图 10-42 所示。设置完成后，有效字段可应用在控件列表中，按下键盘的〈Ctrl+Alt+O〉键，可以对控件的行高和列宽进行设置，设置完成后的画面如图 10-43 所示。

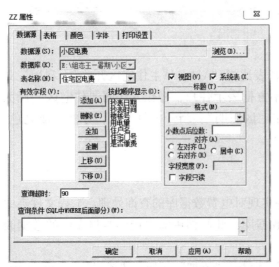

图 10-42　控件属性设置　　　　　　　　图 10-43　设置完成后的画面

（3）动画连接设置 对画面中的文本"##"进行动画连接设置，在"字符串输入"和"字符串输出"处与变量"\\local\电费查询"相关联。

（4）命令语言设置 在画面中插入"电费查询"按钮，对控件的记录进行查询，按钮的"弹起时"命令语言如下：

```
stringwhe;
whe="楼栋号='"+\\local\电费查询+"'";
ZZ. Where=whe;
ZZ. FetchData( );
ZZ. FetchEnd( );
```

（5）实时报表设置 单击工具箱中的"报表窗口"按钮，添加一个行数为 7、列数为 4 的报表，实时报表设置如图 10-44 所示。

	A	B	C	D
1	**住宅楼用电量实时报表**			
2	日期：	=\\local\$Date	时间：	=\\local\$Time
3	楼栋号	用电量(Kw·h)	楼栋号	用电量(Kw·h)
4	1栋：	=\\local\住宅1栋	5栋：	=\\local\住宅5栋
5	2栋：	=\\local\住宅2栋	6栋：	=\\local\住宅6栋
6	3栋：	=\\local\住宅3栋	7栋：	=\\local\住宅7栋
7	4栋：	=\\local\住宅4栋		

图 10-44 实时报表设置

（6）住宅 XY 属性设置 在画面上插入"超级 XY 曲线"控件，命名为"住宅 XY"，保存画面；选中并右击控件，单击"控件属性"命令，弹出"XY 属性"对话框，按图 10-45 所示进行设置。

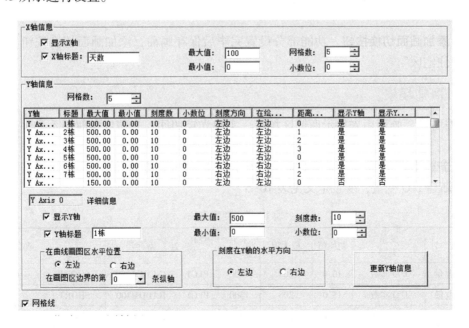

图 10-45 住宅 XY 属性设置

（7）添加命令语言 右击画面，单击"画面属性"→"命令语言"命令，在"画面命令语言"窗口中选择"显示时"标签，单击编辑窗口下方的"控件"按钮，弹出"控件属性和方法"对话框，在控件名称处选中"住宅XY"，在"查看类型"处选择"控件方法"，在"属性或方法"列表中选择"ClearAll"，单击"确定"按钮；切换到"存在时"编辑画面，将"每3000毫秒"改为"每1000毫秒"，并添加如下命令语言：

```
            if(\\local\主住宅区开关==1)
            {
                \\local\主住宅区照明=1;
                住宅XY. AddNewPoint(\\local\Day,\\local\住宅1栋,0);
                住宅XY. AddNewPoint(\\local\Day,\\local\住宅2栋,1);
                住宅XY. AddNewPoint(\\local\Day,\\local\住宅3栋,2);
                住宅XY. AddNewPoint(\\local\Day,\\local\住宅4栋,3);
                住宅XY. AddNewPoint(\\local\Day,\\local\住宅5栋,4);
                住宅XY. AddNewPoint(\\local\Day,\\local\住宅6栋,5);
                住宅XY. AddNewPoint(\\local\Day,\\local\住宅7栋,6);
            }
            else
            {
                \\local\主住宅区照明=0;
                住宅XY. AddNewPoint(\\local\Day,0,0);
                住宅XY. AddNewPoint(\\local\Day,0,1);
                住宅XY. AddNewPoint(\\local\Day,0,2);
                住宅XY. AddNewPoint(\\local\Day,0,3);
                住宅XY. AddNewPoint(\\local\Day,0,4);
                住宅XY. AddNewPoint(\\local\Day,0,5);
                住宅XY. AddNewPoint(\\local\Day,0,6);
            }
```

（8）添加画面切换按钮 功能部分设置完毕后保存画面，添加画面切换按钮"小区内景"和"住宅区"。

10.4.6 商铺场景

"商铺场景"画面用来展示商铺区场景，实现光控照明、光照度实时显示和手动控制照明功能。

（1）新建 I/O 变量 商铺用电量曲线中需要通过 I/O 变量仿真实现实时的监控曲线，因此需要新建 I/O 变量，变量定义见表 10-5。

表 10-5 变量定义

变量名	变量类型	初始值	最大值	采集频率	连接设备	寄存器	数据类型	数据变化记录
商铺 A 用电量	I/O 实数	10. 0	200	1000	PLC1	INCREA100	SHORT	0
商铺 B 用电量	I/O 实数	15. 0	200	1500	PLC1	RADOM100	SHORT	0
商铺 C 用电量	I/O 实数	5. 0	200	1800	PLC1	RADOM150	SHORT	0
商铺 D 用电量	I/O 实数	20. 0	200	2000	PLC1	RADOM200	SHORT	0

（续）

变量名	变量类型	初始值	最大值	采集频率	连接设备	寄存器	数据类型	数据变化记录
主商铺照明	内存离散	关	—	—	—	—	—	—
主商铺开关	内存离散	关	—	—	—	—	—	—
商铺编号	内存字符串	—	—	—	—	—	—	—
太阳	内存整数	0	200	—	—	—	—	—
光照度	内存整数	0	100	—	—	—	—	—

（2）新建画面 新建"商铺场景"画面并添加背景图片，如图 10-46 所示。

图 10-46 "商铺场景"画面

（3）设置路灯和太阳 用工具箱中的画图工具画出路灯的灯杆和一个太阳，并将太阳组合成一个图素；双击"太阳"设置动画连接"旋转"。

1）表达式为"\\local\太阳"。

2）最大逆时针方向：对应角度为 0；对应数值为 0。

3）最大顺时针方向：对应角度为 100；对应数值为 200。

4）旋转圆心偏离图素中心的大小：水平方向为 250；对应数值为 200。

（4）仪表设置 从图库选择一个开关，变量关联"\\local\主商铺开关"，选择一个指示灯放在画面中的灯杆上，并将所有的指示灯与变量"\\local\主商铺照明"相关联。在图库中选择一个仪表表盘放在画面上，双击仪表弹出"仪表向导"对话框，仪表设置如图 10-47 所示。

（5）编辑画面命令语言 编辑画面命令语言，实现的功能是：太阳从左至右旋转，光照度仪表的指针示数随太阳升高而增大，太阳升至最高处时光照度为 100，光照度小于 30 时照明灯点亮，光照度大于 30 时指明灯熄灭，开关可以手动控制照明灯的亮灭。命令语言如下：

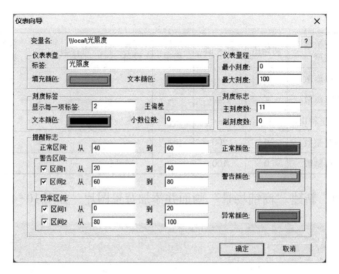

图 10-47　仪表设置

```
long a;
long b;
a = \\local\太阳;
b = \\local\光照度;
if( a! = 200)
{
    if( a< = 100)
    {
        \\local\太阳 = a+5;
        \\local\光照度 = b+5;
    }
    if( a>100)
    {
        \\local\太阳 = a+5;
        \\local\光照度 = b-5;
    }
}
else
{
    \\local\太阳 = 0;
    \\local\光照度 = 0;
}
if( \\local\光照度< = 30 || \\local\主商铺开关 = = 1)
    \\local\主商铺照明 = 1;
else
    \\local\主商铺照明 = 0;
```

（6）添加画面切换按钮　单击工具箱中的"按钮"控件，在画面中添加画面切换按钮"小区外景""小区内景""商铺用电情况"。

10.4.7 商铺用电情况

"商铺用电情况"画面的功能包括用电量实时曲线和商铺电费查询，画面如图 10-48 所示。

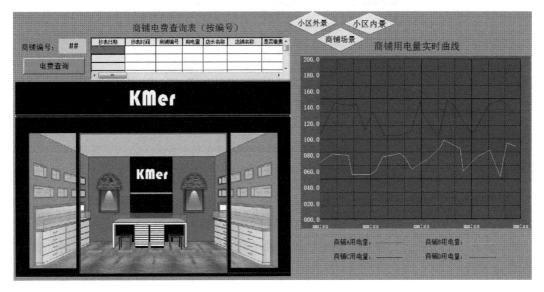

图 10-48 "商铺用电情况"画面

1）单击工具箱中的"实时趋势曲线"按钮，在画面中画出一个实时趋势曲线控件，双击控件弹出"实时趋势曲线"对话框，曲线设置和坐标轴设置如图 10-49 和图 10-50 所示。

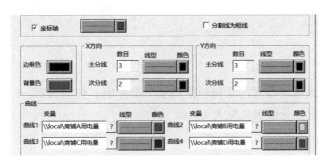

图 10-49 曲线设置

2）在曲线控件下方插入文字和线条，说明不同颜色曲线所代表的商铺用电量。

3）在画面中插入"KVADODBGird Class"控件，命名为"shop"后保存画面。右击"KVADODBGird Class"控件，单击"控件属性"命令，弹出控件属性对话框，在"数据源"选项卡中单击"浏览"按钮，弹出"数据链接属性"对话框，单击"连接"标签，在"指定数据源"处选择"使用数据源名称"选项，单击"刷新"按钮，在下拉列表框中选择数据源"小区电费"，单击"测试连接"按钮，显示测试连接成功，单击"确定"按钮，完成数据源的连接。在"表名称"处选择"商铺电费"，将"有效字段"处的字段按照数据表中的字段顺序依次添加在右侧文本框内，单击"应用"按钮，再单击"确定"按钮即可完成对控件的设置。

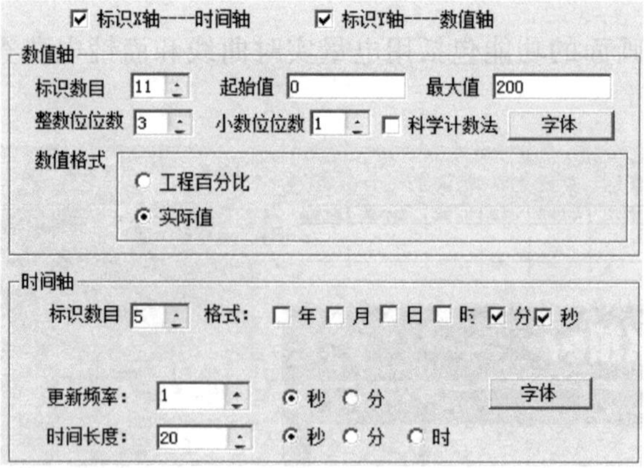

图 10-50　坐标轴设置

4）商铺编号后的文本"##"设置动画连接，选择"字符串输入"和"字符串输出"，并都关联变量"\\local\商铺编号"。

5）插入"电费查询"按钮，对控件的记录进行查询，设置动画连接"弹起时"并添加如下命令语言：

```
string whe;
whe ="商铺编号 ='"+\\local\商铺编号+"'";
shop. Where = whe;
shop. FetchData( );
shop. FetchEnd( );
```

6）单击工具箱中的"按钮"控件，在画面中添加画面切换按钮"小区外景""小区内景"和"商铺场景"。

10.4.8　地下车库

"地下车库"画面需要实现的功能包括自动节能照明、位满提醒。

1）新建 8 个变量，变量定义见表 10-6。

表 10-6　变量定义

变量名	变量类型	初始值	最大值
主地下车库照明	内存离散	关	—
主地下车库开关	内存离散	关	—
车库灯 1 ~ 车库灯 2	内存离散	关	—
位满提示	内存离散	关	—
汽车 1 ~ 汽车 2	内存整数	0	1000
车位	内存整数	0	1000

2）"地下车库"画面用来展示地下车库行车自动照明场景和实现位满提示功能。新建"地下车库"画面，添加画面背景图片和小汽车图片。为了使运行时的画面形象生动，将小

汽车设置为动态效果，同时帮助实现车来自动照明的效果。"地下车库"画面如图 10-51 所示。

图 10-51 "地下车库"画面

3）为第一个小汽车的图片设置动画连接"水平移动"和"垂直移动"，表达式都为 "\\local\汽车 1"，参数设置如下。

①"水平移动"设置。

a）移动距离：向左为 0；向右为 900。

b）对应值：最左边为 0；最右边为 900。

②"垂直移动"设置。

a）移动距离：向上为 0；向下为 60。

b）对应值：最上边为 60；最下边为 100。

4）为第二个小汽车的图片设置动画连接"水平移动"和"垂直移动"，表达式都为 "\\local\汽车 2"，参数设置如下。

①"水平移动"设置。

a）移动距离：向左为 800；向右为 0。

b）对应值：最左边为 200；最右边为 0。

②"垂直移动"设置。

a）移动距离：向上为 0；向下为 180。

b）对应值：最上边为 0；最下边为 180。

5）在画面中画出一个照明灯，并设置动画连接"填充属性"，关联表达式"\\local\主 地下车库照明"，刷属性设置 0（灰）、1（白），完成后复制出另外两个照明灯。

6）从图库中选择一个开关添加在画面上，用于复位，双击开关，关联变量"\\local\ 主地下车库开关"。

7）添加文本"##"，勾选"模拟值输入"和"模拟值输出"，关联变量都为"\\local\ 车位"。

8）在图库中选择一个文本指示灯，双击并进行如下设置。

① 变量名为"\\local\位满提示"。

② 指示灯文本为"车位已满"。

③ 颜色设置：正常色为红；报警色为灰；文本颜色为黑。

④ 闪烁条件为"\\local\车位 = 1000"。

9）为了模拟在汽车行驶过程中，汽车来时照明灯自动感应点亮，汽车离开时照明灯自动熄灭节能，按下复位开关可将画面状态复位，当车位满 1000 个时有"车位已满"提示语闪烁，需要在画面属性中编写命令语言。在"画面命令语言"窗口的"存在时"标签下编写下面程序：

```
if( \\local\主地下车库开关 == 0)
{
    if( \\local\汽车 1 <= 900)
        \\local\汽车 = \\local\汽车 1+50;
    if( \\local\汽车 1 == 700)
        \\local\主地下车库照明 = 1;
    if( \\local\汽车 2 <= 100)
    {
        \\local\汽车 2 = \\local\汽车 2+8;
        if( \\local\汽车 2 >= 15 && \\local\汽车 2 <= 50)
            \\local\车库灯 1 = 1;
        else
            \\local\车库灯 1 = 0;
        if( \\local\汽车 2 移动 >= 55)
            \\local\车库灯 2 = 1;
        else
            \\local\车库灯 2 = 0;
    }
}
else
{
    \\local\汽车 1 = 0;
    \\local\汽车 2 移动 = 0;
    \\local\主地下车库照明 = 0;
    \\local\车库灯 1 = 0;
    \\local\车库灯 2 = 0;
}
if( \\local\车位 == 1000)
    \\local\位满提示 = 1;
```

10）单击工具箱中的"按钮"控件，在画面中添加画面切换按钮"小区内景"和"小区用电情况"。

10.4.9 地面照明区域

"地面照明区域"画面主要实现的功能是自然光控制地面照明灯的亮灭和光照度的实时显示。

1）新建一个内存离散变量"主地面照明"，初始值为"关"。

2）地面照明区域主要分为中心广场、小花园、体育场和地面停车场，由于都是由自然光控制照明灯的亮灭，因此画在一个画面中来模拟效果。新建"地面照明区域"画面并添加画面背景图片，如图 10-52 所示。

图 10-52　"地面照明区域"画面

3）将太阳组合成一个图素，并设置"旋转"动画连接。

① 表达式为"\\local\太阳"。

② 最大逆时针方向：对应角度为 0；对应数值为 0。

③ 最大顺时针方向：对应角度为 85；对应数值为 200。

④ 旋转圆心偏离图素中心的大小：水平方向为 250；垂直方向为 270。

4）从图库中选择一个指示灯，放在画面中所有的灯杆上，并关联变量"\\local\主地面照明"。

5）从图库中选择一个仪表表盘放在画面上，并关联变量"\\local\光照度"，仪表设置如图 10-53 所示。

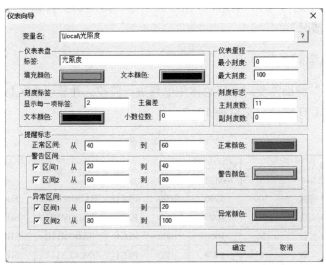

图 10-53　仪表设置

6）太阳从左至右旋转一定的弧度，光照度仪表的指针示数随太阳升高而增大，随太阳下降而减小；当太阳升至最高处时，光照度为100；当光照度小于30时，照明灯点亮；当光照度大于30时，照明灯熄灭。编辑画面命令语言，单击"存在时"标签，将"每3000毫秒"改为所需要的时间。命令语言如下：

```
long a;
long b;
a=\\local\太阳;
b=\\local\光照度;
if( a!=200)
{
    if( a<=100)
    {
        \\local\太阳=a+5;
        \\local\光照度=b+5;
    }
    if( a>100)
    {
        \\local\太阳=a+5;
        \\local\光照度=b-5;
    }
}
else
{
    \\local\太阳=0;
    \\local\光照度=0;
}
if( \\local\光照度<=30)
    \\local\主地面照明=1;
else
    \\local\主地面照明=0;
```

7）单击工具箱中的"按钮"控件，在画面中添加画面切换按钮"小区内景""小区外景"和"小区用电情况"。

10.4.10 小区用电情况

"小区用电情况"画面需要对小区总体用电量进行监控，并显示小区总体用电量日报表。

1）新建变量，I/O变量定义见表10-7。

表 10-7 I/O 变量定义

变量名	变量类型	初始值	最大值/最大原始值	采集频率	连接设备	寄存器	数据类型	数据变化记录
住宅区用电量	I/O 实数	100	3000	1000	PLC1	RADOM1000	SHORT	0
商铺总用电量	I/O 实数	10	2000	2000	PLC1	RADOM500	SHORT	0
地下车库用电量	I/O 实数	50	1000	1000	PLC1	RADOM110	SHORT	0
地面照明用电量	I/O 实数	0	1000	1000	PLC1	INCREA111	SHORT	0
时间	I/O 整数	0	100	1000	PLC1	INCREA90	SHORT	0

2）新建"小区用电情况"画面，画面的功能分为两个部分，分别是小区总体用电量监控曲线和小区总体用电量日报表，画面如图 10-54 所示。

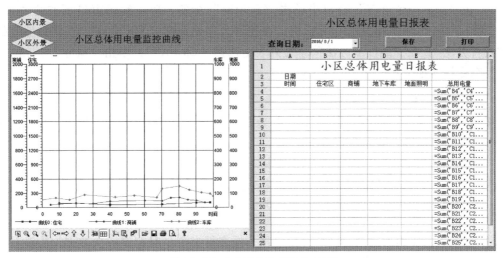

图 10-54 "小区用电情况"画面

3）创建超级 XY 控件，将控件命名为"XQ"，保存画面。双击控件，选中"X 轴标题"选项并设置为"时间"，最大值设为 100，最小值设为 0。在"Y 轴信息"区域中，首先设置"Y Axis 0"，选中"显示 Y 轴"选项，将 Y 轴标题设为"住宅"，最大值为 3000，最小值为 0。在曲线画图区水平位置选择"左边"，并设置其为画图区边界的第 0 条纵轴。按照同样的方法在"Y Axis 1""Y Axis 2""Y Axis 3"处设置 Y 轴标题为"商铺""车库""地面"，"商铺"最大值为 2000，最小值为 0；"车库"和"地面"的最大值均为 1000，最小值为 0。将"住宅"和"商铺"设为画图区的左边，分别为画图区边界的第 0 和第 1 条纵轴；将"车库"和"地面"设为画图区的右边，分别为画图区边界的第 2 和第 3 条纵轴，XQ 控件坐标轴设置如图 10-55 所示。

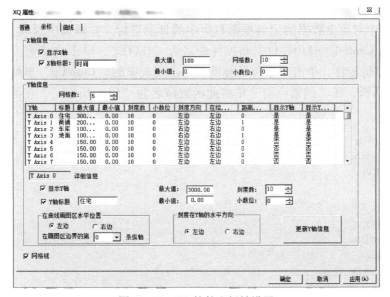

图 10-55 XQ 控件坐标轴设置

单击“更新Y轴信息”按钮，在“曲线”标签中，为4条坐标轴选择不同的线性样式，单击“应用”按钮，再单击“确定”按钮，XQ控件属性设置完成，保存画面。

4）在“画面命令语言”窗口中单击“显示时”标签，单击编辑窗口下方的“控件”按钮，弹出“控件属性和方法”对话框，在控件名称处选中“XQ”，在“查看类型”处选择“控件方法”，在“属性或方法”下拉列表中选择“ClearAll”，单击“确定”按钮。“显示时”命令语言如下：

```
ClearAll();
```

切换到“存在时”标签，将“每3000毫秒”改为“每1000毫秒”，通过上述方法调用“AddNewPoint”函数，命令语言如下：

```
XQ.AddNewPoint(\\local\时间,\\local\住宅区用电量,0);
XQ.AddNewPoint(\\local\时间,\\local\商铺总用电量,1);
XQ.AddNewPoint(\\local\时间,\\local\地下车库用电量,2);
XQ.AddNewPoint(\\local\时间,\\local\地面照明用电量,3);
```

5）日报表主要用来记录小区总体用电量，报表每半个小时记录一次数据，能够对总体用电量数据更好地进行监控。在画面中添加“报表窗口”控件，报表名称为“Report2”，行数为27，列数为6。根据需求对报表进行编辑，F列表示小区某一时间的总用电量，需要用到Sum()函数。在F列单元格中输入“=Sum('B#','C#','D#','E#')”，其中，“#”代表行数。所建立的报表窗口如图10-56所示。

	A	B	C	D	E	F
1	小区总体用电量日报表					
2	日期					
3	时间	住宅区	商铺	地下车库	地面照明	总用电量
4						=Sum('B4','C4',...
5						=Sum('B5','C5',...
6						=Sum('B6','C6',...
7						=Sum('B7','C7',...

图10-56 报表窗口

6）日报表中对历史数据的记录根据日历中的日期进行。在画面中插入“Microsoft Date and Time Picker Control”日历控件，将控件命名为“DATE”，单击“确定”按钮，保存画面。再次双击日历控件，单击“事件”标签，单击列表中的“CloseUp”事件，弹出“控件事件函数”对话框，在“函数声明”中将此函数命名为“CloseUp()”，在编辑窗口内编写如下程序：

```
float Ayear;
float Amonth;
float Aday;
long x;
long y;
long Row;
long StartTime;
string temp;
Ayear=DATE.Year;
Amonth=DATE.Month;
```

```
Aday=DATE. Day;
temp=StrFromInt( Ayear, 10);
if( Amonth<10)
    temp=temp+"-0"+StrFromInt( Amonth, 10);
else
    temp=temp+"-"+StrFromInt( Amonth, 10);
if( Aday<10)
    temp=temp+"-0"+StrFromInt( Aday, 10);
else
    temp=temp+"-"+StrFromInt( Aday, 10);
\\local\日期=temp;
ReportSetCellString2( "Report2", 4, 1, 27, 6,"");
ReportSetCellString( "Report2", 2,2, temp);        //填写日期
//查询数据
StartTime=HTConvertTime( Ayear,Amonth,Aday,0,0,0);
ReportSetHistData( "Report2", "\\local\住宅区用电量", StartTime,3600, "B4:B27");
ReportSetHistData( "Report2", "\\local\商铺总用电量", StartTime,3600, "C4:C27");
ReportSetHistData( "Report2", "\\local\地下车库用电量", StartTime,3600, "D4:D27");
ReportSetHistData( "Report2", "\\local\地面照明用电量", StartTime,3600, "E4:E27");


//填写时间
x=0;
while( x<24)
{
    row=4+x;
    y=StartTime+x*3600;
    temp=StrFromTime( y, 2);
    ReportSetCellString( "Report2", row,1, temp);
    x=x+1;
}
```

7）报表记录历史数据后，需要对报表进行保存和打印。在画面中插入两个按钮控件，分别命名为"保存"和"打印"，并设置动画连接"弹起时"，编写如下命令语言。

①"保存"按钮的命令语言：

```
string filename;
filename=InfoAppDir( )+\\local\日期+". xls";
ReportSaveAs( "Report2",FileName);
```

②"打印"按钮的命令语言：

```
ReportPrintSetup( "Report2");
```

10. 4. 11　运行系统

1）操作完成后将画面全部保存，单击"切换到 view"命令切换到运行系统，首先打开"小区外景"画面；单击"进入小区"按钮，切换至"小区内景"画面。

2）单击"住宅区"按钮，切换至"住宅区"画面，单击画面中的开关，住宅楼照明灯点亮；单击住宅楼上方的楼栋号，切换至"住宅区用电情况"画面，可直接进行电费查询，

并显示用电量实时报表。打开住宅楼的模拟手控开关，监控曲线开始动态变化；关闭开关，用电量曲线降至 0 处。

3）单击"小区内景"按钮，切换至"小区内景"画面，单击"地下车库"按钮，进入"地下车库"画面，小汽车行驶过程中，照明灯会随车来而点亮，车走则熄灭；单击开关按钮，可复位；输入 1000 个车位，提示"车位已满"并闪烁报警。

4）单击"小区内景"按钮，切换至"小区内景"画面，再单击"中心广场""小花园"或"地上停车场与体育场"按钮，切换至"地面照明区域"画面。在画面中太阳从左至右旋转一定的弧度，光照度仪表的指针示数随太阳升高而增大，随太阳下降而减小；当太阳升至最高处时，光照度为 100；当光照度小于 30 时，照明灯点亮；当光照度大于 30 时，照明灯熄灭。

5）单击"小区外景"按钮，切换至"小区外景"画面，再单击"商铺"按钮，切换至"商铺场景"画面。"商铺场景"画面中的照明灯同样由自然光控制，并用仪表模拟实时光照度，同时还添加了按钮用于手动控制照明灯的亮灭。单击"商铺用电情况"按钮，进入"商铺用电情况"画面。

6）在"商铺编号"处输入商铺编号，如"11"单击"电费查询"按钮，即可查询商铺电费情况。单击"小区外景"按钮，切换至"小区外景"画面，再单击"小区用电情况"按钮，切换至"小区用电情况"画面。

7）小区总体用电量监控曲线按时间显示不同区域的用电量情况，单击日历控件选择查询日期，报表每隔 1 小时显示小区总体用电量；单击"保存"按钮，可以将日报表保存在工程文件夹中；单击"打印"按钮，可以打印日报表。

10.5　本章小结

本章主要练习了组态王中常用操作的使用方法。组态王如同一个"人"，而画面中的各部分图块或者文字，就是这个"人"的"五官"，"五官"的设计主要来自工具箱和一些模块，通过工具箱，可以为这个"人"设计"五官"的大小、形状和颜色；这个"人"要动起来，就需要有"血液"在流动，这些"血液"就是变量，只有变量变化，画面才会动起来；让"血液"流动的东西是"心脏"，这个"心脏"就是命令语言，没有命令语言，画面就是一个"植物人"；"人"是会生病的，有时候需要打一些"疫苗"，这个"疫苗"就是报警，有了报警，才能知道变量的变化情况；为了把这些情况记录下来，需要一张"单子"，这张"单子"可以是报表，也可以是数据表；情况分析完后就要对症下药，选择不同的"药"对应不同的配方。要想了解并和这个"人"沟通，需要读者认真学习并掌握前面章节的内容，对前面章节有"感觉"的话，本章节才会起到"促进情感"的作用。

参 考 文 献

［1］董玲娇，颜晓河．组态控制技术［M］．北京：机械工业出版社，2021．

［2］姜重然，姜修宇，王倩．组态软件及应用技术：基于组态王 KingView［M］．北京：机械工业出版社，2024．

［3］李江全．组态软件 MCGS：从入门到监控应用35例［M］．北京：电子工业出版社，2015．

［4］李红萍．工控组态技术及应用：MCGS［M］．3版．西安：西安电子科技大学出版社，2023．

［5］李江全．组态控制技术实训教程［M］．北京：机械工业出版社，2016．

［6］刘小春，张蕾．组态控制技术及应用［M］．北京：人民邮电出版社，2023．

［7］王亚民，陈青，刘畅生，等．组态软件设计与开发［M］．西安：西安电子科技大学出版社，2003．

［8］穆亚辉．组态王软件实用技术［M］．郑州：黄河水利出版社，2012．

［9］陈宇莹．组态监控软件应用技术［M］．北京：中国水利水电出版社，2018．

［10］李宁，边娟鸽，张芬．组态控制技术及应用［M］．北京：清华大学出版社，2015．